硅藻土的水热固化与建材利用

佟　钰　房延凤　吴丽梅　著

中国建筑工业出版社

图书在版编目（CIP）数据

硅藻土的水热固化与建材利用/佟钰，房延凤，吴丽梅著.—北京：中国建筑工业出版社，2019.8
ISBN 978-7-112-23660-2

Ⅰ.①硅… Ⅱ.①佟… ②房… ③吴… Ⅲ.①硅藻土-建筑材料-研究 Ⅳ.①TU521.3

中国版本图书馆 CIP 数据核字（2019）第 081814 号

本书阐述分析硅藻土水热固化体的力学强度、保温隔热、湿度调节、染料吸附、甲醛脱除等使用性能及其主要影响因素，探讨硅藻土水热固化体在轻质天花板、建筑调湿多功能板材等建材制品中的应用。共含 7 章，分别是：绪论、硅藻土的水热固化机理与强度发展过程、硅藻土及其水热固化体的调湿性能、硅藻土水热固化体的绝热性能、硅藻土的甲醛吸附性能、硅藻基水化硅酸钙的染料吸附性能、硅藻土水热固化体的建材利用。

本书适用于硅藻土矿产及建筑功能材料等领域专业研究或应用人员使用，也可供大中专院校建筑材料相关专业师生参考。

责任编辑：万 李
责任校对：芦欣甜

硅藻土的水热固化与建材利用
佟 钰 房延凤 吴丽梅 著
*
中国建筑工业出版社出版、发行（北京海淀三里河路 9 号）
各地新华书店、建筑书店经销
北京佳捷真科技发展有限公司制版
天津安泰印刷有限公司印刷
*
开本：787×1092 毫米 1/16 印张：10¼ 字数：256 千字
2019 年 8 月第一版 2019 年 8 月第一次印刷
定价：**46.00** 元
ISBN 978-7-112-23660-2
（33951）

前　　言

硅藻土是我国重要的矿产资源之一，总储量超过 20 亿 t，产地遍及华东、东北、西南等地区。因其密度低、比表面积大、吸附能力强、化学稳定性好等特点，硅藻土已广泛应用于催化剂载体、过滤助剂、轻质填料、软质研磨体、建筑材料等领域。但在另一方面，我国现存的硅藻土资源主要以中低品位矿产为主，高品位硅藻土的储藏量较小且相对集中，在采矿、选矿和精加工过程中也会产生较大量的尾矿。这些中低品位矿产及选矿尾矿虽然含有一定量的硅藻土成分，但使用价值偏低，如采用传统的填埋甚至露天堆放方式加以处置，不仅会造成资源上的极大浪费，还会引起扬尘、土壤劣化等环境问题。中低品位硅藻土及硅藻土选矿尾矿的开发利用具有一定的社会意义和环保效益，如能转化成一定的工业产品，也可以创造相当的商业价值。建材生产的分布广、规模大、原料要求不高、工艺调整简便，可以成为矿产综合利用的重要途径。

本书著作团队长期致力于硅藻土的水热固化与建材利用相关研究，取得了许多令人欣喜的研究成果尤其是论文、专利等。其中，通过高温饱和水蒸气环境中的溶液化学反应过程，将硅藻土中的活性 SiO_2 转化为半结晶性或结晶性水化硅酸钙，利用硅藻土的丰富多孔结构获得轻质高强建材制品，同时实现显著的保温隔热、湿度调节、染料吸附、甲醛脱除等优异性能，满足建材市场对高性能建筑材料的需求，也为其他多孔性黏土矿物的资源化利用指明正确方向。

全书共分 7 章，由佟钰（第 3、5、7 章）、房延凤（第 2、6 章）、吴丽梅（第 1、4 章）合力完成，佟钰统一定稿。作者在撰写和修订过程中参阅了大量国内外相关学科专家学者和工程技术人员的著作、论文及其他研究成果，在此一并致以诚挚谢意！

在本书写作过程中，作者团队尽心竭力，但肯定存在不足或疏漏之处，敬请专家、读者多多指正！

目　录

第 1 章　绪论

作为一种生物成因的硅质沉积岩，硅藻土主要分布于美国、中国、法国、丹麦、罗马尼亚等国家。因其特殊的多孔结构，硅藻土通常展现出质地软、密度低、比表面积大、吸附能力强等特点，广泛应用于保温绝热、过滤助剂、轻质填料、软质研磨体、催化剂载体、建筑材料等领域。

1.1　硅藻基本知识

硅藻土源自一种结构简单、尺寸细小的单细胞生物—硅藻。这种低等生物种类繁多，目前已知的就达 16000 余种，统属于硅藻门（Bacillariophyta），下分中心纲（Centricae）和羽纹纲（Pennatae）。中心纲硅藻呈圆形辐射对称，壳面花纹自中央一点向四周呈辐射状排列，多为海产；羽纹纲硅藻则多为长形或舟形，花纹排列成两侧对称，壳面中央或两端加厚。总体而言，硅藻的体型细小，但种间尺寸、形态差异较大，小者 3～5μm，大者 300～600μm；此外，在同种个体之间也存在明显的尺寸差异，但形状相似。

硅藻在结构上通常由两个半片套合而成，这种半片称为瓣。硅藻细胞外覆的细胞壁由果胶质（pectin）和硅质（$SiO_2 \cdot nH_2O$）所组成，两者紧密相连、难以区分。细胞壁的形态各异，上面生有对称分布的纹理结构，如点纹（点条纹）、线纹、孔纹、肋纹等，可作为硅藻分类命名的主要依据。硅藻的典型形态见图 1-1[1]。

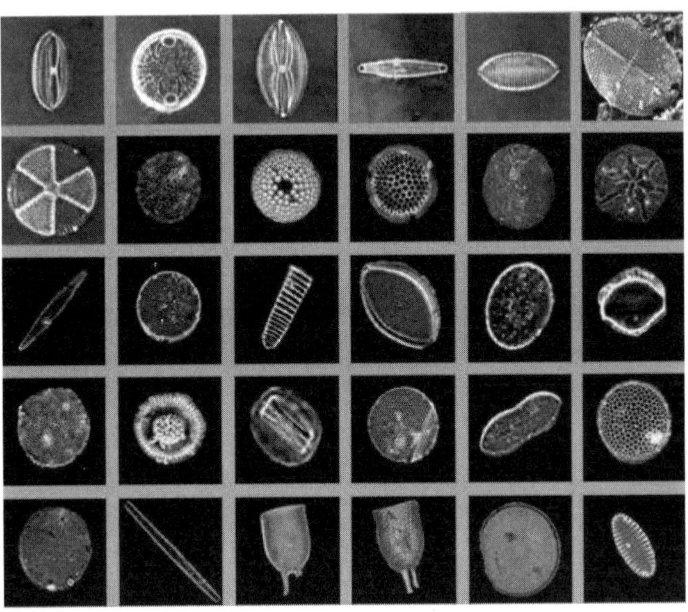

图 1-1　硅藻的典型形态[1]

硅藻的生殖主要采用营养繁殖，也就是分裂繁殖的方式：在营养丰富的环境中，细胞的原生质略略增大，然后发生分裂，母细胞的上、下壳体分开，再各自形成新的壳体。在连续分裂过程中，硅藻个体变得越来越小，到一定限度后就不再分裂，而是产生一种孢子，可以逐渐恢复原来大小，称为复大孢子。此外，硅藻生殖还存在小孢子、休眠孢子等形式，以应对复杂多变的自然环境。

依靠其强大的适应能力和繁殖能力，硅藻目前仍广泛分布于海洋、湖泊、沼泽甚至潮湿大气之中，不仅构成了水体食物链的最底层基础，同时还起到调节大气环境特别是氧气供给的重要作用。据估计，地球上有70%的氧气是浮游生物释放出来的，每年制造的氧气量达360亿吨，而硅藻数量又占浮游生物总量的60%以上。

在某些特定环境例如水体过营养化情况下，硅藻能以较快的速度生长、繁殖，但真正意义上硅藻数量的极大丰富则是在远古的中新世、上新世甚至更早时代。死亡的硅藻长期受到地质作用和生化过程，果胶体等有机物完全消失，余下的硅质骨架（细胞壁）经长期堆积、搬运、矿化、成岩，形成一种多孔性的生物沉积岩，即为硅藻土。目前使用的硅藻土的成矿时间大约是中新世（距今2300万～533万年）至全新世（11700年前至现在），埋藏深度较浅，质地松软，易于开采，如图1-2所示，但多与玄武岩等密切共生。根据形成条件，硅藻土矿床可分为海相矿床和陆相（湖泊）沉积两种类型，见表1-1，我国的硅藻土矿多属于后者。

图1-2　硅藻土采矿工作面—吉林长白

硅藻土矿床类型　　**表1-1**

类型	矿床特征	实例
海相沉积矿床	硅藻土与黏土沉积物以薄层形式堆叠，分布最广，矿层厚度可达300mm。存在于中新世和上新世的海相地层中	美国加利福尼亚州
陆相沉积矿床	硅藻土岩层均一，具有块状构造，颜色较浅。大多形成于第三纪或第四纪，含较大量的动植物化石，多混有炭质碎屑、粉砂质黏土等杂质。矿层平缓层理发育，岩性、岩相变化小，与玄武岩密切共生	吉林长白、浙江嵊州、云南腾冲

1.2　硅藻土的组成与结构

1.2.1　化学组成

我国主要硅藻土品类的化学成分见表1-2，可以看到，硅藻土的主要化学成分均为SiO_2，质量百分含量最高可达94%；此外，还含有少量的Al_2O_3、Fe_2O_3、CaO、MgO、R_2O（Na_2O+K_2O）等杂质化合物。硅藻土中的SiO_2多数是以水合二氧化硅

$SiO_2 \cdot nH_2O$ 的形式存在；SiO_2 含量越大，硅藻土的品位越高。根据化学组成特别是 SiO_2 含量不同，可将硅藻土矿样分为：硅藻土（SiO_2＞90％）、含黏土硅藻土（SiO_2 75％～90％）、黏土质硅藻土（SiO_2 55％～60％）和硅藻黏土（SiO_2 30％～50％）。一般认为，SiO_2 含量达到60％以上才具有一定的开采价值[12]。高温条件下，水合二氧化硅会发生脱水分解，再加上可能存在的含水矿物、碳酸盐相、有机杂质等，因此硅藻土矿样往往表现出较大的烧失量。

国内主要产地硅藻土原矿的化学成分 **表 1-2**

产地	SiO_2	Al_2O_3	Fe_2O_3	CaO	MgO	TiO_2	R_2O	烧失量	参考文献
吉林长白	91.66	1.87	0.86	0.18	0.05	—	—	—	袁 笛[2]
吉林抚松	81.62	9.89	4.06	0.50	0.10	0.40	—	1.66	刘景华[3]
吉林海龙	87.92	3.75	0.81	0.72	0.24	—	—	6.89	于 漧[4]
吉林桦甸	75.88	9.47	3.44	—	—	0.58	—	7.44	魏存弟[5]
吉林临江	70.64	15.26	3.02	0.61	0.66	0.53	5.01	4.05	罗国清[6]
内蒙古赤峰	70.18	23.98	1.25	1.80	2.16	0.14	1.87	—	叶丽佳[7]
内蒙古	64.22	5.12	5.26	0.80	0.84	0.2	1.52	19.99	赵以辛[8]
山东临朐	75.89	9.87	4.01	1.21	0.94	0.25	0.85	6.71	刘振敏[9]
四川米易	71.82	13.24	3.71	1.10	0.87	0.41	1.196	6.21	刘振敏[9]
浙江嵊州	83.88	5.85	1.56	1.20	1.60	0.30	—	—	朱 健[10]
湖南醴陵	69.23	15.51	3.32	1.09	2.24	1.01	—	—	郭晓芳[11]

1.2.2 矿物组成

矿物学特征上，硅藻土中的水合二氧化硅 $SiO_2 \cdot nH_2O$ 具有非晶态或者说无定形的特征，结构类型与蛋白石（Opal）极为类似，因此在X射线衍射分析（X-Ray Diffraction，XRD）图谱上表现出22°和38°附近的宽泛弥散峰[13]。杂质成分则主要以蒙脱石（水云母）、高岭土等黏土矿物或石英、长石、白云石等矿物碎屑形式存在，此外也经常包含有机质、盐类等，含量从微量到30％以上。根据杂质的类型及含量，硅藻土的颜色从白色逐渐变为灰白色、灰色和浅灰褐色等。

1.2.3 基本形貌

硅藻土中的硅藻壳在完整形态情况下有圆筒形、圆盘形、圆柱形、菱形、环形等，在我国主要以直链型、冠盘型、羽纹型等最为常见（图1-3），其中直链型硅藻体是单节或双节的中空圆筒体，表面有整齐排列的大量微孔；冠盘型硅藻体则呈圆筛或圆环形；羽纹型硅藻体呈长条状或丝状[14]。硅藻壳壁上的小孔在形态、大小、排列方式上存在明显差异，这也是导致硅藻壳结构千变万化的重要原因。生物学上，将硅藻壳壁结构进行了颇为复杂的分类，其中最主要的是点纹（Puncta）、线纹（Stzia）和肋纹（Cqsta），实际上这些孔纹结构都是由不同大小的小孔所组成，表现出有序、分级的结构特征，如图1-4所示为吉林临江某地的冠盘状硅藻壳结构[15]。

图 1-3 完整硅藻壳的典型扫描电镜照片[14]

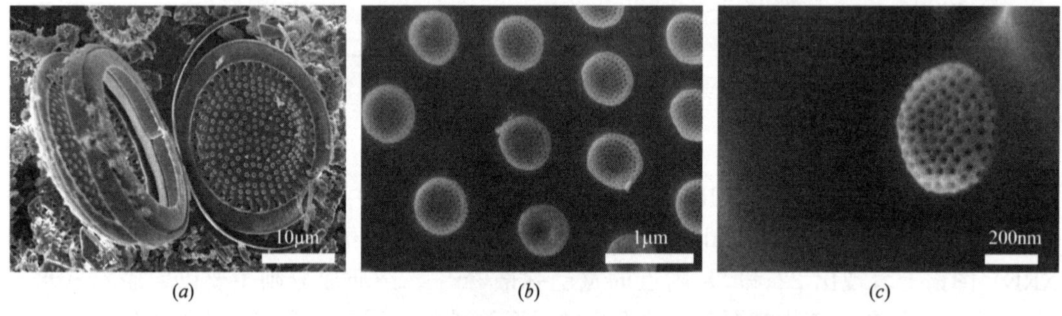

图 1-4 扫描电镜下吉林临江产硅藻壳的有序分级孔隙结构[15]

(a) 2500 倍；(b) 30000 倍；(c) 90000 倍

1.2.4 孔结构

根据国际纯粹与应用化学协会（International Union of Pure and Applied Chemistry，IUPAC）定义的孔结构分类方法，孔径小于 2nm 的称为微孔，孔径在 2～50nm 之间的称为介孔（或中孔），孔径大于 50nm 的称为大孔。某些领域如水泥混凝土技术则进一步将大孔分为毛细孔（孔径 50～100nm）和宏观大孔（孔径 100nm 以上）。

硅藻土的孔隙首先来自于其独特的硅藻壳壁多孔结构，这种规则、有序的孔隙结构在孔径尺寸上主要在数十至数千 nm，也即是说大孔范围。另一方面，硅藻土中蛋白石质 SiO_2 的存在状态并非完整的晶体结构。早在 1955 年，O. W. Florke 就指出蛋白石是由 α-方石英和 α-鳞石英混合结构强烈无序堆垛而成[16]。在这种无序堆垛结构中可能存在一定量的微孔结构，但微孔大小及含量随硅藻土品种不同而显著变化，特别是结晶状态的影响最大。我国主要产地的硅藻土孔结构特征见表 1-3[10]。

部分国产硅藻土的孔结构特征[10]　　表 1-3

产地	堆密度 (g/cm^3)	比表面积 (m^2/g)	比孔容 (cm^3/g)	孔径分布(nm)		
				Ⅰ级	Ⅱ级	Ⅲ级
吉林桦甸	0.54	58	—	50～700	—	5～20
吉林海龙	0.34	46	—			
内蒙古赤峰	0.40	65	1.0	—	—	20～40
山东临朐	0.43	64.9	—	—	—	
浙江嵊州	0.57	58	—	115～147		1340～2810
湖南醴陵	—	37	—	—	—	—
四川米易	0.64	33	—	—	—	—
云南西部	0.46	58	—	150～300	50～100	10～20
广东西部	—	—	—	50～100	—	10～20

1.2.5　表面结构

硅藻土的表面结构如图 1-5 所示。硅藻土的表面特性依赖于表面存在的硅醇（-SiOH），因此表面呈亲水性。在特异性的相互作用下，作为吸附中心的羟基与水分子羟基或者氢键相结合。此外，在硅藻土的表面上，有着氧原子硅氧烷基以及-Si-OH-Si-网桥的存在。

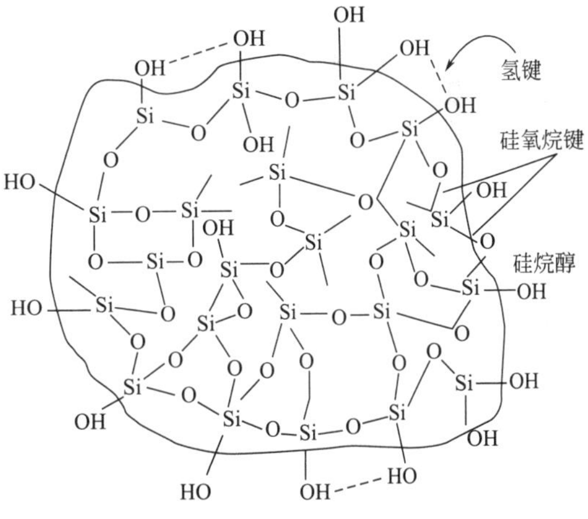

图 1-5　硅藻土的表面结构示意图

硅藻土表面存在着硅羟基以及氢键，这些硅羟基和氢键也可处于硅藻土的细微孔隙之中，这也是硅藻土具有化学吸附性能的一个重要原因。硅藻土的化学吸附性随其表面羟基数量的增多而增大。当有些条件被改变时，例如在温度改变的条件下，硅藻土表面上的羟基发生转化，会对硅藻土的化学吸附性能产生较大的影响。同时，硅藻土表面上的羟基也会表现出活性，原因是硅藻土表面的羟基可以与一些官能团相结合。当硅藻土经过化学改性后，会导致硅藻土表面性能的改变。另一方面，在水溶液环境条件下，部分羟基由于水解的缘故将失去氢离子，因此使得的硅藻土表面在液体介质中呈现为负电性。溶液体系的 pH 值对硅藻土表面的负电性也有较大的影响，当 pH＜3 的时候，硅藻土表面的羟基将会质子化，导致硅藻土表面失去负电性；如果处于强碱溶液环境下时，硅藻土则处于不稳定的状态，硅藻土自身包含的非晶态二氧化硅，将会有 50%～80%溶解于强碱溶液环境。此外，采取高温焙烧时，硅藻土中的二氧化硅可能会从非晶态向方石英状态转变，对硅藻土的表面组分—结构产生一定影响。

1.3 硅藻土主要性能

1.3.1 物理特性

自然环境下的硅藻土一般情况下为白色、灰白色、灰色、浅灰色、褐色以及黑色，因为天然生成的硅藻土往往含有铁的氧化物或者有机杂质等；杂质含量越多，颜色越深。硅藻土质地轻软，莫氏硬度仅为 1.0～1.5，但硅藻骨骼本身却是很硬的，硬度可达 4.5～5.0。

硅藻土的孔隙结构发达，孔隙率可达 80%以上，因此尽管无定形 SiO_2 的密度能达到 1.9～2.3g/cm^3，但粉体的堆积密度只在 0.34～0.65g/cm^3 范围。疏松多孔特点使得硅藻土具有良好的液体吸收/吸附能力、巨大的比表面积（19～65m^2/g）和比孔容（0.45～0.98cm^3/g）以及适中的摩擦性能等。此外，硅藻土还有着性质稳定、高熔点（1400℃以上）的特点，以及很好的保温隔热性、吸声性、绝缘性等优异特性。表 1-4 列出了硅藻土的部分物理性质。

硅藻土的部分物理性能 **表 1-4**

物理性能	范围
密度(g/cm^3)	1.9～2.3
堆积密度(g/cm^3)	0.34～0.65
比表面积(m^2/g)	19～65
孔体积(cm^3/g)	0.45～0.98
吸水率	自身重量的 1.5～4 倍
吸油率	自身重量的 1.1～1.5 倍
熔点(℃)	1400～1700

1.3.2 化学特性

硅藻土的化学成分主要为水合二氧化硅 $SiO_2 \cdot nH_2O$，因此具有很好的化学稳定性和热稳定性，除氢氟酸之外不会溶解于其他强酸，但在强碱溶液作用下不能稳定存在。加热条件下，硅藻土在 800～1000℃的干燥空气中会发生脱水分解，同时向 α-石英结晶相转变。

硅藻土表面存在大量的硅羟基（Si-OH）和氢键，呈负电性，再加上孔结构发达，因此表现出显著的吸附特性，可部分呈现化学吸附特征。另一方面，这些活性羟基的存在也使得硅藻土表面能够结合或接枝某些官能团，从而改变硅藻土的表面结构和吸附特性。

1.4 硅藻土资源概况

世界上硅藻土资源十分丰富，分布广泛，有 20 多个国家产出硅藻土矿，已知资源总量18～20亿t，远景储量35.73亿t，其中美国最多，达2.5亿t，质量最佳；中国4.0多亿t，居世界第二位，但以中低品位矿床为主[17]。根据中国矿业大学郑水林教授的调查、统计[18]，目前我国探明储量的硅藻土矿区有70余处，主要分布在吉林、云南、浙江、四川、内蒙古、山东、广东、河北、海南、黑龙江等省或自治区，但优质矿区仅有吉林长白/临江、内蒙古、广东徐闻、云南腾冲4处。比较而言，吉林省硅藻土探明储量最多，约2.1亿t，几乎占全国总量的一半（73.68%），远景储量超过10亿t；浙江省探明储量0.43亿t，约占全国探明储量的8.86%，远景储量超过2亿t；其余省（自治区）占20%左右，其中以四川、河北、黑龙江、内蒙古居多。我国的硅藻土资源分布情况参见表1-5。

我国硅藻土资源分布 **表1-5**

分布地	探明储量
吉林	73.68%
内蒙古	2.70%
河北	5.79%
四川	2.80%
浙江	8.86%
云南	1.18%
广东	3.97%

总体而言，我国硅藻土资源丰富，产地、储量高度集中，而且成矿年代较新，大多数埋藏不深，因此开采成本相对较低。但我国的硅藻土矿以含黏土硅藻土和黏土质硅藻土为主，硅藻含量仅在75%左右甚至更低，对采矿、选矿、提纯以及后续精加工都提出了更高要求，低品位硅藻土以及选矿尾矿的综合利用也必须加以重视。针对部分硅藻土矿SiO_2含量无法满足使用要求，可采用适当的提纯方法提高硅藻土的纯度。根据其工作原理，硅藻土的提纯方法主要分为物理法、化学法以及两者联合使用的物理化学综合法。

（1）物理提纯

物理提纯是利用硅藻土与杂质矿物在物理性质或物理化学性质上的差异来实现矿物的分离与提纯，主要有擦洗法、浮选法、离心-絮凝法、重力层析法等。

擦洗法是在不破坏硅藻壳的前提下将硅藻土原料颗粒打细，使固结在硅藻壳上的黏土等矿物杂质脱离。比较而言，含铁矿物和石英的相对密度高，颗粒也较为粗大，因此沉降速度快，易于分离；黏土杂质尤其是蒙脱石经搅拌擦洗可分散成细小颗粒，并带有相同的负电荷，彼此相斥，因此具有良好的悬浮性和分散性，尤其是在加入适量分散剂的情况下。硅藻土粒子在料浆中的沉降速度适中，比蒙脱石粒子快但比含铁矿物或石英慢。利用这种沉降速度差，可以将硅藻土离子与杂质矿物分离开来并加以采集，即可得到以硅藻土为主的硅藻精土。擦洗法提纯工艺简单，设备投资少，易于实现工业化生产，但占地面积较大，用水量大，生产周期较长，硅藻精土烘干耗能也较大。

浮选法同样利用硅藻土与杂质的沉降速度差异进行分离与提纯，但与擦洗法不同的是沉降过程在静置条件下进行，同时适当加热（70～80℃），以改善提纯效果。

离旋-选择性絮凝法结合离心分离和选择性絮凝工艺，利用高速离心情况下极高的重力加速度驱动碎屑矿物的分离，选择性絮凝剂实现黏土矿物微粒的团聚，从而实现硅藻壳与黏土矿物的高效分离，具有工艺简单、提纯效果好、投资少、成本低等优点。

干法重力层析分离法利用碎屑矿物、黏土矿物等杂质成分与硅藻壳在比重上的差异，通过超声波振动和旋风分离，将碎屑矿物与黏土矿物和硅藻壳分离，从而达到提纯的目的，对 Al_2O_3 和 Fe_2O_3 的降低幅度可与酸浸法相媲美。

(2) 化学提纯

硅藻土中不同矿物的化学性质存在一定差异，采用化学方法或化学与物理相结合来实现矿物的分离与提纯，主要包括焙烧和酸浸两种方法。

酸浸法利用酸性物质与硅藻土中黏土、含铁矿物等杂质反应生成可溶性盐，再经过滤、洗涤、干燥达到提纯的目的。通常使用盐酸和硫酸，两者效果类似；但钒催化剂用硅藻土载体的提纯必须用硫酸，防止带入氯离子。针对不同矿石特点和精土用途，应经过实验来确定酸液浓度、用酸量、液固比、温度、时间等。酸浸处理不仅可以去除堵塞在硅藻壳壁微孔及壳体内部的杂质，还具有一定的扩孔作用，因此硅藻土的堆密度变小，比表面积和孔容、孔径等增大，能满足某些高附加值应用的质量要求。但酸浸提纯的用酸量和用水量较大，成本高，对设备腐蚀大，工作环境差，而且会产生大量的废酸液。废酸循环及副产品综合利用有利于提高工艺的环保效果和经济收益。

焙烧法是在适宜温度条件下高温处理一段时间，以有效消除硅藻土中的有机质和水，是一种简便、经济、有效的提纯方法，尤其适用于高烧失量型硅藻土。但工艺耗热耗能较大，工艺控制和质量管理要求严格；近年来，因为环保考虑禁止使用燃煤，也对这一工艺的适用性和经济效果提出了更大挑战。

1.5 硅藻土的应用

硅藻土独特的组成和结构赋予其细腻、松散、质轻、吸附能力高、透水性能强等性能特点，可作为吸附剂、助滤剂、催化剂载体、轻质填料等应用于轻工、化工、建材、环保、医药、食品等诸多领域。各主要用途对硅藻土的质量要求如表 1-6 所示。

不同用途对硅藻土的质量要求 **表 1-6**

用途	规格或要求
助滤剂	质地纯净，杂质少（$SiO_2 \geqslant 80\%$）；硅藻壳含量高，形态完整；不含可溶性物质，用于食品过滤时，应符合卫生标准，还应保持原液体的香味和颜色
吸附剂	比表面积大，容重低，能吸附吸收比自身重 2.5 倍的水
填料	颗粒大小、颜色、亮度、吸附性、pH 值、折射率等
催化剂载体	精制硅藻土，白色，孔结构适当
建筑材料	比表面积大，孔隙率高，化学反应活性强
其他用途	陶瓷原料坯和釉面砖：$SiO_2 > 85\%$，$Fe_2O_3 < 1\%$；制造水玻璃，要求成分纯净，SiO_2 含量高，且呈非晶质状态

地域资源条件导致硅藻种属、结构也有较大差异，各国都针对本国硅藻土的资源特

点，开发利用本国的硅藻土资源。国内外硅藻土的基本产品结构见表1-7[19]。我国的优质硅藻土资源并不丰富，在采矿、选矿、粒度调整、表面改性等环节特别是精细加工方面也存在明显的技术差距，导致我国在硅藻土产品门类及品质上相对单一、落后。

国内外硅藻土产品结构用途对比[19] **表1-7**

用途	比例(%)					
	中国	美国	丹麦	法国	德国	日本
助滤剂	25	58	—	50	30	33
填料	10	13	40	50	50	35
载体	10	—	—	—	20	—
保温材料	45	—	60	—	—	1
其他	10	28	—	—	—	21

我国的硅藻土产品开发起步于20世纪50年代，主要用于生产保温材料、轻质砖等，而后陆续出现了用于硫酸工业作钒溶媒载体，用于饮料、酿酒业的助滤剂，用于塑料、橡胶等行业的轻质填料等产品；20世纪90年代，又出现了利用硅藻土生产的轻质硅酸钙板等产品。近年来，硅藻土以其所具有的独特多孔结构和强大的吸附性能，以及随之而来的调湿性、脱臭性、耐火性等多种优异功能，在室内建筑装饰材料等领域的应用效果好、经济价值巨大，也因此成为近年来的研究热点。目前，我国硅藻土用量超万吨的主导性产品包括水泥混合材、保温材料、助滤剂、功能填料、催化剂载体，其他产品还有吸附剂、农药载体、微孔玻璃/陶瓷、(造纸/塑料/橡胶）填料、饲料添加剂、软质研磨材料、沥青改性剂、新型墙体材料等。

1.5.1 助滤剂

助滤剂是指在过滤操作中，为降低过滤阻力、增加过滤速率或得到高度澄清滤液所加入的一种辅助性的粉粒状物质。硅藻土颗粒孔隙率高，压缩变形小，化学稳定性好，可以在过滤系统中形成高孔隙率的滤饼，提供液体通过的高速通道；另一方面，硅藻土自身的发达微孔结构对胶体大小的固体物质也有很好的吸附作用。因此，硅藻土助滤剂具有过滤速度快、纯清度高、生物安全性好等优点，广泛应用于啤酒、饮料、油脂、有机溶剂、油漆和药品等生产行业之中。

天然硅藻土经除杂和焙烧，要求粒径控制在20～25μm范围，孔隙率不低于80%。根据生产工艺不同，硅藻土助滤剂分为干燥品（代号GZ)、焙烧品（代号PZ）和助熔焙烧品（代号ZZ)。干燥工艺温度不高于800℃，焙烧处理温度则在650～1000℃，助熔焙烧则是在800～1200℃焙烧过程中加入适当助熔剂如Na_2CO_3、$CaCO_3$、NaCl、$CaCl_2$等。利用优质硅藻土制备助滤剂的技术应用发展已经相当成熟，目前国内硅藻土助滤剂生产企业基本上以SiO_2含量超过85%的优质硅藻土为原料，尤其是吉林长白、临江等地出产的筛盘状硅藻土效果最佳。

渗透率是硅藻土助滤剂的重要性能指标，具体是将硅藻土按要求制作成滤饼，测定40mL水通过所需的时间，再按达西（Darcy）公式计算得出；1darcy$=1.019\times10^{-12}m^2$。

不同硅藻土因孔径不同，渗透率差别明显。《工业用硅藻土助滤剂》GB 24265 按渗透率将硅藻土助滤剂分为 15 个型号，适用于食品、医药及其他非生活用水处理用硅藻土助滤剂，具体渗透率指标见表 1-8[20]。

硅藻土助滤剂按渗透率分类[20]　　表 1-8

型号	10	20	35	50	70
渗透率(darcy)	0.05～0.10	0.11～0.20	0.21～0.35	0.36～0.50	0.51～0.70
型号	100	150	200	300	400
渗透率(darcy)	0.71～1.00	1.01～1.50	1.51～2.00	2.01～3.00	3.01～4.00
型号	500	650	800	1000	1200
渗透率(darcy)	4.01～5.00	5.01～6.50	6.51～8.00	8.01～10.00	10.01～12.00

目前，硅藻土应用在助滤剂方向的总量约 10^6 万 t，种类达 150 余种，其中，美国生产量约占 40%左右，居世界首位；西欧生产量约 28%左右，其次为日本、韩国、罗马尼亚、俄罗斯、墨西哥、澳大利亚等。需要注意的是，硅藻土在焙烧过程中非晶态 SiO_2 可能转变成结晶态方石英，尤其是在使用助熔剂的情况下。吸入方石英可能导致矽肺病甚至致癌，含大量方石英细小颗粒的硅藻土助滤剂可能对人类健康有害，所以方石英含量较低的硅藻土助滤剂受到国内外学者的重视。

1.5.2 吸附剂

硅藻土的孔隙结构发达，比表面积大，适合用作吸附/分离材料，尤其是城市污水、印染废水、含油废水、重金属废水和造纸废水等工业废水的净化，以及市政污水处理、泳池水循环等。一般认为，硅藻土的吸附过程以单分子层或多分子层物理吸附为主，吸附速率较快。

硅藻土表面覆盖有大量硅醇（硅羟基，Si-OH），在水溶液中可离解出氢离子（H^+），使颗粒表面呈负电性，因此倾向于吸附带正电的客体分子，或者与带正电的胶体物质发生电中和而使胶体脱稳，但对带负电的有机物吸附性能效果不佳。采用十六烷基三甲基溴化铵等表面活性剂或者极性高分子如聚醚酰亚胺、聚丙烯酰胺等对硅藻土进行表面改性，不仅可以提高硅藻土对有机物如脂肪酸、苯酚等的吸附能力，甚至可以有效脱除污水中的磷、锌、铬、铜等离子。饱和吸附的改性硅藻土可以通过 $CaCl_2$ 溶液浸泡等方法加以再生。

1.5.3 载体

催化剂是现代化工生产必不可少的技术环节之一，而催化剂载体的种类及性质对催化剂作用效果影响巨大。自 20 世纪 70 年代末以来，硅藻土基催化剂载体以其卓越的性能逐渐取代了其他产品，可用作氢化作用反应过程中镍催化剂载体、硫酸制造时钒催化剂载体和石油磷酸催化剂的载体等。早期催化剂载体研发与应用主要采用江浙地区出产的硅藻土，结构上主要以直链藻为主。21 世纪以来，通过业内人士的不懈努力，以吉林长白、临江为代表的冠盘目硅藻土也成功应用于催化剂载体的商业化大规模生产。

利用硅藻土特有的显微结构，还可作为生物医药工程的载体，如用于辐射免疫测定的硅藻土微型柱（圆柱状硅藻）色谱分离载体，应用于噬菌体DNA、T6注射过程中的圆柱状硅藻土大肠杆菌膜柱等，可为DNA第一步转换后注射的抑制要求提供细胞质膜。

硅藻土可以用作杀虫剂、肥料的载体，同时硅藻土本身在农业上也具有一定肥效，对可溶性的磷、氮、钾等离子也有较强的吸附能力，有利于作物的吸收。硅藻土作为农药的理想载体，具有一定的缓释作用，同时表现出制剂稳定、药效周期长、剂量易于控制等优点。

目前，我国处理污水中有机污染物的主要方法之一就是TiO_2光催化法。采用硅藻土作为载体，通过表面富集和吸附，为TiO_2的光催化反应提供高浓度的有机污染物反应环境，加速污染物的光催化降解过程[21]。

1.5.4 填料

填料是指将硅藻土填加到另外一种材料或产品中，使其在性能上有所改善或提高，或者起到降低生产成本的作用。由于硅藻土表面亲水，因此对于非极性或弱极性基体，需要对硅藻土表面进行物理或化学改性，以保证使用效果，原理是改善颗粒的分散性、避免团聚。

硅藻土用作造纸填料，可改善纸张的亮度和透明度，提高纸张平滑度，减小纸张的干燥收缩。

作为防水卷材的填料，硅藻土能有效缓解泛油和挤浆现象，提高耐磨性、防滑性、抗压强度，延长使用寿命。

涂料中添加硅藻土除了能提高涂层的粘结力、改善化学稳定性、耐磨耐热、增容增稠等功能外，还具有消光作用。硅藻土填料可使涂层表面更加平整和光滑，并且能够增加涂料的含固量，加快涂料的干燥速度，提高粘结力，防止表面开裂。

橡胶、塑料制品中加入硅藻土，可以提高耐老化性和弹性，例如将硅藻土加入聚甲醛中，可以大幅提升其稳定性，有利于精密成型。

利用硅藻土的吸附性、电绝缘性等，还可广泛用作电绝缘填料、电焊条填料、肥皂填料，或者在液氮容器中作为粉末绝热剂等。

国外硅藻土在填料方面的应用总量为22～24万t。美国的硅藻土填料消费量呈逐年缩减的趋势，但年产量仍保持在9.4%左右；法国的硅藻土总产量中约有一半用于高白度的硅藻土填料；德国的填料应用占硅藻土年产量的一半左右，主要用在生产炸药吸收剂、塑料和油漆等方面。

1.5.5 建筑材料

我国硅藻土资源非常丰富，但品位上大多为中低水平，高品位资源的储藏量很小，在助滤剂、催化剂载体等产品的采矿、选矿和精加工过程中也会产生大量尾矿。考虑到建材生产领域的原料消耗量大、质量要求低，将这些含量较低中的硅藻土应用到建材生产中是合理可行的。针对建材行业使用的天然硅藻土矿产品，《硅藻土》JC/T 414作出了相关质量规定，如表1-9所示。

硅藻土的部分理化性能[22] **表 1-9**

项目		级别					
		Ⅰ	Ⅱ	Ⅲ	Ⅳ	Ⅴ	Ⅵ
硅藻含量(%)		≥75	≥70	≥55	≥45	≥30	≥20
主要化学成分	SiO_2(%)	≥85	≥80	≥75	≥70	≥60	≥50
	($Al_2O_3+TiO_2$)(%)	供需双方协商确定					
	Fe_2O_3(%)						
	CaO(%)						
	MgO(%)						
	烧失量(%)						
水分(%)							
振实密度(g/cm^3)		≤0.40	≤0.45	≤0.50	≤0.55	≤0.60	≤0.70
pH 值		6.0～8.0					
比表面积(m^2/g)		15.0～100.0					

在建筑材料领域，硅藻土潜在用量最大的是作为活性混合材配制水泥。硅藻土中含有大量的活性 SiO_2，同时存在丰富的可供化学反应的巨大表面，因此具有一定的化学反应活性（称为火山灰质活性）。加水拌合之后，水泥中的熟料首先发生水化反应，所生成的氢氧化钙 $Ca(OH)_2$ 作为激发剂可以显著提高硅藻土的反应活性，使活性 SiO_2 转化为水化硅酸钙类胶凝性物质。这一反应过程相对滞后于水泥熟料的水化，因此称为“二次水化”。这些细小的水化产物可以充填至混凝土内部的细小裂缝，改善水泥石-骨料界面结构，提高水泥石和混凝土的力学强度、密实度和耐久性。

用作水泥混合材的硅藻土应符合《用于水泥中的火山灰质混合材料》GB/T 2847 相关规定，主要指标包括：SO_3 含量（质量百分数），不大于 3.5%；火山灰性，合格；水泥胶砂 28d 抗压强度比，不小于 65%；放射性，合格[23]。所谓水泥胶砂 28d 抗压强度比，是指硅藻土按规定比例（30%）等量取代 52.5R 或基准水泥所配制的胶砂试验样品与对比样品在标准条件下（温度 20±2℃、相对湿度>95%）养护至规定龄期 28d 后，测试、计算得到的试验样品与对比样品的抗压强度之比；试验胶砂比和水胶比分别控制为 1∶3、1∶2。

目前，硅藻土作为火山灰质混合材料可用于配制普通硅酸盐水泥、火山灰质硅酸盐水泥和复合硅酸盐水泥，最大掺量分别为水泥质量的 20%、40%和 40%；也可用于等量部分取代矿渣硅酸盐水泥中的粒化高炉矿渣粉，取代量不得超过水泥质量的 8%。除了扩大水泥品种、改善混凝土性能之外，硅藻土的使用也可以起到节约熟料、节省能源、减少环境污染等作用。

除了作为水泥组分之外，硅藻土也可以直接作为矿物掺合材料参与混凝土的形成过程，发挥类似于作为水泥活性混合材的重要作用。另一方面，硅藻土所具有的本征多孔结构还可以作为混凝土内部的细小储水空间，用于存放混合料中的多余水分，不仅有利于改善混凝土混合料的保水性和黏聚性，防止泌水现象的产生，而且在水泥持续水化过程中，可以不断释放出所储存的水分，起到“自养护”的使用效果。此外，也有研究和实践将硅藻土作为混凝土外加剂特别是高效减水剂的载体，通过“缓释”作用减小混合料坍落度的经时损失，取得了可观的经济技术效果。混凝土用硅藻土的质量要求可以参考《水泥砂浆和混凝土用天然火山灰质材料》JG/T 315，见表 1-10。

水泥砂浆和混凝土用天然火山灰质材料的技术指标要求[24] **表 1-10**

项目		技术指标
细度(45μm 方孔筛筛余)(质量分数)(%)		≤20
流动度比(%)	火山灰	≥85
	玄武岩、安山岩、凝灰岩	≥90
	浮石粉	≥65
28d 活性指数(%)		≥65
烧失量(质量分数)(%)		≤8.0
三氧化硫(质量分数)(%)		≤3.5
氯离子含量(质量分数)(%)		≤0.06
含水量(质量分数)(%)		≤1.0
火山灰性(选择性指标)		合格
碱含量(质量分数)(%)		由买卖双方协商确定
放射性		合格

目前轻质墙体材料生产经常采用膨胀珍珠岩、陶粒、蛭石、浮石、自燃煤矸石、空心玻璃微珠等作为轻质固体原料，但大多难以同时满足强度及容重方面的要求。硅藻土因其多孔性结构特征，再加上黏土矿物杂质的存在，往往表现出较强的粘结性、可塑性和烧结性，使加工制品获得较高的硬度和强度，还可减轻结构自重。烧结法也可用于生产硅藻土陶粒，再应用到混凝土制备中，即轻骨料混凝土。利用硅藻土所包含的 SiO_2 及少量的 Al_2O_3，再添加一些碱金属物，经一系列工序处理后可制得泡沫玻璃，具有良好的隔热和吸声性能；用二次烧成法制备的以硅藻土为主要原料的装饰性陶瓷具有强度高、吸水率小、收缩率低等特点，是优良的环保型室内装修材料。此外，硅藻土防火管道、硅藻土微孔玻璃等新型制品在国内外已开始生产应用。

除烧结法之外，压蒸工艺也经常用于硅酸盐类建材制品的生产，所采用的原材料主要分为钙质原料、硅质原料和各种辅助原料。采用磨细石英砂作为硅质原料时，其所含有的二氧化硅 SiO_2 是以结晶状态存在，活性较低，即使在高压饱和水蒸气条件下与钙质材料如石灰或水泥的化合反应速度缓慢，影响硅酸盐制品的强度发展。此时，如采用富含无定形二氧化硅 $SiO_2 \cdot nH_2O$ 的硅藻土部分或全部替代石英砂，则硅酸盐制品的力学强度速度明显加快，制品比重也会有所下降，适用建材制品包括灰砂砖、砌块、硅钙板等。

1.5.6 其他用途

硅藻土及其制品由于其多孔特点，通常具有优异的过滤性和吸附性。硅藻土在 1000℃以下煅烧时可以保持孔结构不会发生明显破坏，采用低温煅烧技术并添加适当的添加剂可以使原有的气孔保持不变而制得孔径细小、分布均匀、成本低的多孔陶瓷；也可利用其天然的微孔及纳米级的缝隙特性用于制造微孔材料，是性能良好的模板剂。

硅藻壳主要由无定形二氧化硅组成，以硅藻土为原料，可合成出橡胶行业的白炭黑。采用化学反应活性显著的硅藻土来生产白炭黑可大幅缩短工艺流程、简化工艺参数，产品质量稳定、工艺简单、投资少、污染小。硅藻土制备的白炭黑还可以进行有机改性或无机改性，使制品性能大幅度提高，作为重要的补强剂用于橡胶、涂料、药物、化妆品、造纸、油墨、复合树脂、复合塑料等方面。

硅藻土本身也可以作为一种改性剂，用来提高所制样品的品质。最成功应用就是用作沥青改性剂，作用是沥青质和胶质增多，黏度增大，从而改善路面的抗老化性能，提高路面强度[25]。

除以上常见用途外，硅藻土利用其自身特点可作为抛光剂、钻井泥浆添加剂等。

1.6 硅藻土在功能性建材围护材料中的应用

建筑结构中用于遮阳、避雨、挡风、保温隔热、吸音隔声、阻隔光线等的结构称为建筑围护结构，包括内墙、外墙、屋面、楼板、梁柱、隔断等，所使用的材料即为建筑围护材料。传统建筑围护材料主要侧重于强度、耐久性、尺寸稳定性等性能，而新型的建筑围护功能材料特别是内墙材料还应满足调温调湿、防火阻燃、抑菌除味等更多性能需求，以适应日益提高的人民生活水平。硅藻土具有优异的理化性能，化学稳定性好，颗粒细小，质地细腻，适合于功能型建筑围护材料的设计与加工，典型产品有硅藻泥、硅藻涂料、硅藻壁材等。

1.6.1 硅藻泥

以无机胶凝物质为主要胶结材料，硅藻材料为主要功能性填料，配制的干粉状内墙装饰涂覆材料，称为硅藻泥。

(1) 施工工艺

《硅藻泥装饰壁材应用技术规程》CECS 398 规定，干粉态硅藻泥装饰壁材的施工工艺应包括浆料配制、涂饰施工及图案肌理制作等过程[26]。

硅藻泥装饰壁材的浆料配制由专人按说明书调配，应根据施工工法、施工季节、温度、湿度等因素严格控制浆料的黏度，不得随意添加水或其他稀释剂。

硅藻泥装饰壁材的涂饰施工应由底层做起，可进行多层次施工，直至面层达到既定艺术效果。每一遍涂饰施工应在前一层涂饰材料实干后进行，各层装饰材料应结合牢固。施工工法可根据实际工况采用批涂工法或喷涂工法，干涂层总厚度不应低于 1.0mm。

艺术工法适合于图案肌理制作，要求干涂层总厚度不应低于 1.0mm。制作完肌理图案后，用不锈钢收光抹子沿图案纹路压实收光。收光完成后墙面应光滑平整、点状分布均匀且无明显色差及脱粉现象。

(2) 性能要求

《硅藻泥装饰壁材》JC/T 2177 对硅藻泥的一般技术要求作出了具体规定，分别见表 1-11、表 1-12[27]。

硅藻泥一般技术要求[27] **表 1-11**

项目		技术指标
容器中状态		粉状、无结块
施工性		易混合均匀，施工无障碍
初期干燥抗裂性(6h)		无裂纹
表干时间(h)		≤2
耐碱性(48h)		无起泡、裂纹、剥落，无明显变色
粘结强度(MPa)	标准状态	≥0.50
	浸水后	≥0.30
耐温湿性能		无起泡、裂纹、剥落，无明显变色
硅藻成分		可检出

硅藻泥的功能性技术要求[27] **表 1-12**

项目		指标
调湿性能	吸湿量 W_a(1×10^{-3} kg/m^2)	3h 吸湿量 $W_a\geq20$；6h 吸湿量 $W_a\geq27$；12h 吸湿量 $W_a\geq35$；24h 吸湿量 $W_a\geq40$
	放湿量 W_b(1×10^{-3} kg/m^2)	24h 放湿量 $W_b\geq W_a\times70\%$
	体积含湿率 ΔW[(kg/m^3)/%]	≥0.19
	平均体积含湿量(kg/m^3)	≥8
甲醛净化性能		≥80%
甲醛净化效果持久性		≥60%
防霉菌性能		0 级
防霉菌耐久性能		1 级

(3) 硅藻泥的性能优点

1）调温调湿。硅藻泥可形成“会呼吸的墙壁”，随着季节不同及早晚环境空气的湿度变化，相应吸收或释放水分，自动调节室内空气湿度，使室内湿度始终保持在体感最舒适的相对湿度范围（40%～60%）。尤其是沿海城市和南方空气较湿润的城市，调节室内空气湿度效果明显，减少潮湿空气带来的烦恼。与此同时，利用水分子吸附/脱附过程所伴随的热量变化，可对室内环境温度起到一定的调节、平衡作用。

2）保温节能。硅藻泥的热传导系数低，因此具有良好的保温隔热性能，显著优于砂浆和水泥混凝土，可产生显著的节能效果。

3）防火阻燃。硅藻泥由无机材料组成，本身具有很高的耐火等级，只有熔点、没有燃点，能有效阻挡火势的蔓延；高温时不会产生大量的有毒物质，甚至吸收烟气中的有毒物质，减少火灾所造成的人员伤亡。

4）吸声降噪。硅藻泥的微孔结构可吸收噪声，缩短余响，对于高频、低频噪声都可起到很好的吸收作用，有利于创造宁静舒适的室内居住环境。

5）抑菌除臭。硅藻泥的吸附能力强，能够消除环境中的各种异味，时刻保持室内空气的洁净和清新。同时还可抑制螨虫和霉菌的发育繁殖，杀死空气中的传染病菌，防止衣服、物品、墙体等受潮发霉。

6）消除甲醛。硅藻泥具有独特的细小孔隙结构，可以容纳、固定周边环境中的某些有害气体分子，特别是地板、家具等散发的游离态分子如苯、甲醛、氨、TVOC、氡等，有效解决居家环境的室内空气污染问题。复配纳米 TiO_2 等光催化材料的情况下，还可对吸附甲醛等有机分子产生明显降解作用，实现甲醛的彻底消除。

7）色彩柔和。硅藻泥的吸光率高，可使反射光线变得柔和、自然，提高肉眼舒服性，减少刺激，保护视力，尤其适合儿童居住空间使用。

(4) 硅藻泥的缺点

相对而言，硅藻泥同样存在难以忽视的缺点，枚举如下：

1）不耐脏。硅藻泥大多色调淡雅，表面容易留下各种污迹。

2）不防水，不能擦洗。硅藻泥具有蜂窝状孔结构，吸附性高，用水直接擦拭就会迅速吸附到孔隙结构中，起不到墙面清洁的作用。另外，硅藻泥本身耐水性差，不适于用水擦洗，也不能用于过度潮湿的部位，如厨房、卫生间等。

3）花色较单一。硅藻泥目前的肌理图案仍显单调，色彩不够丰富。

4）硬度较差。硅藻泥的硬度大大低于瓷砖等墙体材料，但与涂料相近。

5）价格较贵。硅藻泥的价格一般不低于每平方米三四百元，高于乳胶漆，相对接近中档涂料/油漆、壁纸等的价格。

1.6.2 硅藻涂料

硅藻涂料，也称硅藻漆，是一种先进的环保型建筑功能材料。硅藻涂料的生产原理是在水性涂料中引入一定量的硅藻土组分，具有孔隙率大、吸收性强、化学性质稳定、耐磨、耐热等特点，能为涂料提供优异的表面性能，同时起到增容、增稠以及提高附着力的作用；同时，由于硅藻土具有较大的孔体积，能缩短涂膜的干燥时间，还可减少树脂的用量，降低成本。利用硅藻土的多孔、极强的物理吸附能力和离子交换性能，可以有效去除空气中的游离甲醛、苯、氨等有害物质及因宠物、吸烟、垃圾等所产生的异味甚至放射性物质，净化室内空气。其他可望实现的优异性能还包括防水透气、抗污耐擦、抗碱防霉等，适用于宾馆、酒店、高级住宅、别墅、学校幼儿园、办公室、卧室、医院、小区花园及行政事业单位等场所的内墙装饰需求。

1.6.3 内墙板材

西方利用硅藻土制备建筑材料和保温材料的国家主要有日本、俄罗斯、罗马尼亚等。具体的生产产品包括调湿材料、装饰材料、硅藻保温砖、复合外墙保温板、硅钙板等。据报道，日本大河建筑公司不久前研制成功了一种硅藻土板，用70%的硅藻土作骨料，加入起粘结剂作用的硬质硅石，其多孔性结构使其吸湿、放湿能力是木炭的几千倍，并可吸收香烟中的尼古丁，避免墙壁和天花板变色。

本章参考文献

[1] 海洋知圈. 详解“深海沉积”：古环境研究的档案馆. www.sohu.com/a/133730029_726570.

[2] 袁笛，王莹，李国鸿，等. 硅藻土吸附工业废水中汞离子的研究 [J]. 环境保护科学，2005，31 (4)：27-29.

[3] 刘景华，吕晓丽，魏丽丹，等. 硅藻土微波改性及对污水中硫化物吸附的研究 [J]. 非金属矿，2006，29 (3)：36-37.

[4] 于漧. 我国硅藻土作钒催化剂载体的研究 [J]. 矿产保护与利用，1999，(5)：18-20.

[5] 魏存弟. 吉林省桦甸低品位硅藻土提纯及生产食品助滤剂研究 [J]. 非金属矿，2001，24 (3)：38-39+35.

[6] 罗国清，高惠民，任子杰，等. 吉林某低品位硅藻土提纯实验研究 [J]. 非金属矿，2014，37 (1)：63-65.

[7] 叶力佳，杜玉成. 硅藻土对重金属离子 Cu^{2+} 的吸附性能研究 [J]. 矿冶，2005，14 (3)：69-71.

[8] 赵以辛，杨殿范，李芳菲，等. 内蒙古产高烧失量低品位硅藻土的提纯及碳化性能 [J]. 吉林大学学报（地球科学版），2011，41 (5)：1573-1579.

[9] 刘振敏. 中国硅藻土矿资源特征及找矿方向 [J]. 化工矿产地质，2018，40 (4)：235-240.

[10] 朱健. 硅藻土理化特性及改性研究进展 [J]. 中南林业科技大学学报，2012，32 (12)：61-66.

[11] 郭晓芳，刘云国，樊霆，等. 改性新型 Mn-硅藻土吸附电镀废水中铅锌的研究 [J]. 非金属矿，2006，29 (6)：42-45.

[12] 徐则达，帅正洲. 矿产资源战略分析（硅藻土） [A]. 地质矿产部全国地质资料局，1989，101-103.

[13] 张凤君. 硅藻土加工与应用 [M]. 北京：化学工业出版社，2005.

[14] 马秀梅. CaO-SiO_2-H_2O 体系调湿材料的制备及其性能研究 [D]. 沈阳建筑大学硕士毕业论文，2016.

[15] 赵竹玉. 硅藻基水化硅酸钙的层次孔结构调制与使用性能研究 [D]. 沈阳建筑大学硕士毕业论文，2016.

[16] O. W. Florke. Zur frage des'Hoch-Cristobalit' in opalen，bentoiten und glasrn [J]. N Jahrb Mineral Mh，1955，(2)：217-224.

[17] 黄成彦. 中国硅藻土及其应用 [M]. 北京：科学出版社，1993.

[18] 郑水林，孙志明，胡志波，等. 中国硅藻土资源及加工利用现状与发展趋势 [J]. 地学前缘，2014，21 (5)：274-280.

[19] U. S. Geological Survey，Minerals Yearbook [R]. 2015.

[20] 硅藻土助滤剂 GB 24265—2009 [S]. 北京：中国标准出版社，2009.

[21] 郑水林，孙志明. 纳米 TiO_2/硅藻土复合环保功能材料 [M]. 北京：科学出版社，2018.

[22] 硅藻土 JC/T 414—2017 [S]. 北京：中国建材工业出版社，2017.

[23] 用于水泥中的火山灰质混合材料 GB/T 2847—2005 [S]. 北京：中国标准出版社，2009.

[24] 水泥砂浆和混凝土用天然火山灰质材料 JG/T 315—2011 [S]. 北京：中国建筑工业出版社，2011.

[25] 鲍燕妮. 硅藻土改性沥青研究 [M]. 西安：长安大学出版社.

[26] 硅藻泥装饰壁材应用技术规程 CECS 398：2015 [S]. 北京：中国标准出版社，2015.

[27] 硅藻泥装饰壁材 JC/T 2177—2013 [S]. 北京：中国建材工业出版社，2013.

第 2 章　硅藻土的水热固化机理与强度发展过程

硅藻土的基本化学组分为蛋白石质二氧化硅（$SiO_2 \cdot nH_2O$），而硅藻土的水热固化实质上就是这种非晶态的活性 SiO_2 与氢氧化钙 $Ca(OH)_2$ 在水溶液环境中发生的化合反应，形成结晶性、半结晶性甚至凝胶性水化产物，统称为水化硅酸钙（Calcium Silicate Hydrate，C-S-H）。这些水化硅酸钙产物数量不断增多、尺寸逐渐增大，彼此交叉连生，最终堆聚成具有一定使用性能的宏观结构。

水化硅酸钙是 $CaO-SiO_2-H_2O$ 体系中生成的三元化合物的统称。根据原料配比及反应条件特别是温度不同，水化硅酸钙的组成-结构可在很大范围内变化。现已知的水化硅酸钙有 25 种结晶类型，不仅是硅酸盐系水泥水化的主要产物，也是一些蒸压材料及隔热制品的主要晶相成分。一般来说，降低反应温度、缩短反应时间，得到的水化硅酸钙质材料结晶度低甚至呈胶体状态；随着反应温度提高、时间延长，产物的结晶度显著提高，形貌更为规整、尺寸也明显增大。水化硅酸钙的晶型、尺寸、数量、排列方式等决定了最终产品的密实度和孔隙结构，进而影响样品的力学强度、耐久性等主要性能。

为解析水化硅酸钙的形成过程及形貌控制方法，优化硅藻土水热固化体的结构与性能，本章在 $CaO-SiO_2-H_2O$ 体系水化反应原理的基础上，研讨石灰-硅藻土-水混合原料的水热反应过程与固化机制，并将其用于低品位硅藻土的水热固化与力学性能分析。

2.1　$CaO-SiO_2-H_2O$ 体系反应原理

硅藻土的水热固化过程主要发生于 $CaO-SiO_2-H_2O$ 体系之内，即硅藻土中的活性二氧化硅 SiO_2 与氧化钙 CaO 之间发生化合反应，水（实际上应为水溶液）提供了反应所需的环境和路径，而升温条件则起到加速反应进程、改善产物结晶状态的作用。

2.1.1　水化过程

在一定温度及压力环境下，以二氧化硅 SiO_2 为活性成分的物质与氧化钙 CaO 之间发生水合反应，形成水化硅酸钙产物。由于反应活性不同，一般认为，氧化钙 CaO 首先与水作用形成氢氧化钙 $Ca(OH)_2$，而后才是氢氧化钙 $Ca(OH)_2$ 与活性二氧化硅 SiO_2 之间的水合反应，即：

$$CaO + H_2O \longrightarrow Ca(OH)_2 \tag{2-1}$$

$$xCa(OH)_2 + SiO_2 + (n-1)H_2O \longrightarrow xCaO \cdot SiO_2 \cdot nH_2O \tag{2-2}$$

$xCaO \cdot SiO_2 \cdot nH_2O$ 为水化硅酸钙化学组成的通式，其钙硅摩尔比（x）一般在 0.8～2.0 之间。由于氧化钙 CaO 的化学反应活性更强，因此在反应初期所形成的水化硅酸钙主要为高碱性的水化硅酸钙（钙硅摩尔比 1.5～2.0），随反应进行特别是游离 $Ca(OH)_2$ 耗尽后，高碱性水化硅酸钙可以与剩余 SiO_2 发生反应，生成低碱性水化硅酸钙

（钙硅摩尔比 0.8～1.5）[1]。相应过程可以表达为：

$$(1.5\sim2.0)CaO\cdot SiO_2\cdot xH_2O+SiO_2+H_2O\longrightarrow(0.8\sim1.5)CaO\cdot SiO_2\cdot y\ H_2O \tag{2-3}$$

上述化合过程的反应速度在很大程度上取决于反应原料特别是硅质材料的化学活性，与原料的结晶状态、细度等直接相关，因此可以采用硅藻土、白土等非晶态物质作为硅质原料以促进水化硅酸钙的形成。另一方面，尽管上述两个过程均为放热反应，但环境温度的提高有利于化合反应的进行，原因主要是高温环境有利于硅质材料水化反应活性的改善。

2.1.2　反应机理

式（2-1）～式（2-3）体现了 CaO-SiO_2-H_2O 体系发生的化学反应过程，特别是化合反应的原料与产物，但对具体的水化反应机理并未表述清楚。通常情况下，CaO-SiO_2-H_2O 体系中水化硅酸钙产物的形成过程可采用溶解-析晶机制或局部学反应机制加以描述：

（1）溶解-析晶机制（Through-Solution Reaction）

溶解-析晶机制，也称溶解-沉淀机制，是指化学反应过程以水或其他液相为媒介，反应原料首先溶解于水中，形成溶解度平衡。当产物的溶解度更低时，上述溶解度平衡相对于产物来说就是过饱和的，也就是得到相对于反应产物的过饱和溶液。一定程度的过饱和溶液持续存在一定时间，就会发生反应产物的成核与长大，大量消耗溶液中的电离组分，结果破坏了反应原料的溶解度平衡，促进反应原料的不断溶解。这一溶解-析晶过程持续进行，直至反应原料全部转化为反应产物。

对于 CaO-SiO_2-H_2O 体系中发生的化合反应来说，由于氧化钙 CaO 的化学活性强，容易与水作用形成氢氧化钙 $Ca(OH)_2$，反应快速、剧烈，只能单向进行，且伴随有显著的体积膨胀。因此，后续溶解度平衡的构建与维系，主要发生在氢氧化钙 $Ca(OH)_2$ 固相与电离出的 Ca^{2+}、OH^- 离子之间，即：

$$Ca(OH)_2\longleftrightarrow Ca^{2+}+2OH^- \tag{2-4}$$

需要指出的是，氢氧化钙的溶解度较低，属微溶物，标准温度下（20℃）每 100mL 水的溶解度仅为 0.165g；随温度升高，$Ca(OH)_2$ 溶解度将持续降低，例如 40℃、60℃、80℃、100℃下的溶解度分别为 0.141、0.116、0.094、0.077g $Ca(OH)_2$/100mL 水。

对于硅质原料来说，无论所含有的 SiO_2 是晶态还是非晶态，均难溶甚至不溶于纯水之中；只有在碱性溶液作用下，这些物质才可以溶解于水中，表现出反应所需的水化活性：

$$SiO_2+4OH^-\longleftrightarrow[SiO_4]^{4-}+2H_2O \tag{2-5}$$

可以发现，二氧化硅 SiO_2 的溶解、电离过程必然滞后于氢氧化钙 $Ca(OH)_2$。研究表明，在常温常压条件下，即使采用硅藻土、白土等高活性的硅质原料，CaO-SiO_2-H_2O 体系的溶解-析晶过程也只有在 pH 值高于 12 的强碱性溶液中才能明显进行：

$$xCa^{2+}+2xOH^-+[SiO_4]^{4-}+(n-x)H_2O\longrightarrow xCaO\cdot SiO_2\cdot nH_2O \tag{2-6}$$

如上所述，根据溶解-析晶理论，CaO-SiO_2-H_2O 反应体系是在一定温度和压力的液体环境中，原料中的 CaO 和 SiO_2 先后溶解于水，电离出 Ca^{2+}、OH^-、$[SiO_4]^{4-}$ 等离子，构成溶解度平衡；这些电离的阴、阳离子浓度相对于溶解度极低的水化硅酸钙而言是过饱和的，因此很容易析出产物晶核并逐渐长大。由于氢氧化钙 $Ca(OH)_2$ 的溶解度和溶解速度远大于二氧化硅 SiO_2，因此水化硅酸钙首先在硅质材料表面生成，而后逐渐扩展到硅质颗粒之间的空隙内；随着水化产物的数量增多、尺寸增大，产物晶体逐渐交织连接起来，同时可以将未反应的固体颗粒、纤维等胶结在一起，形成结晶连生体。

（2）局部化学反应机制（Topochemical Reaction）

局部化学反应，也称固相反应机理，是指在少水或者潮湿环境中，CaO-SiO_2-H_2O 体系内的固相物质可以吸附周边空气中的水分子并发生水合反应的过程。这一水化反应过程可以分为三个阶段：①固体表面的水分子吸附；②吸附水分子的溶解；③产物新相的形成。其中，吸附水分子的溶解阶段可能生成某些吸附络合物或者凝胶体，这些中间产物后续脱水或分解为最终产物水化硅酸钙。

对于 CaO-SiO_2-H_2O 体系发生的水化过程来说，特别是氢氧化钙 $Ca(OH)_2$ 已经形成或者直接采用氢氧化钙作为原料的情况下，氢氧化钙 $Ca(OH)_2$ 理论上能够与二氧化硅 SiO_2 发生反应并形成水化硅酸钙。但实践证明，游离水或者潮湿空气的存在是这一反应转化过程实现的前提条件。潮湿空气中存在的水分子吸附在固体表面，而各种固体原料则是溶解在这一吸附水膜中发生反应，并从中析出反应产物；可以认为，局部化学反应某种程度上就是发生在固体表面附近、吸附水膜中的溶解-析晶过程。

2.1.3 主要水化产物

水化硅酸钙是 CaO-SiO_2-H_2O 体系的基本水化产物，可以采用硅酸盐水泥自然水化而来，也可以通过一定配比的钙质原料和硅质原料，在适当的温度、时间、压力条件下进行人工合成。常温下，水化硅酸钙结晶差、化学成分不固定、微观形貌各异，体现凝胶性质；在较高的温度（120℃以上）条件下，结晶差的 C-S-H 会相变形成结晶好的托贝莫来石（Tobermorite）等。自然界中也存在一些天然形成的水化硅酸钙，则是漫长地质作用的结果。

现已知的水化硅酸钙结晶体有 25 种，其组成和结晶度在很大范围内波动。CaO-SiO_2-H_2O 体系的主要水化产物及其形成条件见图 2-1[2]。工业生产中最常用的是 CSH(B)、托贝莫来石和硬硅钙石三种。一般认为，较低温度下形成的半结晶性水化硅酸钙 CSH(B) 就是一种结晶度较差的托贝莫来石，是蒸养条件下形成的一种重要水化硅酸钙；即使是室温下得到的水化硅酸钙凝胶体，在晶相结构上也与托贝莫来石有一定相似之处。

（1）CSH(B)

也作 CSH(I)，是水泥在常温条件下长期水化的主要产物，也是一些蒸压、隔热材料的主要组成。通常假定 CSH(B) 型水化硅酸钙的分子式为 $3CaO \cdot 2SiO_2 \cdot 3H_2O$ ($C_3S_2H_3$)，即钙硅比 C/S、水硅比 H/S 均为 1.5。但实际上这两个比值均非固定数值，而是会随原料配比、环境温度、反应时间等因素发生改变，也就是说 CSH(B) 的化学组成并不是固定的。

常温条件下得到的 CSH(B) 结晶度极差，形状不规则，从无定形胶体颗粒到细小纤维、网络等，等效粒径仅为 10nm 左右。随反应时间延长或温度提高，CSH(B) 的尺寸增大，结晶状态也略有改善。但从整体上看，这些不同形态的 CSH(B) 粒子均源自极薄的片状晶体结构，由微小片层沿某一方向卷拢、起皱、破裂而成，其晶面间距与托贝莫来

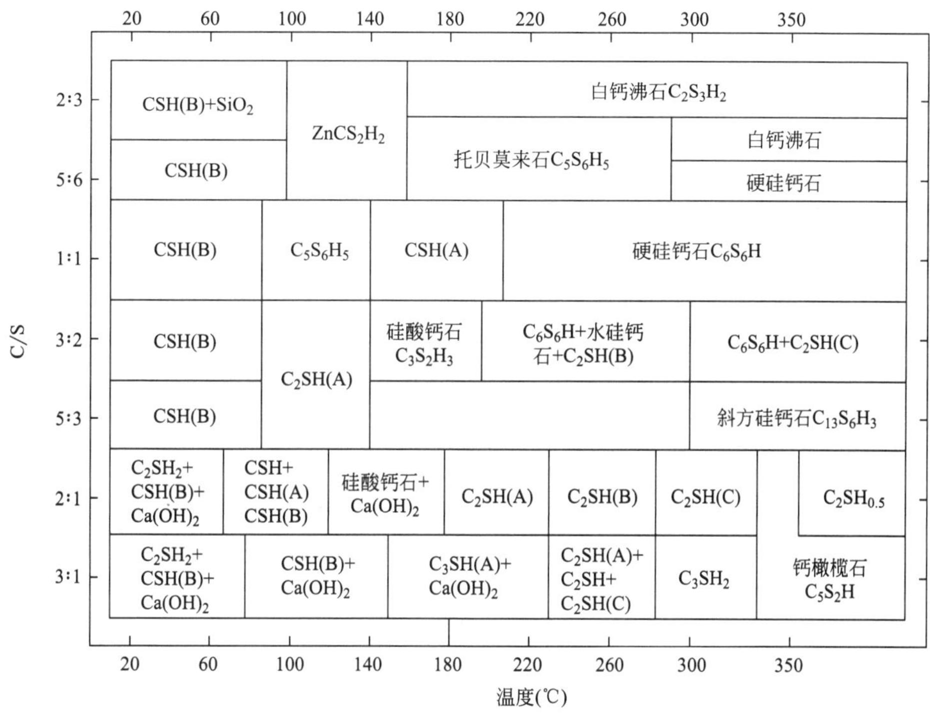

图 2-1　主要水化硅酸钙种类及其形成条件[2]

石、羟基钠硅钙石（Jennite）均存在某些类似之处[1]。但在通常情况下，可以认为 CSH(B) 就是结晶度不良的托贝莫来石，其 XRD 特征谱线为 0.304_x、0.183（nm）。

（2）托贝莫来石（Tobermorite）

托贝莫来石，又称雪硅钙石，化学式为 $Ca_5(Si_3O_9H)_2 \cdot 4H_2O$（或 $5CaO \cdot 6SiO_2 \cdot 5H_2O$，$C_5S_6H_5$），其晶体形态典型呈薄片状，尺寸一般不大于 2μm。托贝莫来石通常由 C/S 比 0.8～1.0 的混合物在温度 140～200℃饱和水蒸气环境中静态处理数小时即可获得；合成原料如含有活性 Al_2O_3，则可以部分取代托贝莫来石中的氧化硅，取代量可以达到 20%而不会引起产物结构上的明显改变，而且可以起到加速反应进行的作用。

托贝莫来石的结晶水含量在特定情况下可以发生分级跳跃，进而导致晶面间距的变化，对应的托贝莫来石也被分为 1.4nm 托贝莫来石、1.13nm 托贝莫来石（又称本征托贝莫来石）和只有在高温下稳定的 0.93nm 托贝莫来石（单硅钙石）。孙抱真认为，托贝莫来石是一族水化硅酸钙，其主要差别是结晶度的差异，从几乎是无定形的凝胶体直到结晶良好的托贝莫来石[3]。降低反应温度、缩短反应时间，则可以得到结构近似但结晶度低甚至呈胶体状态的水化硅酸钙质材料。典型托贝莫来石样本的 X 射线衍射特征谱线为：0.3101_x，0.283_x，0.5559，0.1859，1.139（nm）等。

（3）硬硅钙石

硬硅钙石的结构分子式可写成 $Ca_6(Si_6O_{17})(OH)_2$，化学式 $6CaO \cdot 6SiO_2 \cdot H_2O$（$C_6S_6H$），纤维状或针状结晶。硬硅钙石的合成难度相对较大，不仅反应温度高（200℃以上）、时间长，同时要求原料纯度高、配比准确、用水量大。

由于不含层间水，硬硅钙石在 900℃以上的高温下才会发生脱水分解，而且相应脱水过程没有明显的体积变化，因此硬硅钙石具有干缩小、尺寸稳定性好、耐热性强等特点。硬硅钙石的 X 射线衍射特征谱线为：0.307_x、0.2409、0.1959nm。

2.1.4 水化硅酸钙的应用现状

为制备不同结构或性质的水化硅酸钙，许多学者不断尝试不同的合成方法，主要包括化学沉淀法、溶液反应法、水热合成法等。S. Suzuki 等以 $Si(OH)_4$ 和 $CaCl_2$ 溶液为原料在室温碱性环境下运用化学沉淀法制备水化硅酸钙[4]。I. Garcia-Lodeiro 等以硝酸钙、硅酸钠、NaOH 为原料，通过溶液反应法制备出了水化硅酸钙[5]。A. Hartmann 等用碳酸钙和二氧化硅作为原料，使用水热法合成水化硅酸钙[6]。

从晶体结构角度，H. E. W. Taylor 认为 C-S-H 产物特别是中低温（<100℃）水化得到的 CSH(B) 产物具有高度变形的，即层状结构的托贝莫来石和羟基硅钙石结构，微孔结构（孔径<2nm）发达[7]。已有研究成果表明，人工合成的 C-S-H 粉体疏松多孔，再加上 C-S-H 产物特有的层状结构也可为水分子的储存和运输提供空间和通道，适合用于室内环境的湿度/温度调节控制。同济大学洪苑秀、景镇子等通过 200℃、3h 的水热反应过程实现了海泡石的水热固化，所生成的结晶性 C-S-H 赋予固化体较高的力学强度，比表面高达 97.3m^2/g、最可几孔径 15～28nm，24h 累计吸/放湿量分别为 350g/m^2 和 208.9g/m^2，远超建材行业标准 JC/T 2082《调湿功能室内建筑装饰材料》的技术要求[8]。

鉴于人工合成的水化硅酸钙孔结构的特殊性[9]，近年来人们已探索将其应用于环保等领域[10]。J. Zhao 等不使用任何表面活性剂或有机溶剂，在室温下的水溶液中制得了壳聚糖包覆的硅酸钙水合物（CSH/壳聚糖）介孔微球，其 BET 比表面积高达 356m^2/g，对 Ni^{2+}、Zn^{2+}、Pb^{2+}、Cu^{2+} 和 Cd^{2+} 的最大吸附量分别达到 406.6mg/g、400mg/g、796mg/g、425mg/g、578mg/g，是一种很有前途的吸附剂[11]。董亚等采用共沉淀法使氢氧化钙与正硅酸四乙酯反应，制备出一系列水化硅酸钙，并研究了 C-S-H 的布洛芬（IBU）载药特性，采用热重-差热分析、Brunauer-Emmett-Teller 法和红外光谱表征（FT-IR）等方法分析了其在不同载药时间下的载药量、比表面积、孔容和表面基团等，结果发现在 12h 后载药量可达 116.78%，可作为较好的药物载体材料[12]。

2.2 石灰-硅藻土-水体系的水热固化与强度发展

传统硅酸盐制品的生产方法是以钙质材料、硅质材料、水及必要时加入的增强纤维、助剂等原材料按一定配比经加水搅拌、加热凝胶化、压制成型、压蒸养护、烘干切割等工序制作而成。其中，为提高生产效率、改善制品微孔结构，可以全部或部分采用硅藻土、白土、膨润土等富含非晶态 SiO_2 的天然矿物作为硅质原料。静态蒸压工艺生产硅酸钙材料，是将适当配比的钙质材料（生石灰或消石灰，加入少量水泥）和硅质材料与水混合成料浆，在料浆拌合均匀后、成型养护前使反应混合物静停一段时间，目的是令反应原料中的 SiO_2 和 $Ca(OH)_2$ 溶解于水并生成凝胶状物质，同时消耗部分水分，从而使流体状的稀浆变成黏稠的塑性浆体，为压制成型做好准备。在压制成型过程中，尽管部分水分滤出，但仍有大量水分滞留于坯体内部，提供后续化合反应所需的液体环境。该生产工艺要求混合料的水料比控制在 4.0～6.0，在凝胶化工序完成后，通过压制成型滤出部分水分，但这一处理过程无疑会导致物料特别是水溶性物质和细小固体颗粒的流失，同时带来环保方面的不利影响。

为有效解决上述技术问题，本书研究中将水热合成工艺（Hydrothermal Synthesis）应用于石灰-硅藻土-水体系的反应固化过程，通过原料配比及工艺参数的系统优化，使硅藻土水热固化体获得可观的力学强度和综合使用性能。所谓水热合成工艺是指在特制的密闭反应容器即高压釜中，采用水溶液作为反应体系，通过对反应体系加热、加压，创造一个高温高压的反应环境，使得通常难溶或不溶的物质溶解，并且重结晶而进行无机合成与材料处理的一种方法。该工艺所用原料配比中用水量（水料比）可低至 0.20 左右，所生成水化硅酸钙的晶型、尺寸等可根据具体性能指标加以调制，满足各方面应用的需要。

2.2.1　样品制备[13,14]

（1）原料

硅藻土取自吉林某地，原土含有较大量的筛盘状硅藻壳，孔结构丰富（图 2-2*a*，图 2-2*b*）；为提高纯度，先后经擦洗、筛选、助熔煅烧等工序处理，部分孔隙被烧熔到一起，结构发生明显改变，如图 2-2*c*、图 2-2*d* 所示。原料外观为白色精细粉末，平均粒径约 40μm，堆积密度 0.38g/cm^3。硅藻土原料的基本化学组成如表 2-1 所示。

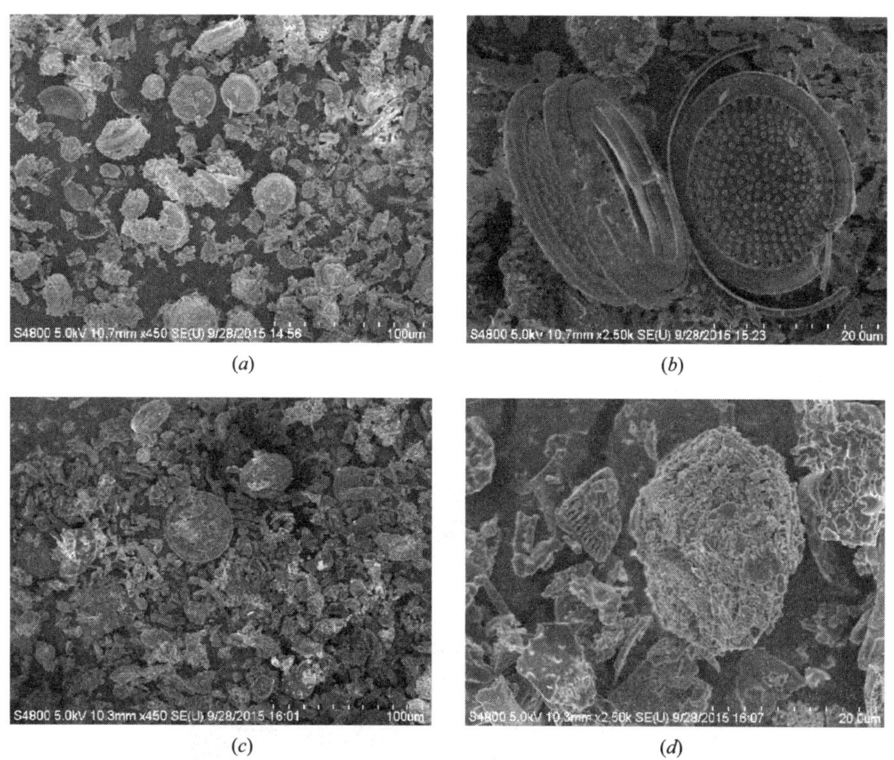

(*a*)　(*b*)　(*c*)　(*d*)

图 2-2　长白硅藻土的 SEM 微观形貌

（*a*）硅藻原土；（*b*）硅藻原土；（*c*）助熔煅烧土；（*d*）助熔煅烧土

硅藻土的基本化学组成（*wt*%） **表 2-1**

化学成分	含量
SiO_2	88.90
Al_2O_3	4.70
Fe_2O_3	1.38
CaO	0.52
MgO	0.45
TiO_2	0.30
Na_2O+K_2O	2～5
烧失量	0.25

钙质原料，选用氢氧化钙。传统硅酸盐制品生产多采用生石灰（氧化钙 CaO）为原料，遇水反应剧烈，得到高分散的消石灰（氢氧化钙 $Ca(OH)_2$）颗粒，同时放出大量反应热，有利于料浆温度的提高；但这一消化反应过程伴随有显著的体积膨胀，固体体积增加幅度达 95.76%。本研究的原料含有大量的多孔性硅藻土，配比中用水量仅为 20*wt*%～150*wt*%，而且制备工序中未采纳凝胶化处理，因此如采用生石灰或氧化钙 CaO 为钙质原料，则水热反应过程中块状样品会发生明显的膨胀变形，甚至导致样品的开裂破坏。为避免这一现象的发生，本研究中所采用氢氧化钙（消石灰）为分析纯［$Ca(OH)_2$ 含量大于 95*wt*%］，沈阳试剂厂生产；水，采用自来水。

（2）制备方法

按设计钙硅摩尔比计算、称量所需的氢氧化钙和硅藻土，置于研钵中充分混合 20min；用滴管逐滴加入拌合用水，边加水边混合，用水量控制为固体质量（氢氧化钙+硅藻土）的 20%～65%，持续研磨直至混合均匀（肉眼观察不能发现颜色、质地上的明显差异）。均匀混合物放入中空圆柱体模具中，采用单向压缩方法得到预定尺寸的圆柱体样品。试样直径统一为 30mm，高度则根据抗压强度和劈裂抗拉强度测试的不同要求而分别控制为 30mm 和 20mm（图 2-3）。

图 2-3　石灰-硅藻土-水混合物模压成型的圆柱状坯体

脱模后试样置于水热反应容器中进行固化，该水热反应釜的结构如图 2-4 所示：外套由高强度不锈钢制成，分为上下两部分，通过螺纹紧密连接；内衬材料则采用耐腐蚀性极强的聚四氟乙烯 PTFE，可耐受温度达 270℃，内部配置有支架用于安放反应混合物坯体。30mL 蒸馏水被小心注入至聚四氟乙烯容器中，位置处于试样的正下方。反应釜仔细密封后，移入至预先恒温的电热鼓风烘箱中。按设定实验计划完成水热反应后，慢慢取出水热反应釜，使其自然冷却至室温，取出固化试样在 80℃鼓风烘箱中干燥至恒重，然后放入干燥器内备用。

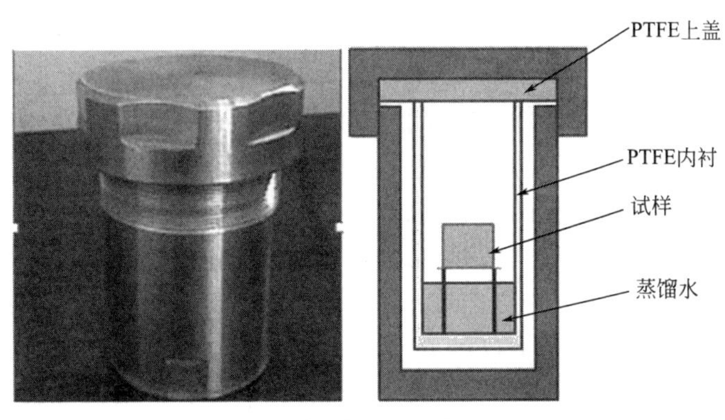

图 2-4　水热固化反应用蒸压釜

2.2.2　测试手段

力学性能检测采用深圳瑞格尔仪器有限公司 RG-100A 型万能试验机进行，压头下降速度为 1mm/min。其中，抗压强度测试时沿试样轴线方向施加荷载，直至试样开裂，则抗压强度 σ 的计算公式为：

$$\sigma = \frac{F}{A} = \frac{4F}{\pi D^2} \tag{2-7}$$

式中　σ——抗压强度（MPa）；

F——最大荷载（N）；

A——受力面积（mm^2）；

D——圆柱体试样直径（mm）。

试样劈裂抗压强度检测采用巴氏法，该方法已作为国际岩土力学协会的标准测试。测试采用设备及参数与抗压强度测试相同，但加载是沿圆柱体直径方向。试样劈裂抗压强度的计算公式为：

$$\sigma_t = \frac{2F}{\pi DH} \tag{2-8}$$

式中　σ_t——劈裂抗拉强度（MPa）；

F——最大荷载（N）；

D——圆柱体试样的直径（mm）；

H——圆柱体试样的高度（mm）。

力学强度测试时，每组实验至少测试三个样品，取其平均值作为力学强度实验值。

测试后的试样分别通过扫描电镜（日立 S-4800）进行微观形貌观察，样品表面喷金以提高观测质量；压汞法（厦门同昌源电子有限公司，AutoPore Ⅳ型）或者排水法用于测试其孔径分布特征和孔隙率。

2.2.3 结构发展过程

在水热反应过程中，反应原料中的氢氧化钙 $Ca(OH)_2$ 首先溶解、电离出 Ca^{2+} 和 OH^- 离子，创造出适合 SiO_2 活性激发的高碱性液体环境；硅藻土的硅质表面在水溶液中碱性物质特别是 OH^- 作用下发生溶解，电离出的 $[SiO_4]^{4-}$ 离子可与氢氧化钙 $Ca(OH)_2$ 提供的 Ca^{2+} 离子发生化学键合，所形成的水化硅酸钙晶体逐渐成核、长大，彼此靠近并发生交叉连生，同时将未反应的原料颗粒胶结在一起，形成一定的力学强度。

硅藻土的水热固化是在一定温度的饱和水蒸气环境中，使硅藻土与碱性物质化合形成水化硅酸钙类物质。随反应温度的提高，硅藻土中组成固体晶格的原子热振动增强，频率加快、振幅增大，活性显著提高，因此 SiO_2 的溶解度和溶解速度显著增大。尽管氢氧化钙 $Ca(OH)_2$ 的溶解度会随温度升高而有所下降，但最终水化硅酸钙的形成速度明显加快，具体表现为样品力学强度随水热温度的升高而快速增长。另一方面，随反应温度的提高，水化硅酸钙产物的结晶状态也会得到明显改善，从完全无定形的凝胶体到半结晶性的CSH(B)，再继续成长为高结晶性的托贝莫来石，同样有利于最终固化样品的力学性能。图 2-5 所示为钙硅比 0.7、水热时间 8h 条件下，硅藻土水热固化体抗压强度与水热温度之间的关系规律，可以看到，随水热温度逐步由 80℃提高至 160℃，样品的力学性能呈显著增长趋势，其抗压强度从 3.01MPa 提高至 6.73MPa，提升幅度达 124%；需要注意的是，当反应温度继续提高至 200℃，样品的抗压强度反而出现了下降。类似现象曾出现于高炉矿渣[15,16]、粉煤灰[17]、烧黏土[18-22]、硼泥[23]、垃圾焚烧灰[24]、废弃混凝土粉末[25] 等物质的水热固化过程中。分析认为，这一现象的发生原因应与样品中水化硅酸钙晶体过度生长所导致的结晶内应力或者转晶现象（如托贝莫来石向硬硅钙石的转化）有关[15-25]。

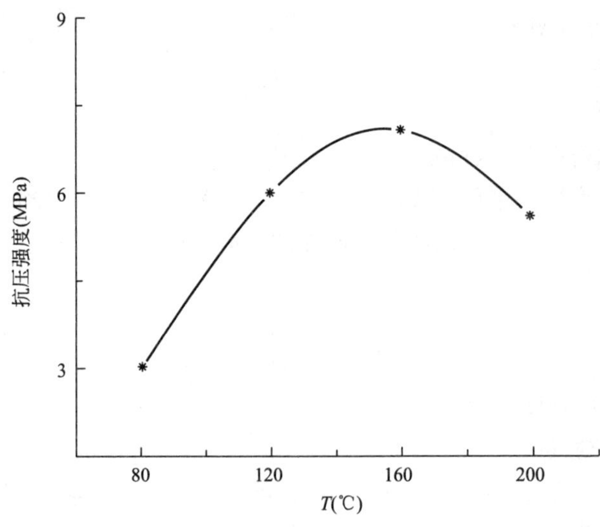

图 2-5　石灰-硅藻土-水系统水热固化体抗压强度与水化温度之间的关系

在原料配比与反应温度相同的情况下，硅藻土水热固化体力学强度随时间的变化过程与其结构发展直接相关。图 2-6 所示为钙硅比 0.7、反应温度 200℃条件下，硅藻土水热固化体的强度发展过程，可以看到，硅藻土水热固化体的抗压强度在反应起始的 24h 时间内发展迅速，但反应时间继续延长至 48h，反而导致样品力学强度的明显降低。分析认为，在结构发展过程中，最初生成的水化硅酸钙尺寸细小，结构完整度低；随反应的进行，水化硅酸钙晶核迅速长大，体积增大并彼此靠近发生交叉连生，同时可以将未水化的颗粒胶结成整体，相应水热固化体的力学强度也明显升高。但是，当反应进行到一定程度，样品内部的孔隙大部分被固体物质所占满，后续反应所生成的水化硅酸钙就会导致结晶内应力的产生，导致结构体的削弱甚至破坏。

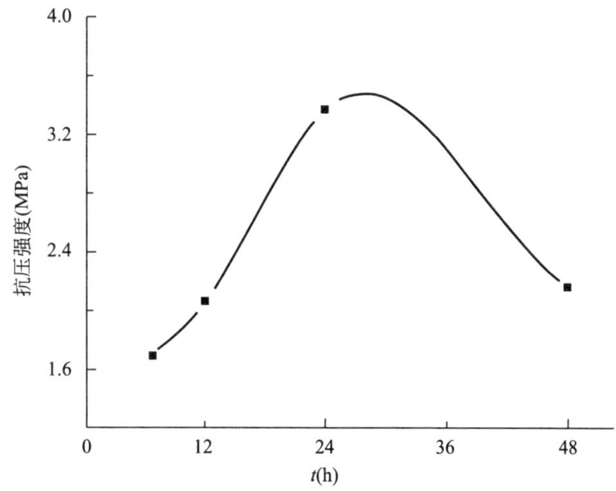

图 2-6　钙硅比 0.7、温度 200℃条件下，石灰-硅藻土-水系统水热固化体的强度发展过程

2.2.4　主要影响因素

2.2.4.1　原料配比

(1) 钙硅比 C/S

尽管硅藻土中的二氧化硅主要是以非晶态的类蛋白石（羟基二氧化硅，$SiO_2 \cdot nH_2O$）形式存在，活性较高，但仍然不溶于水（每 100mL 水溶解度低于 0.02g）。只有在碱性介质作用下，硅藻土中的活性 SiO_2 才能快速溶解，并与水溶液中的钙离子作用形成水化硅酸钙。因此，碱性环境（pH>12）成为硅藻土发生水热固化的必要条件；另一方面，为提高制品的力学强度、改善其尺寸稳定性，CaO-SiO_2-H_2O 体系的水化产物大多控制为托贝莫来石结晶相，根据托贝莫来石的化学式（$5CaO \cdot 6SiO_2 \cdot 5H_2O$），可以认为反应原料中钙硅摩尔比应控制在 0.83 左右。

本部分实验中，调整控制反应原料中氢氧化钙 $Ca(OH)_2$ 和硅藻土的相对比例，用钙硅摩尔比 C/S 代表原料中氢氧化钙的用量；在原料配比和成型工艺保持一致的情况下，所采用的水热反应制度为 200℃、8h。图 2-7 所示为原料钙硅比对硅藻土水热固化体力学强度的影响规律，可以发现，抗压强度最高值出现在初始钙硅比 0.7 附近，明显低于托贝莫来石的理论钙硅摩尔比 0.83。分析认为，此部分研究采用高纯硅藻土作为反应原料，该硅藻土是天然原料经擦洗、浮选、助熔焙烧等工序处理而成，特别是助熔焙烧阶段会引入纯碱（Na_2CO_3）等化合物作为助剂，尽管可以显著改善产品的色泽，但也引入了相当数量的碱性物质（Na_2O+K_2O，见表 2-1），再加上硅藻土中原有的 MgO 等碱性杂质的存在，使得水化硅酸钙形成所需的钙硅比略低于理论值。此外，也不能排除水热反应完成度与强度发展规律不完全一致的可能。

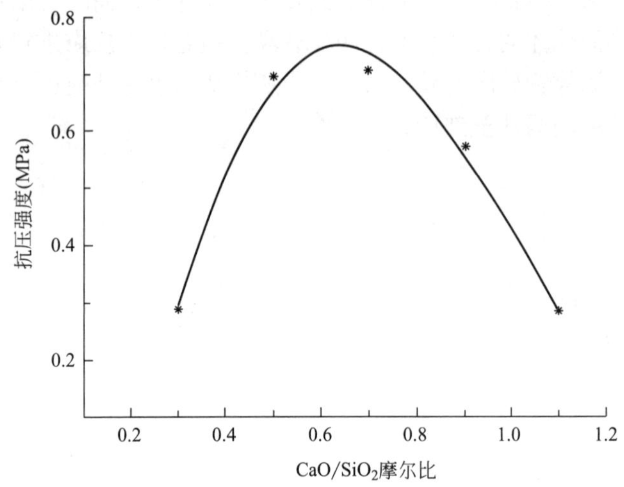

图 2-7　原料钙硅摩尔比对石灰-硅藻土-水系统水热固化体抗压强度的影响

（2）用水量

本研究中采用氢氧化钙和硅藻土作为原料合成结晶性水化硅酸钙，理论上来说，即使不掺用任何水分也可以得到托贝莫来石类水化硅酸钙，即：

$$5Ca(OH)_2+6SiO_2 \longrightarrow 5CaO \cdot 6SiO_2 \cdot 5H_2O \quad (2\text{-}9)$$

但在实际上，由于反应原料均以固体粉末形式存在，这一合成反应只有在水溶液或者潮湿水蒸气环境中才能有效进行，可采用溶解-析晶机制或局部化学反应机制加以解释。在水热反应过程中，水，准确说是水溶液，既可以作为固体物质的溶剂和矿化剂，同时还是传递压力的媒介，促使反应的快速进行；另一方面，也有利于模压成型过程的顺利进行，保证坯体成型的便利性，获得光洁平整表面。图 2-8 所示为用水量对硅藻土水热固化体力学强度的影响规律，可以看到，随着用水量的增大（25*wt*%～50*wt*%），样品的抗压强度明显提高。用水量过低，样品难以成型，坯体表面特别是棱角位置容易出现破损；用水量过高，不仅样品力学强度受到影响，而且在成型过程中多余水分会被挤出，造成原料的部分损失。

2.2.4.2　成型压力

模压成型工艺是建筑砌块成型和密度控制的常用技术手段之一。本研究采用的是单轴压缩方法，模具的结构及其组合方式见图 2-9。样品的成型过程可视作潮湿粉体在外力作用下体积减小、结合紧密并形成一定形状（圆柱状）坯体，在此过程中，坯体内部不同位置上所承受的应力不同，导致相应部位材料密度也有所差异。单轴压缩条件下圆柱状粉体的密度局部分布状态如图 2-10 所示。

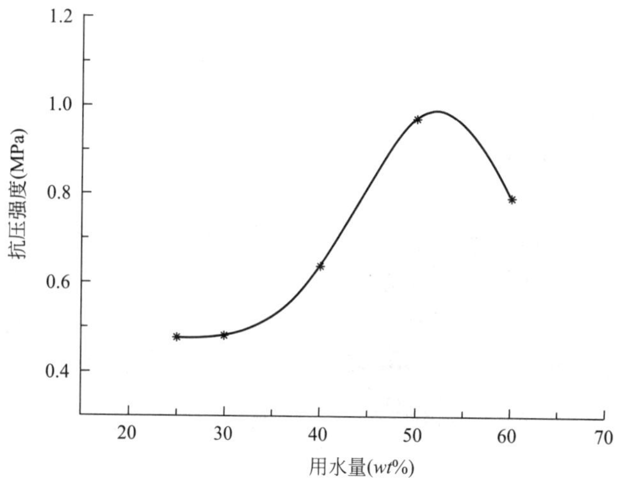

图 2-8　用水量对石灰-硅藻土-水系统水热固化体抗压强度的影响

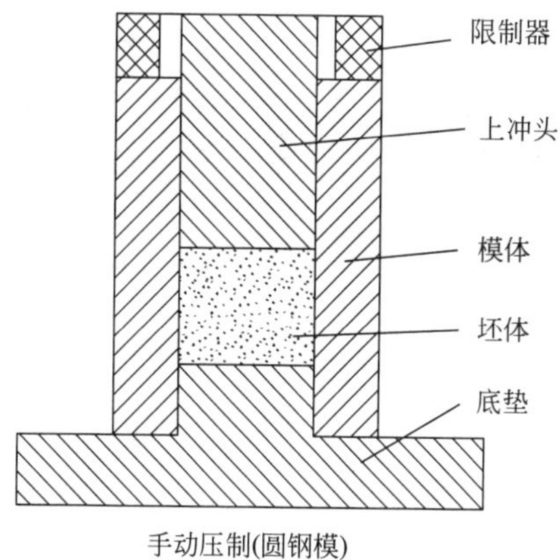

图 2-9　模压成型模具部件及组合方式

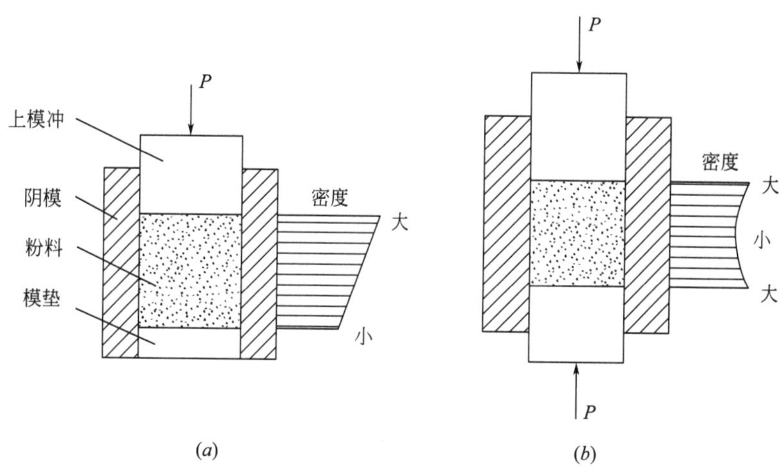

图 2-10　压头作用下粉体层内部的压力分布示意图

(a) 单向压缩；(b) 双向压缩

本实验中，随着成型压力的逐步提高，石灰-硅藻土-水系统水热固化体试样的表观密度从 0.76g/cm^3 逐步提高到 1.55g·cm^3，随之而来的是颗粒间宏观孔隙的逐渐消失，以及颗粒聚集体尺寸的显著减小。石灰-硅藻土-水系统水热固化体试样的扫描电镜形貌观察结果证实了这一点，如图 2-11 所示。

图 2-11　不同表观密度石灰-硅藻土-水系统水热固化体的扫描电镜照片

(*a*) 0.76g/cm^3；(*b*) 0.97g/cm^3；(*c*) 1.20g/cm^3；(*d*) 1.43g/cm^3；(*e*) 1.55g/cm^3

由于扫描电镜观察无法提供石灰-硅藻土-水系统水热固化体试样孔隙结构随成型压力而变化的定量证据，研究中进一步通过压汞法和排水法用于测试样品内部的孔结构，尤其是孔径分布特征和开口孔隙率。石灰-硅藻土-水系统水热固化体样品孔结构特征随表观密度的变化规律见图 2-12，可以明显看出，控制成型压力使样品表观密度逐步由 0.76g/cm^3

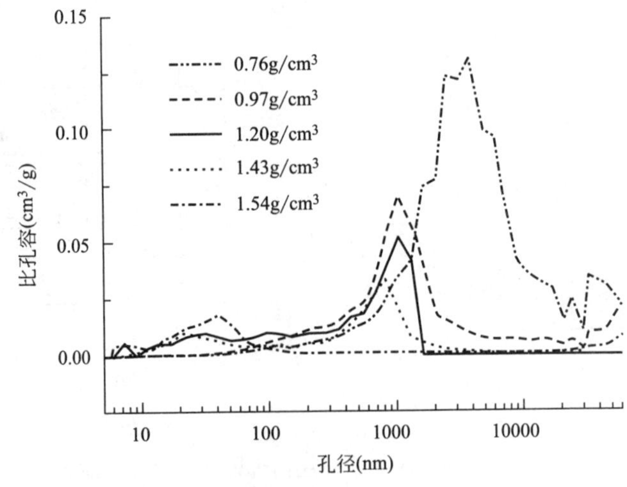

图 2-12　石灰-硅藻土-水系统所得不同密度水热固化体的孔径分布特征

提高至 1.55g/cm^3，石灰-硅藻土-水系统水热固化体的孔径分布曲线呈现出对表观密度的强烈依赖特征，具体表现为表观密度增大时，孔径分布区线向左向下变化的趋势，而最突出的差别则出现在大于 100nm 孔隙的变动上：该孔径分布峰明显减弱并向小粒径一侧移动，最后完全消失。对图 2-12 孔径分布曲线的定量分析表明，当石灰-硅藻土-水系统水热固化体试样的表观密度从 0.76g/cm^3 增加到 1.55g/cm^3 时，其平均孔径从 47.2μm 减少到 0.46μm，其中 0.8～1.2g/cm^3 范围的孔径降低幅度更大更快，而后变化幅度趋于平缓，如图 2-13；与此同时，孔径在 100nm 到 200μm 之间的孔隙总孔容从 0.81cm^3/g 逐步减少到 0.15cm^3/g，两者之间近乎线性关系（图 2-14）。

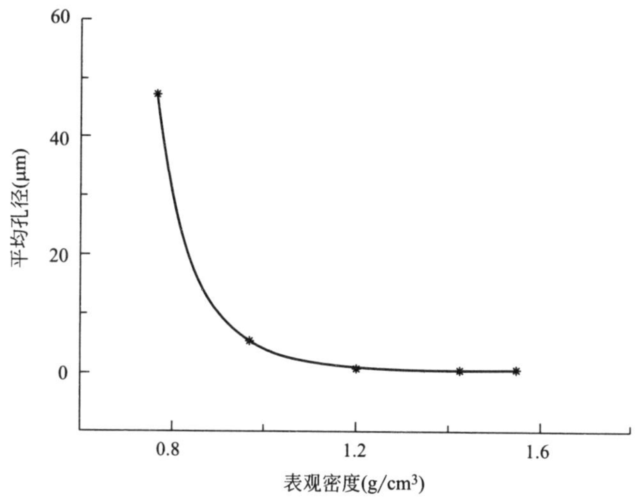

图 2-13　石灰-硅藻土-水系统水热固化体表观密度与平均孔径的关系

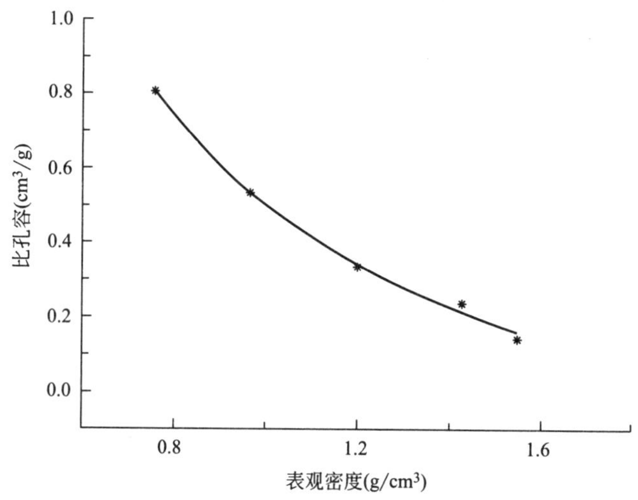

图 2-14　石灰-硅藻土-水系统水热固化体表观密度-孔容（孔径 100nm 以上）的关系

液态的金属汞（水银）在高压驱动下的渗透行为可能导致样品内部细小孔隙尤其是孔壁结构的破坏，因此压汞法通常不被建议用于表征孔径 100nm 以下的细小孔隙。为此，在本试验中，尝试采用排水法判定石灰-硅藻土-水系统水热固化体试样的密实度并通过简

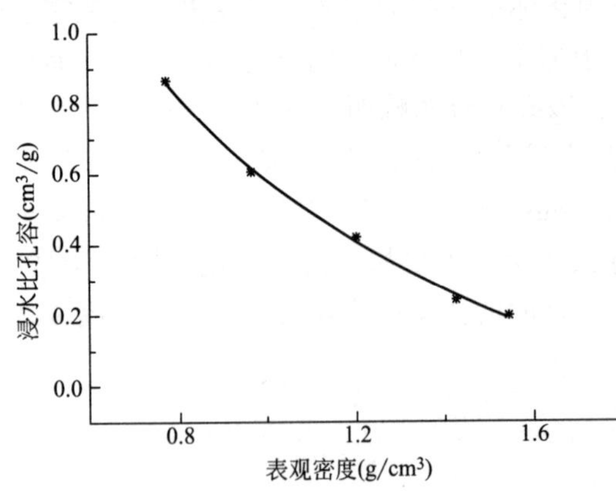

图 2-15　排水法测定石灰-硅藻土-水系统水热固化体的孔容及其随表观密度的变化规律

单的数值转换来评价表观样品的开口孔隙率，测试结果表明，随成型压力增大、表观密度提高，样品中可令水分进入的开口孔隙含量显著降低，如图 2-15 所示。另一方面，对比图 2-14 和图 2-15 可以发现，相同样品内小于 100nm 的孔隙孔容几乎保持不变（$0.04\sim0.06cm^3/g$），表明模压成型过程对样品内部 100nm 以下孔隙的影响很弱。

众所周知，材料的力学强度强烈依赖于其孔隙率；孔隙率越高，受力截面上承受外力作用的固体组分相对越少，因此材料的力学强度越低。根据密实度-强度关系理论，材料的力学强度 f 与密实度 X 之间存在指数函数关系，可以表示为：

$$f = f_0 \cdot X^n \tag{2-10}$$

式中　f——材料的力学强度；

f_0——材料的理论强度；

n——指数常数，数值大小通常在 2.6～3.0 之间；

X——密实度，是一个不大于 1 的小数，与孔隙率 ε 之间存在如下关系：

$$X = 1 - \varepsilon \tag{2-11}$$

石灰-硅藻土-水系统水热固化体样品力学强度与表观密度之间的关系见图 2-16、图 2-17，可以看出，试样的劈裂抗拉强度和抗压强度随表观密度的提高均呈非线性增长的关系。比较而言，劈裂强度表现出对孔结构更高的敏感性，在图 2-16 中，劈裂抗拉强度在高密度情况下呈现出相对更大的强度波动，幅度甚至超过 50%。

水分子在亲水性表面上的吸附可以使表面张力降低，根据格里菲斯强度理论，水饱和固体的力学强度将低于干燥状态下的对比样品。石灰-硅藻土-水系统水热固化体试样软化

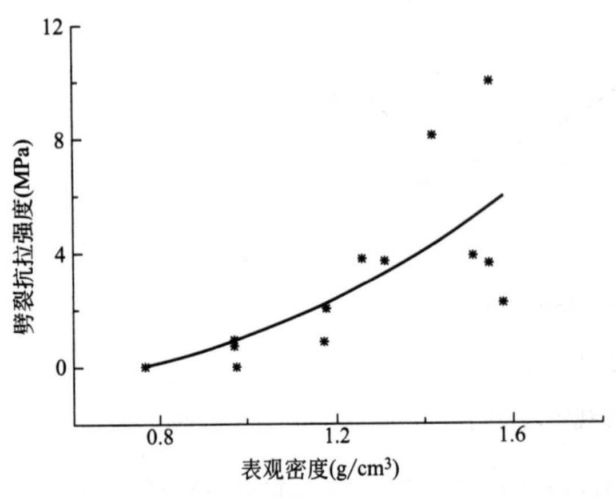

图 2-16　石灰-硅藻土-水系统水热固化体劈裂抗拉强度-表观密度关系

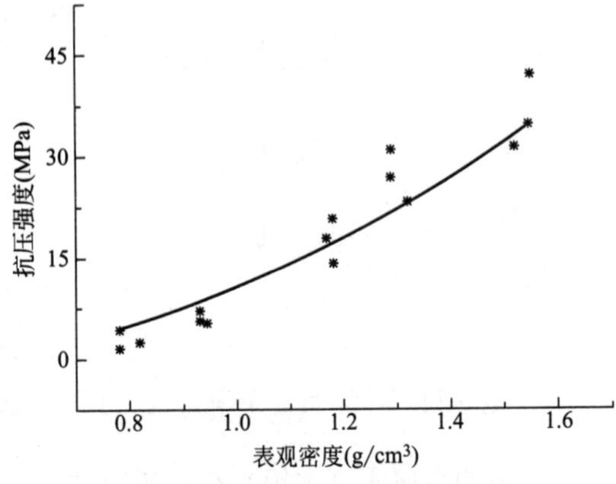

图 2-17　石灰-硅藻土-水系统水热固化体抗压强度-表观密度关系

系数（水饱和试样的抗压强度与全干试样强度的比值）与表观密度之间的关系规律见图 2-18，可以看出，样品软化系数随表观密度的提高而急剧增加，但最终的软化系数值仍不超过 0.8，即相应样品中仍存在水膜覆盖的大量表面。试样软化系数对表观密度的强烈依赖也意味着石灰-硅藻土-水系统水热固化体的抗水性及相关使用性能如抗冻融循环能力等方面的表现不佳，尤其是在低密度下。实验表明，密度在 0.76～0.987g/cm^3 的石灰-硅藻土-水系统水热固化体试样通常在经历 5～10 次左右的冻融循环后，就遭到了严重的表面破坏。

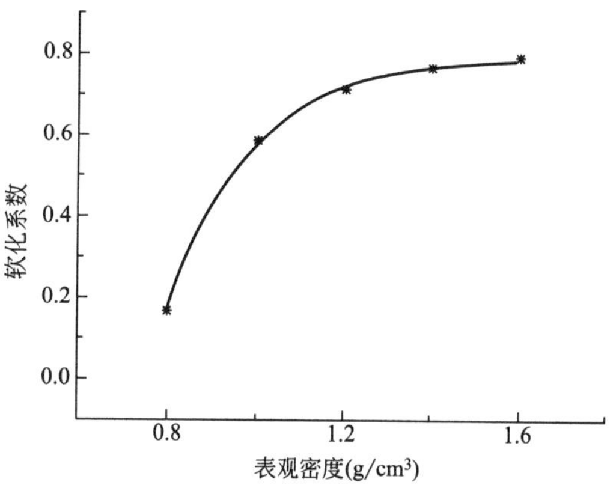

图 2-18　石灰-硅藻土-水系统水热固化体样品软化系数与表观密度之间的关系规律

2.3　低品位硅藻土的水热固化[26,27]

硅藻土的基本结构单元为硅藻壳，富含规则、有序的微小孔隙结构，使硅藻土具有很大的比表面积和孔隙率。我国硅藻土资源十分丰富，总储量超过 20 亿 t，主要矿产区遍及华东、东北、西南等地区，但多数矿床品位仅为 3～4 级，杂质含量高、色泽灰暗，不适合作为催化剂载体、过滤助剂等使用；另一方面，我国的优质硅藻土仅占总储量的 10%左右，且仅集中于吉林长白和云南省等地，在采矿选矿过程中也会产生大量的尾矿。这些硅藻土尾矿虽然不同程度地含有一定量的硅藻土成分，但使用价值偏低，目前只能是采用填埋甚至露天堆放的方式加以处置，不仅造成资源上的极大浪费，同时可能引起粉尘、土壤劣化等一系列环保问题。

中低品位硅藻土及硅藻土选矿尾矿的开发利用具有一定的社会意义和环保效益，如能转化成一定的工业产品，也可以创造相当的商业价值。建材生产的分布广、规模大、原料要求不高、工艺调整简便，是各种工业废渣综合利用的重要途径。此部分研究将采用水热固化技术实现低品位硅藻土的强化固化，通过结晶性水化硅酸钙即托贝莫来石的控制形成，将低品位硅藻土转化为具有较高机械强度的轻质无机材料，满足建材市场对高防火性建筑保温材料的需求，也为其他硅质矿产的资源化利用指明正确方向。研究将主要讨论低品位硅藻土的水热固化工艺及其主要影响因素。

2.3.1　原料

硅藻土原矿，产自内蒙古某地，品位属 3 级下，色浅灰，其主要化学成分见表 2-2。为提高硅藻土的反应活性，采用马弗炉进行焙烧活化，根据“急烧快冷”原则，所采用的焙烧制度（温度、时间）为：500℃、5h；600℃、3h；700℃、1.5h；800℃、0.75h。作为对比，部分硅藻土在 100℃烘干至恒重后冷却、备用。

其他原料包括：氢氧化钙，分析纯，沈阳力程试剂厂；水，自来水。

硅藻土原土的基本化学组成（*wt*%） **表 2-2**

化学成分	含量
SiO_2	71.25
Al_2O_3	12.82
Fe_2O_3	3.44
CaO	0.87
MgO	0.64
Na_2O+K_2O	3.23
烧失量	6.53
其他	1.22

2.3.2 样品制备与表征

研究采用对比试验方法，除非特殊注明，实验基本参数为：焙烧制度 800℃、45min，原料配比中钙硅比 0.7、用水量 25%，成型压力 5kN，水热反应 200℃、6h。对比实验中相应工艺参数在此数据基础上进行调整，其他参数则保持不变。

按比例准确称取硅藻土及氢氧化钙置于研钵中，预混合 20min；逐滴加入所需水量，混合 10min 后模压成型。圆柱形样品尺寸为 3.0mm（*d*）×3.0mm（*h*），每组 3 块。成型后样品移入水热反应釜，置于恒温烘箱中反应、固化；所得样品在 80℃下烘干 12h，备用。

抗压强度测试采用瑞格尔万能试验机（RG-100A），压头下降速度 1mm/min；每组实验 3 个样品，取其强度平均值绘制强度曲线。

微观结构表征：扫描电镜（SEM），采用日立 S-4800 场发射扫描电子显微镜；X 射线衍射（XRD），采用丹东方圆仪器有限公司产 DX-2000 型，Cu 靶（λ=0.15413nm）；

2.3.3 硅藻土微观结构

（1）扫描电子显微镜 SEM

在扫描电镜下，研究所采用硅藻土原料粉末中的完整粒子（硅藻壳）呈现筛筒状结构，属中心纲直链藻，其具体微观形貌如图 2-19*a* 所示：筛筒直径 10～20μm，高度一般为 20～50μm，一般由上下两瓣组成；筒壁上分布有规则排列、尺寸 200nm 左右的有序规则孔隙，筒壁表面通常粘附有不规则的碎屑。除典型筛筒状结构外，硅藻土中也包含有少量筛盘状颗粒，直径一般 200μm 左右。扫描电镜观察同时表明，硅藻土中绝大多数颗粒都是以颗粒聚集体的形式存在，如图 2-19*b* 所示，完整或者破碎状态的筛筒状硅藻壳颗粒被不规则的细小碎屑粘合在一起，构成尺寸在 10～100μm 量级的不同大小的颗粒聚集体。

（2）X 射线衍射（XRD）

图 2-20 所示为硅藻土原料的 XRD 图谱，分析表明，硅藻原土中的主要矿物组分为蛋白石，因此出现 18～24°范围及 38°左右的丘状峰；杂质矿物则主要是以蒙脱石（特征衍射峰 6.27°、20.40°、35.56°、62.50°）和石英（27.16°、50.72°、68.60°）的形式存在。此

(a)

(b)

图 2-19　硅藻土原料的典型 SEM 照片

（a）硅藻壳；（b）颗粒聚集体

外，研究所采用的硅藻土原料在高温焙烧后会呈现出浅粉棕色特点，暗示样品中存在一定量的铁质组分，经高温煅烧后会转化为棕红色的三氧化二铁 Fe_2O_3。只是由于铁质化合物的含量相对较少（3.44%），晶型不完整，结果导致在样品的 XRD 特征图谱上并未显示出明显的铁系矿石特征。

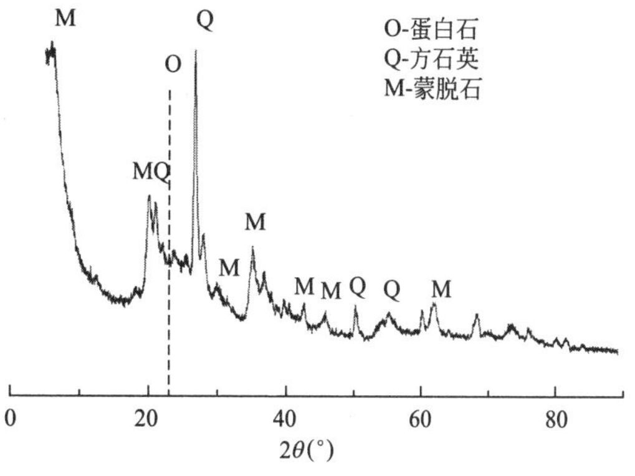

图 2-20　硅藻原土的 XRD 图谱

(3) 孔结构表征

图 2-21 给出了硅藻原土样品的氮等温吸附-脱附曲线，可以看出，硅藻土等温吸脱附过程属于Ⅳ型曲线、H3 型迟滞回线，说明存在较大量的介孔（孔径 2～50nm），形状近于平行板状；在相对压力（P/P_0）0.01 以内存在陡升曲线，说明存在丰富的微孔。从硅藻土的孔径分布曲线（图 2-22）则可以看出，硅藻土存在微孔和介孔，但以微孔结构为主，最终获得的总比表面积较大，达 65.53m^2/g。

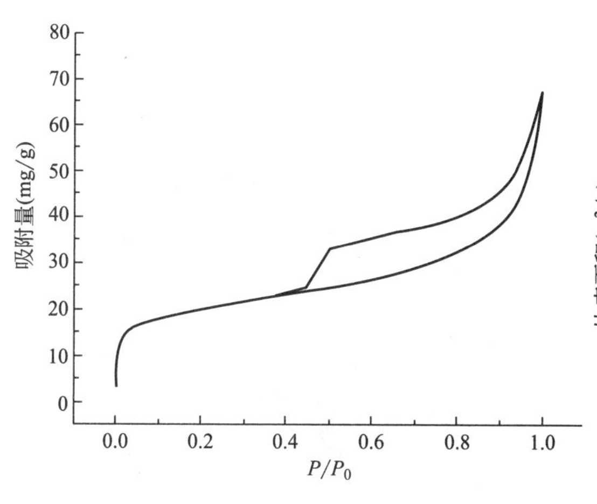

图 2-21　硅藻原土的氮吸附/解吸曲线

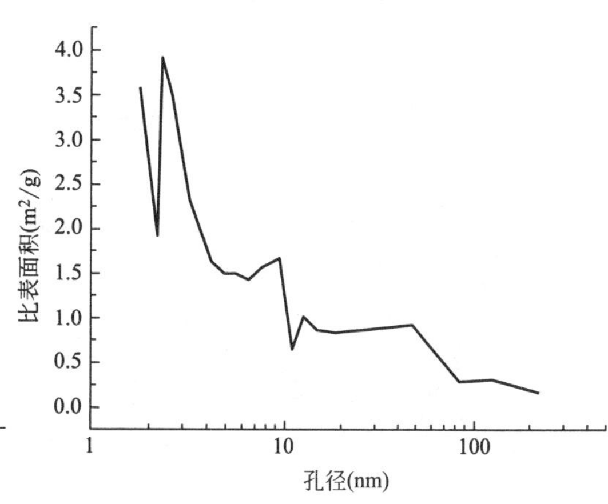

图 2-22　硅藻原土的孔径分布特征

2.3.4 水热固化体力学强度及其主要影响因素

硅藻土的孔结构发达，具有质轻、吸附能力强的特点，作为建筑材料使用可望获得保温隔热、调温调湿、杀菌除味等多重功能，具有显著的应用意义和市场价值，但所有这些优异性能必须建立在适当的力学性能之上。此部分研究主要考察焙烧活化、原料配比、水热制度等因素对硅藻土水热固化体力学强度的影响规律及其作用机制。

(1) 焙烧处理对硅藻土水热反应活性的影响

硅藻土是天然形成的轻质硅酸盐矿物，但其颗粒表面多覆盖有无定形 SiO_2 薄膜。采用适当焙烧工艺可使硅藻土比表面积增大、化学反应活性提高，但温度过高则可导致无定形 SiO_2 发生结晶、熔融甚至烧结，对硅藻土反应活性不利[27]。此外，低品位硅藻土中多存在黏土矿物、有机炭等杂质成分，在焙烧过程中可发生脱水、氧化等物理化学变化，形成伊利石、半水高岭土、偏高岭土等介稳型矿物，有利于提高原料的化学反应活性，但900℃以上长时间焙烧会导致黏土矿物的活性降低，原因在于烧黏土中活性组分如偏高岭土向尖晶石的转化等[28]。综合考虑，将低品位硅藻土的焙烧活化温度范围控制在500～800℃，恒温时间则随焙烧温度的升高而对应缩短。

图 2-23 所示为 500～800℃条件下焙烧硅藻土的扫描电镜 SEM 照片，可以发现，在实验温度范围内，硅藻土焙烧样品的孔隙形状及排列结构并未出现显著变化，但颗粒表面的杂质等组分特别是 SiO_2 覆盖膜明显减少直至消失，暴露出内部孔隙，有效比表面积增大，可望在水热反应过程中表现出更高的化学反应活性；另一方面，试验也发现，高温长时间焙烧会导致硅藻体破坏，甚至只能得到不同大小的不规则硅藻碎片。

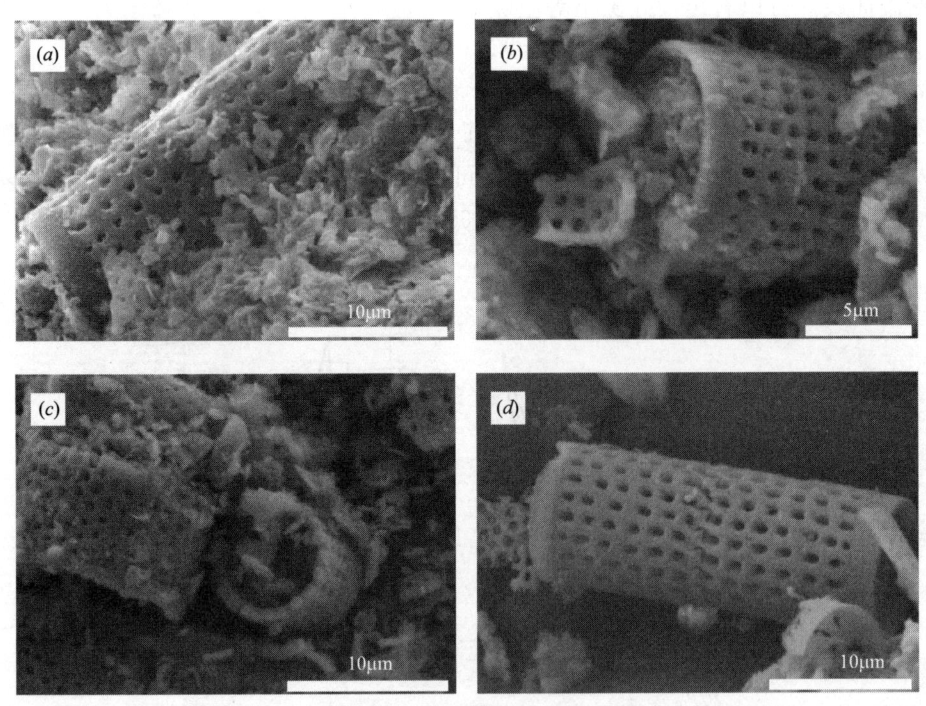

图 2-23 焙烧活化硅藻土的典型 SEM 照片

(a) 500℃、5h；(b) 600℃、3h；(c) 700℃、1.5h；(d) 800℃、45min

黏土类矿物反应活性的提高更主要表现在晶体结构的变化上。图 2-24 给出了不同温度焙烧所得硅藻土样品的 XRD 图谱，与硅藻原土相对比可以发现，高温焙烧硅藻土中蒙脱石发生高温脱水并向伊利石的转变，而同样作为矿物杂质的石英相则保持稳定，衍射峰强度甚至有所增长；与此同时，对应于蛋白石（$SiO_2 \cdot nH_2O$）的丘状峰强度略有降低，应与蛋白石的表面结构脱水有关。

经高温快速焙烧后，硅藻土的反应活性明显提高。在水热条件下，硅藻土中具有反应活性的 SiO_2 和 Al_2O_3 与 $Ca(OH)_2$ 发生水合化学反应，生成半结晶性或结晶性水化硅酸钙，因此可将样品力学强度作为评定硅藻土水热反应活性的间接指标。图 2-25 所示为焙烧硅藻土反应固化后的抗压强度，对比可以发现，随焙烧温度的上升，水热固化体的抗压强度有较大幅度提高，其中 800℃（45min）焙烧的硅藻土水热固化体强度达 11.24MPa，比 500℃（5h）焙烧的硅藻土高出近 40%。另一方面，对比 1100℃热处理的硅藻土，在类似水热反应条件下，经 800℃（45min）焙烧的硅藻土明显具有更高的水热固化强度，即焙烧温度过高不利于硅藻土水热固化反应的进行。分析认为，除了焙烧过程对硅藻土孔结构的影响之外，在焙烧过程高温作用下，硅藻土中的黏土类杂质吸收热量后发生脱水，尤其是结晶水和结构水的失去会导致固体骨架失去稳定性，存在向更稳定的尖晶石甚至莫来石转化的趋势[29]，但在“急烧快冷”的焙烧制度下，这种转化过程来不及充分完成，导致固体骨架以不稳定的中间体形式存在，也因此可以表现出更高的化学反应活性。各种效应共同作用的结果，使得适当焙烧的硅藻土经水热反应固化后表现出更为可观的力学性能。

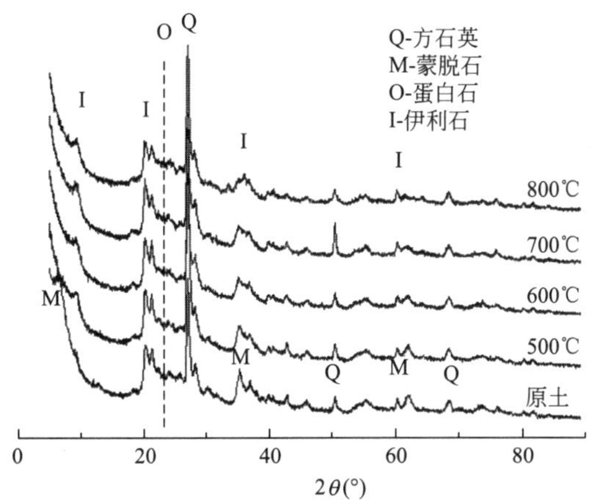

图 2-24　焙烧温度对硅藻土 XRD 图谱的影响

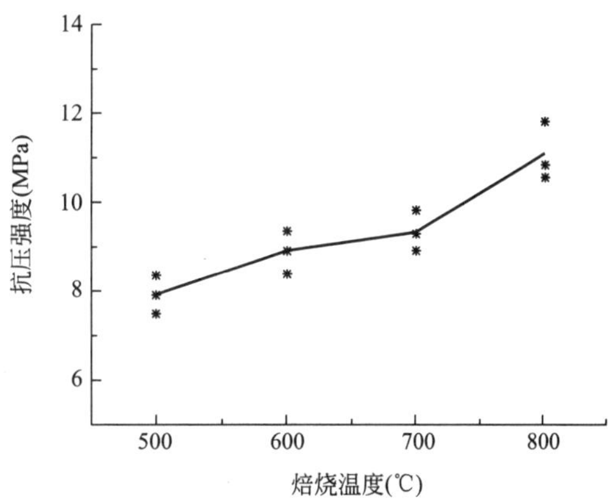

图 2-25　焙烧处理对硅藻土水热固化体抗压强度的影响

(2) 原料配比的影响

通常认为，在高温水热条件下形成足够数量的结晶性水化硅酸钙，即托贝莫来石，是蒸压混凝土结构形成和强度发展的关键。本研究中所用硅藻土原矿中 CaO 含量不足（表 2-2），需掺入一定量 $Ca(OH)_2$，具体比例以钙硅摩尔比（C/S）表示；此外，原料中还需引入一定量的水，以质量百分比（$wt\%$）计，用于水化反应及拌合成型。

图 2-26 所示为原料钙硅比对硅藻土水热固化体抗压强度的影响，可以看到，随钙

硅比的增大，试样抗压强度显著提高，在钙硅比0.7左右达到最高值，而后钙硅比的继续增大反而导致试样抗压强度的降低。这一钙硅比最佳值明显低于目标产物托贝莫来石的理论化学组成（$5CaO \cdot 6SiO_2 \cdot 5H_2O$，$C/S=0.83$），究其原因，一方面是由于低品位硅藻土中除CaO外，还含有其他碱性氧化物如MgO、$R_2O(Na_2O+K_2O)$等，总含量超过4%，可替代CaO参与水热反应或占据固体骨架中阳离子位；另一方面，所研究硅藻土中一部分SiO_2及多数Al_2O_3实际存在于石英、长石等稳定性较高的矿物中，即使在水热条件下也不能完全参与反应，因此所需碱性组分减少。值得注意的是，由于氢氧化钙晶体颗粒尺寸较大且多呈板片状，易导致微裂缝产生，同时还容易在外力下发生折裂，对结构体的致密度及力学性能不利，因此钙硅比超过最佳值后，水热固化体的强度有所降低。

图2-27给出了原料用水量对硅藻土水热固化体强度的影响规律，可以看到，样品抗压强度在5%～25%区间增长迅速，此后强度增长幅度显著减小。本研究采用$Ca(OH)_2$为钙质原料，其中包含的氢、氧成分基本满足反应生成托贝莫来石的需要，因此实验用水量主要用于样品成型。硅藻土中含有丰富的细小孔隙，可吸收大量水分，因此用水量达到10%以上才可能获得棱角分明、表面光洁平整的样品，保证样品成型质量，对强度也有一定贡献；另一方面，尽管在实验所考察用水量区间内（5%～55%），并未发现因用水量过大所导致的强度下降现象，但水量过大会增加样品烘干所需能量，不利于硅藻土水热固化工艺的应用推广，因此本文实验的基准配比用水量确定为25%。

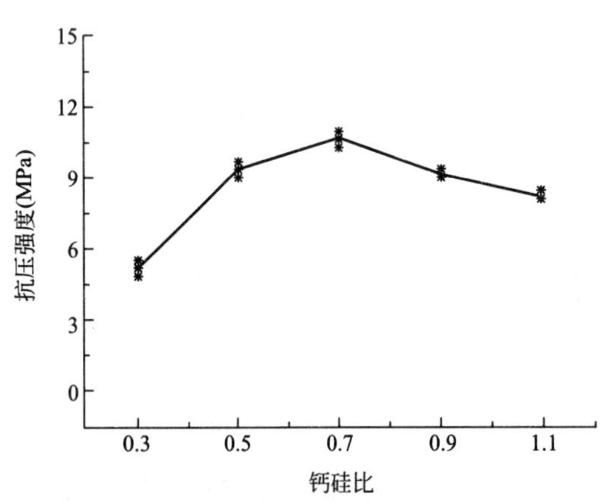

图2-26 原料钙硅比对硅藻土水热固化体抗压强度的影响

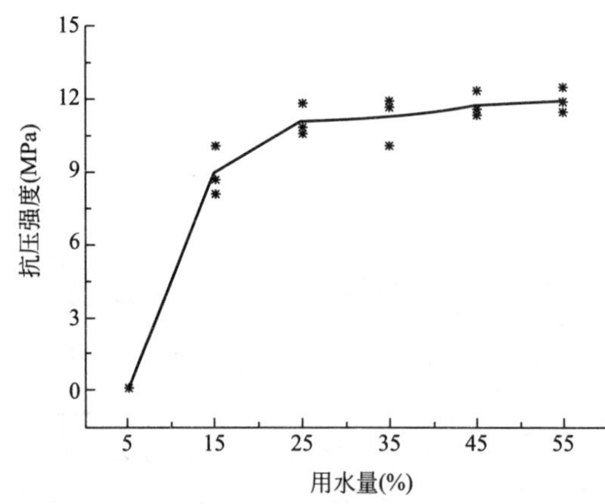

图2-27 原料用水量对硅藻土水热固化体抗压强度的影响

(3) 水热反应条件的影响

水热环境可提供更高的反应温度及饱和水蒸气，有利于提高原料组分的反应活性，加速固化反应的进行，同时对水化产物的结晶状态等也有较大的影响。图2-30所示为200℃条件下，硅藻土水热固化体抗压强度及XRD结构特征随时间的演变规律。从强度发展角度，可以看到，样品强度在初始6h增长迅速，并在时间点6h左右达到最高值（图2-28）；水热反应时间继续延长，样品抗压强度略呈下降趋势，应与固化体结构形成之后，后续水热反应进行所导致结晶内应力的产生有关，结果导致结构强度的下降。

作为结构演变的直接证据，XRD 结构分析（图 2-29）表明，在水热反应起始阶段（0h，即成型后直接烘干），结晶度较好的 C_2SH(C) 和 CSH(B) 迅速形成；同时，$Ca(OH)_2$ 被大量消耗，0.264、0.494、0.313nm 处的衍射特征峰的强度相对较弱。需要指出的是，此等情况下获取的 C_2SH(C) 在组成上并不是固定的，XRD 图谱分析揭示了 $Ca_2H_{0.70}O_{4.35}Si$（$d=0.306$，0.192，0.188nm）、$Ca_2H_{0.60}O_{4.30}Si$（$d=0.304$、0.192、0.264nm）等相的存在，且衍射峰强度与标准衍射卡片也有一定差异。水热反应时间 2h，$Ca(OH)_2$ 消耗殆尽、衍射峰消失；同时，C_2SH(C) 0.304、0.190、0.246、0.367nm 等衍射特征峰强度减弱甚至消失，原因是高碱性的 C_2SH 随 $[SiO4]^{4-}$ 持续溶出而逐渐向低碱性 CSH(B) 形式转变，最终转化为托贝莫来石晶相，如图 2-29 所示，因此水热反应 4h 以后，产物中开始出现了明显的 1.1nm 托贝莫来石衍射特征峰 0.308、0.298、0.282、0.184、1.130nm 等。此后继续水热至 6h、8h，托贝莫来石衍射峰强度均有所增加，但幅度减小。结合相应条件下的强度发展规律，可以认为，结晶性水化硅酸钙即托贝莫来石的形成与长大，是硅藻土水热固化体的主要强度来源。此外，水热反应早期产物中也发现了水石榴石的存在（$d=0.229$、0.204nm），随水热反应的进行，这些衍射峰的强度逐渐减弱，即水石榴石发生了部分分解。

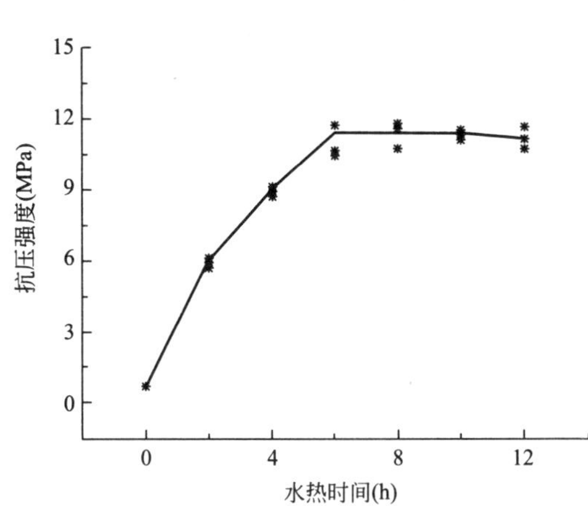

图 2-28　硅藻土水热固化体的强度发展历程

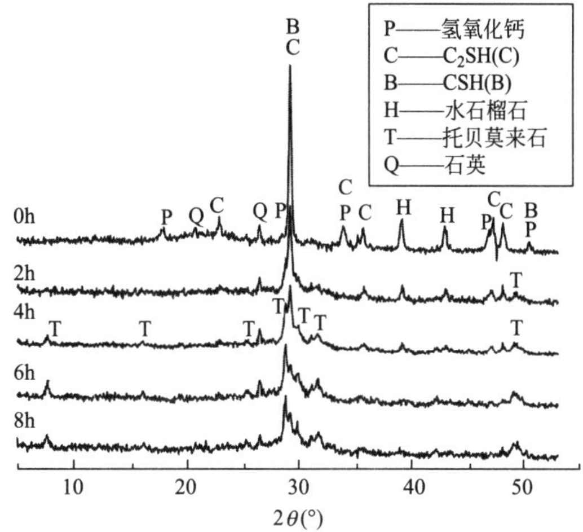

图 2-29　硅藻土水热固化体结构发展过程的 XRD 特征图谱

图 2-30 给出了水热温度 200℃条件下，产物微观形貌随时间的演变规律，可以看到，随反应时间延长，结晶程度逐渐增加，针片状结晶体逐渐长大，在保温时间达到 4h 后产物中已看不到硅藻壳体的形态；在此（4h）之前，水化产物呈现为结晶度较差的膜状结晶不良的产物包裹于原料颗粒表面，逐渐充填、淹没硅藻壳的有序孔结构。

图 2-31 所示为不同水热反应温度下硅藻土水热固化体抗压强度的变化规律，可以看到，在反应时间固定为 6h 情况下，随水热温度的提高，固化体抗压强度逐渐增长，至 200℃可达到 11.08MPa，是室温固化样品强度的 10 倍；但水热温度继续提升到 240℃，样品强度反而有所降低，原因是托贝莫来石可能发生转晶等物理化学变化（例如转变为硬硅钙石），导致水热固化体力学强度的下降。不同反应温度所得硅藻土水热固化体的 XRD 特征图谱如图 2-32 所示。

图 2-30　200℃时，不同反应时间下硅藻土水化样品的 SEM 图片

（a）2h；（b）4h；（c）6h；（d）8h

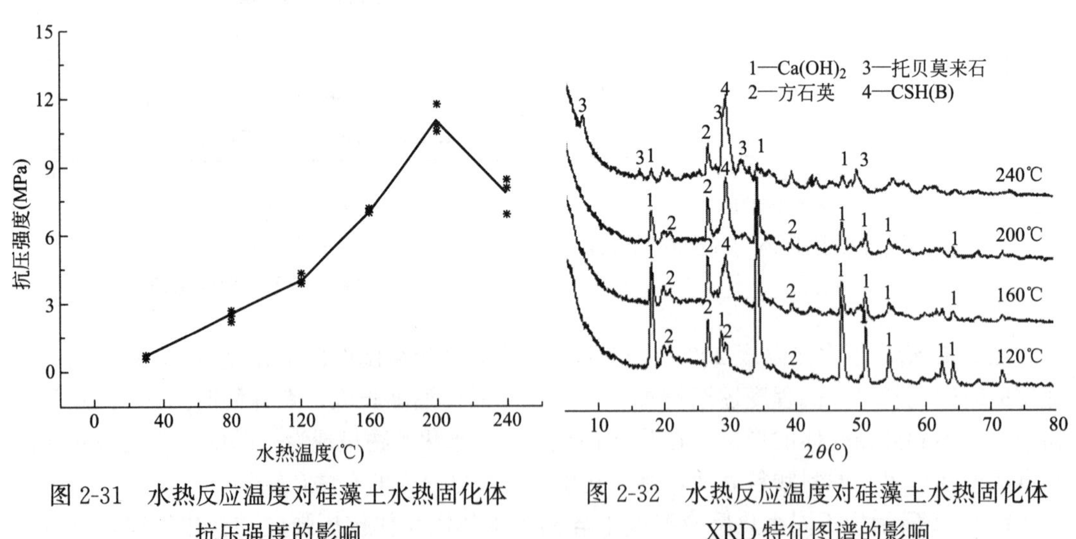

图 2-31　水热反应温度对硅藻土水热固化体抗压强度的影响

图 2-32　水热反应温度对硅藻土水热固化体 XRD 特征图谱的影响

2.4　本章小结

（1）在水热反应环境所提供的高温饱和水蒸气条件下，硅藻土中的活性二氧化硅

SiO_2 可以与氢氧化钙 $Ca(OH)_2$ 发生水合化学反应，生成水化硅酸钙类反应产物。随水热温度的提高或反应时间的延长，石灰-硅藻土-水体系反应产物的结晶度明显提高，尺寸增大，有利于制品性能特别是力学强度的显著提升。

（2）从力学性能角度，石灰-硅藻土-水体系的水热反应过程以结晶性水化硅酸钙即托贝莫来石为最佳目标产物，原料配比中需引入适量的消石灰（氢氧化钙）使钙硅摩尔比达到 0.7 左右，从而满足反应生成托贝莫来石的需要；过量的消石灰反而会导致力学强度下降。

（3）模压成型工艺适合于石灰-硅藻土-水体系的水热固化过程，通过成型压力的控制，可以很方便地实现产品孔隙结构与性能的有效调整，其根本原因是水热固化体试样的宏观孔隙（＞1μm）显著减少并且在高压下最终消除，但对样品内部纳米尺度上的孔隙则几乎不发生变化。

（4）由于孔隙率随成型压力的增加而减少，石灰-硅藻土-水体系水热固化试样在水中的软化系数也随着表观密度的增大而呈非线性增长关系，且最后的极限值约为 0.8。

（5）水热反应工艺适合用于低品位硅藻土的强化固化，特别是结合适当的焙烧活化处理情况下，原因在于焙烧过程可进一步开放硅藻土的孔隙结构，同时使硅藻土中的黏土矿物杂质脱水形成化学反应活性更大的烧黏土类物质，有利于水热反应过程的进行和产物力学强度的增长。

（6）低品位硅藻土水热固化体的主要强度来源为高结晶性水化硅酸钙即托贝莫来石的生成，原料中钙硅摩尔比应控制在 0.7 左右，同时用水量应不低于 25％以满足样品成型及水热反应需要；

（7）水热反应环境中高温饱和水蒸气有利于硅藻土水热固化体的结构形成及力学性能的改善，建议硅藻土的水热反应制度为 200℃、6h。反应温度过高（240℃或以上）、时间过长（＞6h）均可能导致硅藻土水热固化体力学强度的降低。

本章参考文献

［1］ 林宗寿. 胶凝材料学［M］. 武汉理工大学出版社，2014.

［2］ 王立久. 建筑材料工艺原理［M］. 北京：中国建材工业出版社，2016.

［3］ 孙抱真. 托勃莫莱石与硬硅钙石的晶体结构与性质［J］. 硅酸盐建材制品，1989，(4)：10-12.

［4］ S. Suzuki，E. Sinn. Observation of calcium silicate hydrate by the precipitation method［J］. Cement and Concrete Research，2004，34（1）：1521-1528.

［5］ I. Garcia-Lodeior，A. Fernansez-Jimenez，M. Blancom，et al. FT-IR study of the solgel synthesis of cementitious gels：C-S-H and N-A-S-H［J］. Sol and Gel Science and Technology，2008，45（1）：63-72.

［6］ A. Hartmann，M. Khakhutov，J. -Ch Buhl. Hydrothermal synthesis of CSH-phases（ tobermorite）under influence of Ca-formate［J］. Materials Research Bulletin，2014，51：389-396.

［7］ H. E. W. Taylor. Proposed structure for calcium silicate hydrate gel［J］. Journal of American Ceramic Society，1986，69：464-467.

［8］ 洪苑秀，周斌强，郭立，等. 海泡石水热合成 C-S-H 增强调湿建筑材料［J］. 新型建筑材料，2015，(10)：17-21＋28.

[9] N. Ander. The structure and stoichiometry of C-S-H [J]. Cement and Concrete Research，2004，34 (9)：1521-1528.

[10] 吉芳英，关伟，周卫威，等. 多孔水化硅酸钙的制备及其磷回收特性 [J]. 环境科学研究，2013，(8)：885-891.

[11] J. Zhao，Y. J. Zhu，J. Wu，et al. Chitosan-coated mesoporous microspheres of calcium silicate hydrate：Environmentally friendly synthesis and application as a highly efficient adsorbent for heavy metal ions [J]. Journal of Colloid and Interface Science，2014，41 (3)：324-329.

[12] 董亚，陆春华，倪亚茹，许仲梓. 介孔水化硅酸钙微球的形貌控制及载药性能研究 [J]. 硅酸盐通报，2012，31 (3)：511-515+525.

[13] 佟钰，高见，夏枫，等. Hydrothermal solidification of diatomite and its heat insulating property [J]. 沈阳建筑大学学报（自然科学版），2012，28 (1)：110-115.

[14] 佟钰，夏枫，高见，等. 孔径分布特征对水热固化硅藻土使用性能的影响 [J]. 硅酸盐通报，2014，33 (6)：1309-1313.

[15] Z. Z. Jing，F. M. Jin，T. Hashida，et al. Hydrothermal solidification of blast furnace slag by formation of tobermorite [J]. Journal of Materials Science，2007，42 (19)：8236-8241.

[16] Z. Z. Jing，F. M. Jin，T. Hashida，et al. Influence of tobermorite formation on mechanical properties of hydrothermally solidified blast furnace slag [J]. Journal of Materials Science，2008，43 (7)：2356-2361.

[17] Z. Z. Jing，N. Matsuoka，F. M. Jin，et al. Solidification of coal fly ash using hydrothermal processing method [J]. Journal of Materials Science，2006，41 (5)：1579-1584.

[18] H. Maenami，O. Watanabe，H. Ishida，et al. Hydrothermal solidification of kaolinite- quartz-lime mixtures [J]. Journal of American Ceramic Society，2000，83 (7)：1739-1744.

[19] H. Maeda，T. Okada，H. Ishida. Hydrothermal solidification of zeolite/tobermorite composites [J]. Journal of Ceramic Society of Japan，2009，117 (2)：147-151.

[20] H. Maeda，T. Okada，H. Ishida. Hydrothermal solidification of green tuff/ tobermorite composites [J]. Journal of Ceramic Society of Japan，2009，117 (11)：1221-1224.

[21] V. Sanhueza，L. Lopez-Escobar，U. Kelm，et al. Synthesis of a mesoporous material from two natural sources [J]. Journal of Chemical Technology and Biotechnology，2006，81 (4)：614-617.

[22] K. Matsui，J. Kikuma，M. Tsunashima，et al. In situ time-resolved X-ray diffraction of tobermorite formation in autoclaved aerated concrete：Influence of silica source reactivity and Al addition [J]. Cement and Concrete Research，2011，41：510-519.

[23] 佟钰，刘俊秀，夏枫，等. 硼泥的水热固化机理与抗压强度 [J]. 环境工程学报，2015，9 (12)：6090-6096.

[24] Z. Z. Jing，N. Matsuoka，F. M. Jin，et al. Municipal incineration bottom ash treatment using hydrothermal solidification [J]. Waste Management，2007，27 (2)：287-293.

[25] 佟钰，田鑫，张君男，等. 废弃混凝土的水热固化与力学强度 [J]. 环境工程学报，2016，10 (7)：3805-3810.

[26] 佟钰，朱长军，刘俊秀，等. 低品位硅藻土的水热固化过程及其力学性能研究 [J]. 硅酸盐通报，2013，32 (3)：379-383.

[27] 佟钰，张君男，王琳，等. 硅藻土的水热固化及其湿度调节性能研究 [J]. 新型建筑材料，

2015，42（4）：14-16.

[28] 郑水林，王利剑，舒锋，等.酸浸和焙烧对硅藻土性能的影响［J］.硅酸盐学报，2006，34（11）：1382-1386.

[29] 王浩林，李金洪，侯磊，等.硅藻土的火山灰活性研究［J］.硅酸盐通报，2011，30（1）：19-24+49.

第 3 章　硅藻土及其水热固化体的调湿性能

3.1　概述

湿度控制无论是对人居环境，还是物品储藏、仪器保护等方面都具有十分重要的作用和意义。随着生活水平的日益提高，人们已经不再满足于被动适应环境温度湿度的变化，开发出各种主动干预居留环境的方法和手段。

3.1.1　湿度的定义及表示

湿度是一种人为设定的用于度量空气中所含水蒸气多少的指标，其具体表示方法有三种：一是绝对湿度，即每立方米（m^3）空气中所含水蒸气的质量，单位 kg/m^3；二是含湿量，指每千克（kg）干空气中所含水蒸气的质量，单位 kg/kg 干空气；三是相对湿度（Relative Humidity，*RH*），代表空气中的绝对湿度与同温度下饱和绝对湿度的比值。比较而言，绝对湿度和含湿量两种湿度表示方法的量化度更高，但容易受环境条件的影响而出现大幅波动。例如，随环境温度升高，空气容纳水蒸气的能力增强，相应的绝对湿度值和含湿量也就越大。因此，绝对湿度和含湿量两种技术指标在很多情况下无法准确描述空气的工艺状态，此时可考虑采用相对湿度 *RH* 来说明空气中的湿度状态。

目前，存在两种用于衡量相对湿度的方法，一是测量单位体积空气中所含水汽的密度（用 ρ_1 表示）和相同温度下饱和水蒸气的密度（用 ρ_0 表示），计算两者的比值并以百分数表示，即

$$RH=\frac{\rho_1}{\rho_0}\times 100\% \tag{3-1}$$

或者测量空气中实际的水蒸气分压（P_1）与相同温度下水蒸气的饱和蒸气压（P_0），计算两者的比值，同样以百分数表示，即

$$RH=\frac{P_1}{P_0}\times 100\% \tag{3-2}$$

3.1.2　湿度与人类的关系

人们的生产生活离不开合适的温度湿度。湿度过高会使人感觉胸闷、气短，甚至诱发风湿、类风湿、关节炎等疾病；如果进一步加上高温作用，则会导致人体排汗困难，体内热量无法散发，增加中暑的几率。据估计，相对湿度 30%时，中暑多发的气温为 40℃，相对湿度 50%时降至 38℃，相对湿度达到 80%时 31℃就会引起中暑。温度相对较低的秋冬季节，湿度大则会对人体血压、尿量等产生影响，导致沮丧、抑郁等不良情绪的产生；另一方面，湿度过大会加速热量的传导，体表热量散出过快，使人倍觉寒冷。高湿度环境

中，微生物的繁殖速度会显著增快，加剧伤寒、痢疾等传染病的蔓延，罹患消化系统疾病和皮肤病的可能性也显著增大。在高湿度环境中，有机质物品如竹木、皮革、纺织品、纸张、药品、食品等容易发生霉烂或虫蛀。对于机电设备尤其是精密仪器仪表而言，湿度过高不仅危害仪器的使用寿命，更使得设备的精密程度受到严重影响；其他不良作用还包括加剧金属表面锈蚀，削弱电器的绝缘性能，降低机械产品的加工品质等。

另一方面，干燥环境对人体健康也是不利的，特别是新陈代谢功能急剧下降，眼干鼻燥，皮肤皲裂，易引起呼吸道感染和气喘等疾病。尽管干燥环境有利于物体的保存，但相对湿度过低会导致许多对湿度敏感的物品，如纸张、涂料、油漆、竹木、家具等会变硬变脆，容易发生变形开裂，甚至丧失使用功能。

更为严重的情况出现在干湿交替条件下，也即是湿度高、低往复变化时，许多物体会因此发生疲劳变形，特别是文物、字画、艺术品、文献资料等贵重物品可能发生粉化、褪色或表面脱落，造成难以挽回的重大损失。

总而言之，适宜的环境湿度无论对居住环境的舒适度还是物品保护方面的重要性都是毋庸置疑的。加拿大学者 A. V. Arundel 等综合各方面因素，特别是考虑到湿度对微生物生长、人体发病以及物品变质等的影响后，推荐最佳的相对湿度范围在（RH）40%～60%之间[1]，可以接受的相对湿度范围为（RH）30%～70%。

3.1.3　湿度调节方法

我国各地城市的典型湿度环境随季节变化非常明显，而且大多表现为冬干夏潮的特征，因此需要夏季排湿而冬季加湿才能达到人体舒适的湿度条件。常见湿度调节方法可分为主动式和被动式两种，其差别在于对人工能源的消耗情况。

空调和加湿器是最常见的主动式调湿方法，其工作原理是：当周边环境中空气湿度过低时，依靠机械能源向空气中喷射水蒸气或雾化的细小液滴，提高空气湿度；当环境湿度过高时，利用空调蒸发器的作用，使空气中的水汽凝结成霜，积聚起来后沿管道排到室外，从而达到降低空间湿度的目的。这种主动式控制方法会提高对整个系统建筑结构的要求，影响热舒适性和空气质量，可能引发建筑综合症特别是“空调病”和“室内空气污染”等问题，而且在设备投资、运行、保养过程中会需要一定的经济投入并消耗大量能源，在环境、生态等方面也会产生明显的负担，例如氟利昂冷凝剂对臭氧的破坏作用等。事实上，对于那些“冬干夏湿”气候特征明显的地区，如果房间具备水分存-放功能，能在空气湿度高的时候将多余水分存储起来，并在房间干燥的时候，再将水分释放到空气中，那除湿、加湿设备就是多余的了。

被动式方法是指通过调湿材料的作用，感应所处空间内空气温/湿度的变化情况，自动调节空气相对湿度的方法。调湿材料，全称为湿度调节材料，就是指具有水分存储、释放能力的一种功能材料，通过对水蒸气的自动吸收和放出，调节、平衡室内空气湿度，同时还可以通过水蒸气储存与释放过程中的物相变化完成热量的传递与转换，有利于室内温度舒适性的调整。该方法不需消耗任何的人工能源，同时也不必借助任何的机械设备，因此是一种生态环保的湿度调控方法，在改善人居环境的舒适性、提高物品的保存质量、保证仪器的正常运行、维护生态环境的可持续发展等方面，具有重要的应用价值和环保意义。

3.1.4 调湿材料工作原理[2]

调湿材料这一概念最早由日本学者西藤宫野提出来，又被称为呼吸性材料[3]。在环境湿度较高的时候，调湿材料可以吸附空气中的水蒸气，降低环境湿度；反之，当环境湿度降低时，调湿材料则会将所吸收的水分重新释放出来，稳定环境湿度。因此，就调湿材料的作用而言，也可以将其视为一种具有自动蓄放湿能力的容器。

调湿材料能够在短时间内将环境湿度波动调节回到原有水平，其工作过程可以用图 3-1 所示的吸/放湿曲线来说明：当空间湿度超过某一值 Φ_2 时，材料吸收空气中的水分，其平衡含湿量快速增长；当空间的相对湿度低于 Φ_1 值时，材料可以释放水分，其平衡含湿量降低，使得所在环境湿度重新增大。因此，只要所使用调湿材料的含湿量控制在 $W_1 \sim W_2$ 值范围内，空气的相对湿度也会随之自动调节在 $\Phi_1 \sim \Phi_2$ 范围。

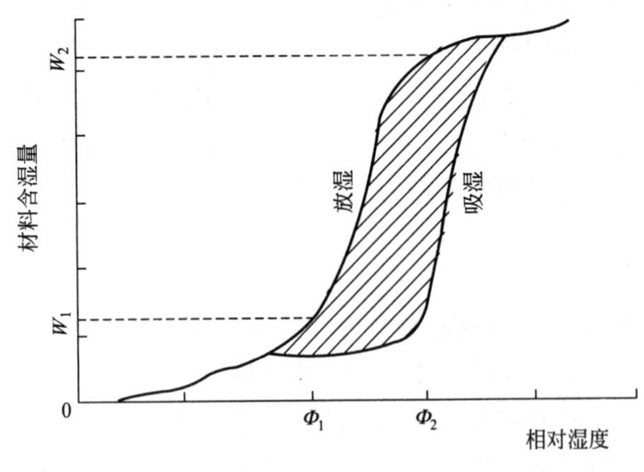

图 3-1 理想调湿材料的吸/放湿曲线[2]

调湿材料的作用机理会因种类差别而有所不同，比较而言，理想调湿材料应具备的性能特征是：

(1) 图中阴影部分越窄越好

当图中阴影部分狭窄时（即吸放湿曲线间滞后环宽度足够小），材料的吸/放湿能力很接近，这样材料可以将吸收的水分最大限度地释放到环境中，才能起到真正的“调湿”的作用，而且具有更好的环境响应速度。

(2) 图中曲线斜率越大越好

对于室内环境调湿而言，图中 $\Phi_1 \sim \Phi_2$ 之间曲线的斜率越大越好，这样，调湿材料可使室内相对湿度稳定在相对更为窄小的范围内。材料的调湿精度比较高，能够真正起到“自律型”调湿的目标。

基于理想调湿材料的调湿原理，材料调湿性能好坏具体要用吸放湿性能来描述的，它包含两个方面的内容：①吸/放湿量的大小；②吸/放湿的快慢。前者反映吸放湿能力，后者反映吸放湿的应答性。

3.1.5 调湿材料的主要种类

自 20 世纪早期提出调湿材料概念以来，通过国内外学者的不懈努力，先后研发出诸多调湿材料，就目前的情况可以大概分为硅胶、有机高分子、无机盐、无机矿物和复合材料五大品类。

（1）硅胶

硅胶是一种轻质多孔的无定形二氧化硅结构，再加上表面羟基的亲水性能，使其具有较好的吸湿性，吸湿量高、速度快，但吸水后材料本身会发生明显的体积膨胀，而且水分子的吸附与解吸循环过程中存在严重的滞后现象，因此表现出的放湿性能较差，再加上硅胶的价格昂贵，极大限制了硅胶产品在调湿材料中的规模化应用。

（2）有机高分子

有机高分子类调湿材料是指具有极高吸水性能的树脂类材料，其中尤以聚丙烯酸盐类树脂为典型代表，其调节湿度的性能主要依靠有机分子表面与水分子间存在的多种类型的范德华力作用，如偶极-偶极的作用、氢键的作用等。其内部松散的网络状结构和强亲水性基团决定了吸水性树脂具有很高的吸水率和保水性，但由于其孔隙结构以微孔（$d<$ 2nm）为主的特征[4]，导致吸水树脂对潮湿气体的吸附性能不高，吸/放湿速度缓慢，特别是放湿性能相对更差，再加上制作工艺复杂等缺点，制约了吸水性树脂在工业上的应用。

（3）无机盐类

目前选用的无机盐类调湿材料以碱金属或碱土金属的氯盐或硝酸盐为主，包括 $CaCl_2 \cdot 6H_2O$、$LiCl \cdot 6H_2O$、$NaNO_3$、$Pb(NO_3)_2$、NH_4Cl 等。无机盐类调湿材料的原理在于无机盐的饱和水溶液与周围空气环境中的水蒸气构成蒸发-凝聚平衡，也即是对应于一定的饱和蒸气压，空气中的相对湿度高于（低于）饱和蒸气压，则发生水蒸气的凝聚（液态水蒸发）。无机盐的种类不同，湿度控制的范围也就不一样，因此基本上在整个湿度范围内都能通过选择适当的无机盐饱和溶液来维持一定的相对湿度。在同一温度下，盐溶液的饱和蒸气压越低，相对湿度就越小。无机盐类调湿材料的性能优势在于吸/放湿度速度快、容量大。但是，随着吸湿量的增加，固体无机盐容易发生潮解，也会发生盐析等性质不稳定的现象，污染周边物品，难以达到绿色环保的要求，因此在使用上受到了很大的限制。

（4）多孔无机矿物

无机矿物类调湿材料种类很多，主要包括活性炭、竹炭、木炭、沸石、硅藻土、高岭土、海泡石和蒙脱土等。无机调湿材料的工作原理是利用层状或微孔结构对水分子进行吸附和释放的物理作用，当空气中的水蒸气分压大于孔内水的饱和蒸气压时，水蒸气被吸附；反之则脱附。因而不同相对湿度环境下，材料利用自身孔道结构来进行吸湿和放湿。多孔类无机材料利用其巨大的孔容积和比表面积实现对水蒸气的物理吸附，尽管吸收和放出湿度容量相对较小，但吸放湿速度尤其是放湿速度较快、放湿滞后性小。此外，此类材料的生产成本低、工艺简单、安全可靠，使用寿命长，应用前景广阔。

（5）复合材料

将不同类型的调湿材料以及适当的辅助材料组合在一起，形成复合型调湿材料，如无机矿物/有机高分子、无机盐/有机高分子、生物质类、多孔调湿陶瓷等，目的通过不同结构和调湿性能的组合全方位满足对湿度环境舒适性和稳定性的要求。

3.1.6　调湿材料的研究现状

日本是最先研究和应用调湿材料的国家之一。实际上，大部分有机或无机多孔材料都具有一定的吸放湿性能，只是近十多年人们开始关注传统材料是否具备调湿性能，但一般的传统材料存在吸/放湿量有限、吸/放湿速率较慢、化学稳定性差等问题。

(1) 国内研究现状和趋势

国内关于调湿材料的研究仍然属于新兴阶段，各大期刊上关于调湿材料的论文比较少，近几年才开始呈递增趋势。

1994 年，冯乃谦等人采用天然沸石为主要原材料，研制能够调节湿度和温度的功能材料，在吸/放湿环境湿度分别为 98%和 35%的条件下，吸湿率达 8%左右，放湿率则为 7%左右[5]。

1997 年，罗曦云从理论上初步探讨了调湿机理，支持研发改性蒙脱土和复合型调湿材料，认为其将是以后调湿材料的研究和应用主要方向[6]。

1999 年，封禄田等以丙烯酰胺络合引入镍基蒙脱土使层间距增大至 2nm，其复合材料吸湿量可以达到 16%左右，放湿在 10h 达到平衡，蒙脱土和丙烯酰胺的复合材料不仅提高了调湿性能，还扩大了应用范围[7]。

2002 年，冉茂宇概述了日本对于调湿材料性能评定的四种观点，并简单叙述了硅藻土类调湿材料、纸类调湿材料、硅酸钙水合物类调湿材料、以天然沸石为原料的吸/放湿板四类调湿材料[8]。

2003 年，黄季宜等探讨了高分子树脂在吸收盐溶液以后所获得的凝胶质吸放湿板的调湿性能，在相对湿度 40%～65%之间的含水率之差可达 $270kg/m^3$，这一吸放湿率是普通混凝土砌块的 10～13 倍[9]。

2005 年，李国胜等人利用静态吸附法测试海泡石调湿性能，并得出比表面积、孔容积和孔径分布影响海泡石的吸放湿性能的主要规律[10]。其中，在最适宜人类生活工作的湿度范围（43%～74%）内，海泡石的吸湿量由 3.58～8.60nm 的孔径含量所决定。

2009 年，沈方红等以羧甲基壳聚糖为原料掺入无机盐制备调湿材料，当无机盐选用醋酸钾，用量占总量的 50%时，调湿材料具有良好的放湿能力，同时相对湿度为 30%、50%和 70%时，吸湿量分别可达到 26%、45%和 86%左右[11]。

2010 年，闰全智等分析了调湿材料的机理，并进行了调湿材料分类，提出进一步研究调湿材料的吸放湿机理和建立系统的评价体系是当今的研究重点[12]。同年，任鹏等制备出适应中国南方湿热天气的玻化微珠保温砂浆，其质量平衡含湿率约为 3.55%[13]。

2013 年，张楠等提出以羧甲基纤维素为主要材料，同时加入适量的无机盐和制孔剂研发调湿材料，优化配比后的调湿材料在相对湿度为 80%、60%、40%时吸湿量可以达到 132%、55%和 30%，并且有较高的湿容量[14]。

2014 年，佟钰等讨论了水热固化硅藻土作为调湿材料在固定环境中的吸放湿速率趋势，并测试了不同孔结构特征对样品吸放湿能力的影响[15]。

2014 年，X. S. Cheng 等以硅藻土为原料通过干压成型制备调湿材料，当硅藻土含固量在 70%，烧结温度为 1050℃时，平衡吸湿量可以达到 $338g/m^2$[16]。

总体来说，国内研究的调湿材料主要以硅藻土、海泡石、沸石、蒙脱土、特种二氧化硅等为主，但没有形成成熟的产业链条。原因不仅是由于我国研发调湿材料较晚，也和社会发展及人民的需求有着密切的联系。

（2）国外研究现状和趋势

20 世纪 50 年代西藤、宫野等人率先对调湿材料进行定义[3]，即指不需要借助任何人工能源和机械设备，依靠自身的吸放湿性能，感应所调空间空气温湿度的变化，自动调节空气相对湿度的材料。

1987 年，寒河江昭夫、和美喜将天然沸石与砂浆混合，研发出一种新型调湿材料[17]。

1988 年，前田正树等人研发以介孔材料（主要是 γ-Al_2O_3 相），添加 10％的煤系高岭土为原料的调湿自控材料[18]，测试其比表面积、孔径分布、焙烧后的吸湿量发现，材料在相对湿度为 0 到 60％比 60％到 90％吸湿量低出更多，而相对湿度在 50％到 70％之间吸湿量明显增加。

2002 年，前田正树等人进一步研发出 AlOOH-Al_2O_3 多孔材料，在相对湿度为 55％～90％之间多孔材料的吸湿量明显增加，因此认为是一种智能调湿材料[19]。

2005 年，H. Fukumizu 等认为水铝石英、海泡石和硅藻土为原材料可以制备良好的调湿材料，而且通过对调湿特性的测试可知它与孔径分布有关，尤其是小于 10nm 的孔隙吸湿平衡与小孔有关而吸湿速率受大孔的影响[20]。

2010 年，H. J. Kim 等开发了一种具有较高吸放湿能力的矿物纤维板材[21]。

2013 年，D. H. Vu 等人利用硅藻土和火山灰烧结物制备调湿材料，最好产物是由 90％的硅藻土、8％的火山灰和 2％的硼酸钠组成，烧结温度为 1000℃和 1100℃时，吸湿量可分别达到 65g/m^2 和 55g/m^2 左右[22]。

3.2 建筑材料调湿性能及其测试方法

建筑调湿材料的作用原理实际是在环境湿度条件变化情况下，通过水分在材料内部或表面上的吸收/释放起到调节环境湿度的作用，因此材料在一定湿度范围内的吸湿量和放湿量的大小代表了材料的调湿性能优劣。

3.2.1 建筑调湿材料质量标准

根据《调湿功能室内建筑装饰材料》JC/T 2082 中相关规定，产品按厚度分为三类：Ⅰ类，厚度小于 1mm 的装饰材料及制品；Ⅱ类，厚度为 1～3mm 的装饰材料及制品；Ⅲ类，厚度大于 3mm 的装饰材料及制品。三类建筑调湿材料的性能要求见表 3-1，其中，吸湿量的功能测试按 JC/T 2002 规定的湿状态条件进行；体积含湿量按 GB/T 20312 的规定测量并计算体积含湿量，相对湿度条件选取 35％、55％、75％三个状态（机械式恒温箱或蒸气发生装置）或者 33％、55％、75％三个状态（饱和盐水溶液法）；平均体积含湿率是指根据体积含湿量比率求出的相对湿度为 55％时的体积含湿量。

建材产品的调湿功能要求[23] **表 3-1**

项目		Ⅰ类	Ⅱ类	Ⅲ类
吸湿量 W_a（1×10^{-3} kg/m^2）	3h	≥10	≥20	≥25
	6h	≥15	≥27	≥35
	12h	≥20	≥35	≥50
	24h	—	≥40	≥60

续表

项目		Ⅰ类	Ⅱ类	Ⅲ类
放湿量 W_b(1×10^{-3}kg/m^2)	24h	$W_b\geqslant W_a\times70\%$		
体积含湿率 ΔW[(kg/m^3)/%]		≥0.12	≥0.19	≥0.26
平均体积含湿量(kg/m^3)		≥5	≥8	≥11

* 若 24h 放湿量小于 24h 吸湿量的 70%，应按照 JC/T 2009 附录 C 测试，放湿量单值应大于 20×10^{-3}kg/m^2。

3.2.2 块体、浆体样品的吸放湿性能测试

在《建筑材料及制品的湿热性能　吸湿性能的测定》GB/T 20312 基础上，《建筑材料吸放湿性能测试方法》JC/T 2002 规定了具有湿度调节功能的建筑材料的吸放湿性能测试设备、步骤及计算方法，适用于涂料、腻子、壁纸以及板材等室内装修材料的吸放湿性能测试。其他具有湿度调节功能材料的吸放湿性能测试也可适用该方法。

(1) 样品

样板标准尺寸为 250mm×250mm，最小尺寸 100mm×100mm。

浆体样品样板制备：选用聚氯乙烯、聚丙烯酸酯塑料或其他可以有效阻止湿气浸入的防潮材料包裹 250mm×250mm 水泥纤维板，然后用软毛刷或刮板将搅拌均匀的浆体样品涂刷到经防潮处理的水泥纤维板上，涂刷厚度与实际产品一致。自然条件下完全干燥。

(2) 测试仪器和设备

测试设备主要有恒温恒湿试验箱、电子天平、温湿度测定仪组成。满足测试精度前提下，也可采用使用湿度发生装置、使用饱和盐水溶液设备等，测试者可根据试验条件及需要进行选择。

(3) 试验步骤

1）试验时首先将恒温恒湿试验箱的温度设定为 23±0.5℃，按照表 3-2 所示湿度条件选择湿度状态。

2）将试验样板按照 JC/T 2002 附录 B 要求快速设置水蒸气表面阻力，与调整时校正用标准样板状态相同，测量试验样板的质量（m_0）。

调湿性能测试试验设定的相对湿度[24]　　**表 3-2**

湿度状态	养护湿度(%)	吸湿过程(%)	放湿过程(%)	相对湿度差(%)
		程序 1	程序 2	
低湿状态	30±3	55	30	25±3
中湿状态	50±3	75	50	25±3
高湿状态	70±3	95	70	25±3

3）使试验箱内的相对湿度在表 3-2 所示程序 1 的湿度条件下保持 24h，测量程序 1 结束时样品的质量（m_a），然后快速地将箱内相对湿度调整为程序 2 的湿度条件，保持 24h，然后测量此时的样板质量（m_d）；

(4) 吸放湿量计算方法

$$W_a = \frac{m_a - m_0}{A} \tag{3-3}$$

$$W_b = \frac{m_a - m_d}{A} \tag{3-4}$$

式中　W_a——吸湿过程结束时的吸湿量（kg/m^2）；

W_b——放湿过程结束时的放湿量（kg/m^2）；

m_a——吸湿过程结束时样板的质量（kg）；

m_d——放湿过程结束时样板的质量（kg）；

m_0——吸湿过程开始前样板的质量（kg）；

A——吸放湿面积（m^2）。

(5) 使用饱和盐水溶液设备

图 3-2 为使用饱和盐水溶液的干燥器法测试装置结构示意图，选用的无机盐水溶液见表 3-3。测试时首先将在低湿干燥器养护达到恒定质量的试验样板快速放入高湿用的干燥器中，连续 24h 记录样品的质量（即程序 1）；程序 1 结束后，快速将样板及天平移到低湿用的干燥器中，连续 24h 记录样板质量。吸放湿量计算方法同式（3-3）、式（3-4）。

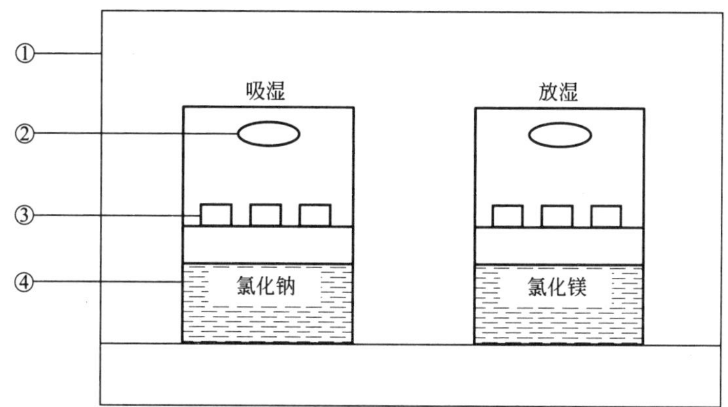

①—恒温室；②—温湿度仪；③—称量瓶；④—干燥器

图 3-2　干燥器法测试吸/放湿能力设备示意图[24]

饱和盐水溶液及其相对湿度[24]　　**表 3-3**

盐的名称	相对湿度(%)
$MgCl_2 \cdot 6H_2O$	33
K_2CO_3	43
$Mg(NO_3)_2 \cdot 6H_2O$	53
KI	69
NaCl	75
KCl	85
KNO_3	93

3.2.3 粉末样品吸放湿性能测试

(1) 试剂

以推荐环境温度23℃为例，平衡条件下，可选无机盐及其饱和溶液上方空气的相对湿度值（*RH*）见表3-4。《建筑材料及制品的湿热性能 吸湿性能的测定》GB/T 20312 规定，在协商同意情况下，测试过程也可以在其他温度下进行。

不同盐类饱和溶液上方空气的相对湿度，环境温度23℃[25] 表3-4

化学式	CsF	LiBr	$ZnBr_2$	KOH	NaOH	LiCl	$CaBr_2$
相对湿度(%)	3.57±1	6.47±0.55	7.83±0.43	8.67±0.78	8.51±2.2	11.30±0.28	17.30±0.12
化学式	LiI	KAc	KF	$MgCl_2$	NaI	K_2CO_3	$Mg(NO_3)_2$
相对湿度(%)	17.96±0.14	22.75±0.30	—	32.90±0.17	38.76±0.52	43.16±0.36	53.49±0.22
化学式	NaBr	$CoCl_2$	KI	$SrCl_2$	$NaNO_3$	NaCl	NH_4Cl
相对湿度(%)	58.20±0.42	—	69.28±0.254	71.52±0.05	74.69±0.33	75.36±0.13	78.83±0.42
化学式	KBr	$(NH_4)_2SO_4$	KCl	$Sr(NO_3)_2$	KNO_3	K_2SO_4	K_2CrO_4
相对湿度(%)	81.20±0.21	81.13±0.29	84.65±0.27	85.79±0.35	94.00±0.60	97.42±0.47	—

(2) 试验仪器

建筑材料吸/放湿性能测试用仪器主要包括：称量杯，不吸水且杯盖严实；天平，精度为称量总质量的0.01%；烘箱，符合GB/T 20313要求；干燥器，能维持内部空气相对湿度±2%；恒温箱，在规定试验温度下，温度波动不超过0.5℃。

试验系统测试部分的布置方式见图3-2。

(3) 试样

代表性试样，质量至少为10g；对密度小于300kg/m³的试样，尺寸应至少为10mm×10mm。每组试样不少于3个，分别进行测试。

(4) 测试步骤

1）称量经干燥处理的称量杯和杯盖的质量。

2）将试样放入称量杯中，不盖杯盖，按规定温度（表3-5）干燥至恒重。若间隔至少24h的连续三次称量试样质量的变化小于总质量的0.1%即可认为达到恒重。

3）将试样，称量杯，和分开放置的杯盖一起放入盛有能提供合适相对湿度的饱和溶液的干燥器中。

4）定期称量试样，直至试样达到湿平衡（恒重）。称量时，打开干燥器，立即盖好杯盖并移至天平上称量。称量后放回干燥器，打开杯盖。若间隔至少24h的连续三次称量试样质量的变化小于总质量的0.1%即可认为达到恒重。

5）逐级增加湿度，重复上述操作。在相对湿度区间内，以大致相等的间隔选择至少4

个相对湿度。

6）重复上述步骤可以测试试样的解吸曲线，要求起始点相对湿度至少为 95%，逐级降低湿度。

物料干燥温度[26]　　表 3-5

材料	干燥温度(℃)
在 105℃下结构不发生改变的材料，如某些矿物材料、木材	105±2
在 70℃到 105℃时结构发生改变的材料，如某些泡沫塑料	70±2
在稍高温度下可能失去结晶水或影响发泡剂的材料，如石膏制品或某些泡沫材料	40±2

3.2.4　吸湿率计算和结果表示

试样的含湿率按式（3-5）计算：

$$u=\frac{m-m_0}{m_0}\times 100\% \tag{3-5}$$

式中　u——试样吸湿率；

m_0——试样烘干质量（g）；

m——试样吸湿后质量（g）。

为得到吸附曲线或解吸曲线，计算每一相对湿度下各试样含湿率的平均值。

3.3　硅藻土的孔结构调制及其对吸/放湿性能的影响[27,28]

硅藻土的显著调湿性能从本质上源自于其极高的比表面积和独特的孔结构，为了研发硅藻土的孔结构调整控制方法、探讨硅藻土孔结构与吸放湿性能之间的关系规律，此部分研究内容采用高温焙烧和酸浸方法对硅藻土的孔结构包括孔隙大小和孔隙率进行调整，系统考察了焙烧制度对硅藻土吸/放湿能力的影响规律，并对硅藻土的微观结构特别是孔结构的变化加以分析，进而探究出焙烧制度、硅藻土孔结构及其调湿性能三者之间的有机联系，目的为硅藻土基建筑功能材料的产品开发和应用推广提供科学指导与借鉴。

3.3.1　硅藻土原料

硅藻土原料，产自内蒙古某地，质量等级按化学成分（SiO_2 含量）属 IV 级，色浅灰。硅藻土原料的化学成分、矿物组成、孔结构特征等，参见 2.3.3 节，其中原土的化学组成及孔结构特征见表 3-6。总体而言，该硅藻土品位较低，含较大量杂质，尤其是黏土类矿物（蒙脱石）和石英，同时含有一定量有机组分，因此烧失量较大。

硅藻土原料的主要理化性能　　表 3-6

化学组成(%)							物理性能		
SiO_2	Al_2O_3	Fe_2O_3	CaO	MgO	烧失量	其他	比表面积(m^2/g)	孔容(cm^3/g)	平均孔径(nm)
61.38	14.18	8.54	1.05	1.81	9.67	3.37	66.6～85.9	0.096～0.118	5.5～6.23

3.3.2 硅藻土的处理工艺

(1) 高温焙烧

硅藻土的功能主体为硅藻壳，其主要化学成分为无定形 SiO_2，此外还含有少量的 Al_2O_3、Fe_2O_3、CaO、MgO 和有机质等。焙烧处理可以减少甚至消除有机物和碳酸盐等杂质，提高产物的纯度和白度[29,30]，同时也有助于改善硅藻土的化学反应活性、提高建材制品的力学强度[31]。但在另一方面，焙烧处理也可能在一定程度上改变硅藻土的孔结构[32]，进而对硅藻土的吸附性能产生较大影响。根据前期工作结果，选择的焙烧温度为 500～800℃，时间范围为 0.5～2h。

(2) 酸洗扩孔

酸处理不仅能够去除原料中的杂质，提高白度，同时还可起到扩宽硅藻土孔径的作用。传统酸处理工艺主要是根据当地资源状况采用盐酸、硫酸等化工产品，提纯、扩孔的效果显著，但也存在工作环境差、设备腐蚀严重、废酸回收处理难度大等技术难题。本研究尝试采用冰乙酸（醋酸）为处理剂，考察乙酸浓度、环境温度、处理时间等因素对扩孔效果的影响。具体操作过程是将硅藻土按 1∶10 质量比与不同浓度的醋酸溶液混合，置于水热反应釜中于 40～100℃条件下反应适当时间，样品取出后过滤、水洗、烘干备用。

3.3.3 结构-性能表征方法

硅藻土原土及焙烧样品均呈粉末状，因此其吸放湿性能测定采用无机盐饱和溶液法，参照《建筑材料及制品的湿热性能　吸湿性能的测定》GB/T 20132，其中低湿环境由氯化镁（$MgCl_2 \cdot 6H_2O$）饱和溶液提供，相对湿度 $RH=33\%$；高湿环境由氯化钠（NaCl）饱和溶液提供，相对湿度 $RH=75\%$。与此同时，考虑到样品湿养护（$RH=33\%$）会遮蔽硅藻土的部分孔结构与吸放湿性能，此部分研究是将样品在 105℃烘干至恒重，然后直接放于高湿环境中进行 24h 吸湿容量测试。硅藻土吸放湿性能测试用主要仪器及其参数见表 3-7。

吸放湿实验所用主要实验设备　　表 3-7

设备名	型号	产地或厂商	主要参数
电子天平	FA2204	上海精密科学仪器有限公司	最大量程 200g，精度 0.0001g
环境仓	自制	透明玻璃制密封环境仓	0.05m^3 密闭，相对湿度 RH75%/35%
电热恒温鼓风干燥箱	101 型	北京市永光明医疗仪器有限公司	室温～300℃，温度波动±2℃

不同盐类饱和溶液上方空气的相对湿度　　表 3-8

化学式	NaOH	LiCl	KAc	$MgCl_2$	K_2CO_3
相对湿度(%)	8.91	11.31	23.11	33.07	43.16
化学式	$Mg(NO_3)_2$	KI	NaCl	KCl	K_2SO_4
相对湿度(%)	54.38	69.90	75.47	85.11	97.59

为测定硅藻土及其焙烧样品的水蒸气吸附/解吸曲线，参照《建筑材料及制品的湿热性能　吸湿性能的测定》GB/T 20132 的规定，在相对湿度（RH）10%～95%区间选择 9

个湿度值，对应的无机化合物如表 3-8 所示。

硅藻土原土及焙烧样品的微观结构表征手段包括：X 射线衍射物相分析，日本岛津 XRD-7000，波长 λ＝0.15406nm，扫描速度 0.04°/s；扫描电子显微镜，日本日立 S-4800；全孔结构分析，氮低温吸附法，美国麦克瑞恩 ASAP-2020。

3.3.4　硅藻土的孔结构调制

（1）焙烧处理的影响

图 3-3～图 3-7 为硅藻原土及不同温度焙烧硅藻土的 SEM 照片，可以看出，原土中硅藻壳粒子以中心纲直链藻为主，在完整情况下呈典型筛筒状结构，筛筒直径 10nm 左右，长度变化较大，但多在 15～50nm 范围，由上下两段嵌合而成；表面上均匀分布有规则有序、孔径 0.5μm 左右的孔隙，但部分孔隙的开口部分覆盖有一层半透明薄膜，并非完全敞开的（图 3-3）。经高温 500～700℃焙烧后，尽管硅藻土焙烧样的孔隙排列结构并未出现显著变化，但硅藻壳体表面上的覆盖膜消失，暴露出所遮挡的孔隙，明显有利于气体或液体的进出；与此同时，随着焙烧温度的提高，颗粒表面的杂质有所减少，见图 3-4～图 3-6。

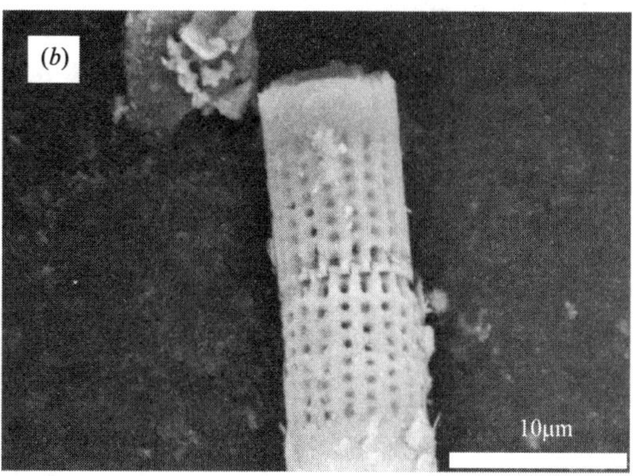

图 3-3　原土的 SEM 图片

（a）1300 倍；（b）3500 倍

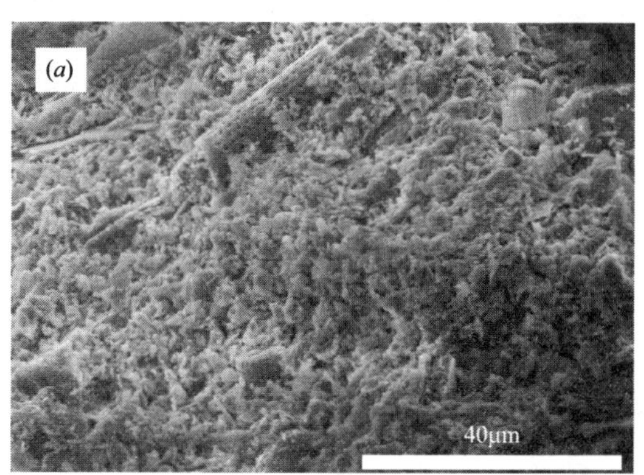

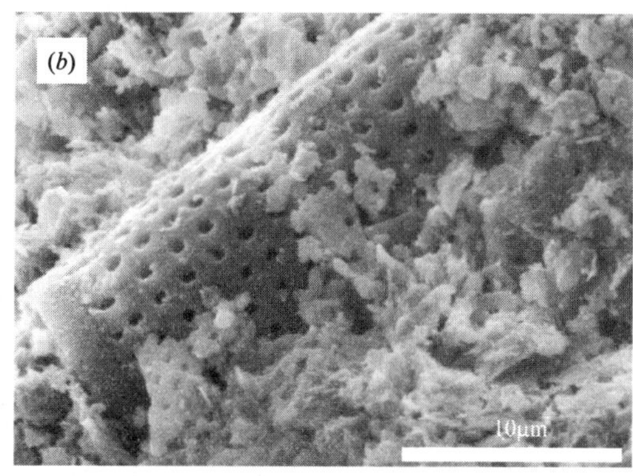

图 3-4　500℃焙烧硅藻土的 SEM 图片

（a）1300 倍；（b）4500 倍

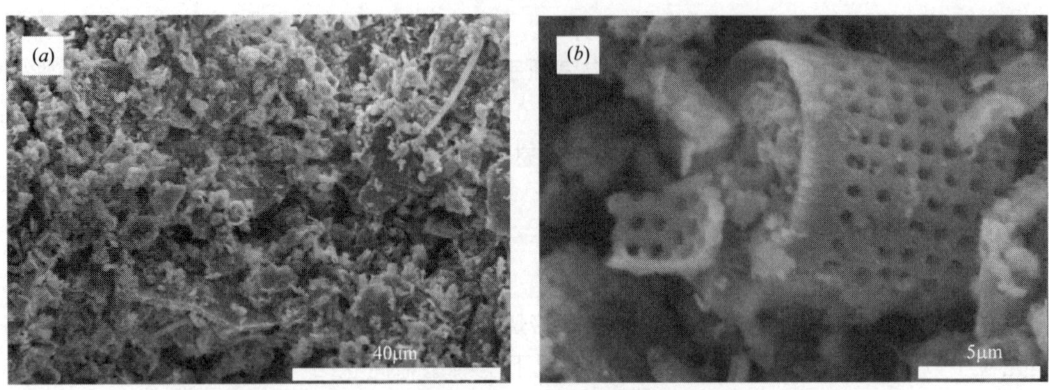

图 3-5　600℃焙烧硅藻土的 SEM 图片

（*a*）1300 倍；（*b*）4500 倍

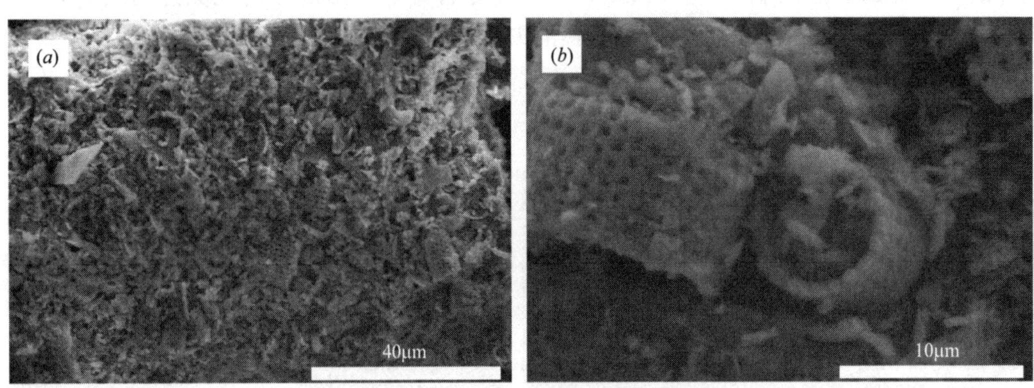

图 3-6　700℃焙烧硅藻土的 SEM 图片

（*a*）1200 倍；（*b*）4500 倍

图 3-7　800℃焙烧硅藻土的 SEM 图片

（*a*）1200 倍；（*b*）4500 倍

需要指出的是，即使在本研究中最严苛的焙烧条件下（800℃、2h），硅藻壳结构仍保持相对完整，未发生明显崩塌，如图 3-7 所示。尽管 SEM 观察表明，硅藻土在亚微米尺度上的微观结构因焙烧处理而出现一定改变，但考虑到水蒸气在硅藻土中的吸附作用主要发生在 100nm 以下的孔隙中，因此图 3-3～图 3-7 所示形貌改变对硅藻土的吸/放湿过程不起决定性作用。

图 3-8 所示为硅藻原土及不同温度焙烧所得样品的氮等温吸/脱附曲线。根据国际理论和应用化学联合会（International Union of Pure and Applied Chemistry，IUPAC）分类，所有样品的氮吸/脱附曲线均属于Ⅱ型等温曲线，H3 型迟滞回线。从图中可以看出，

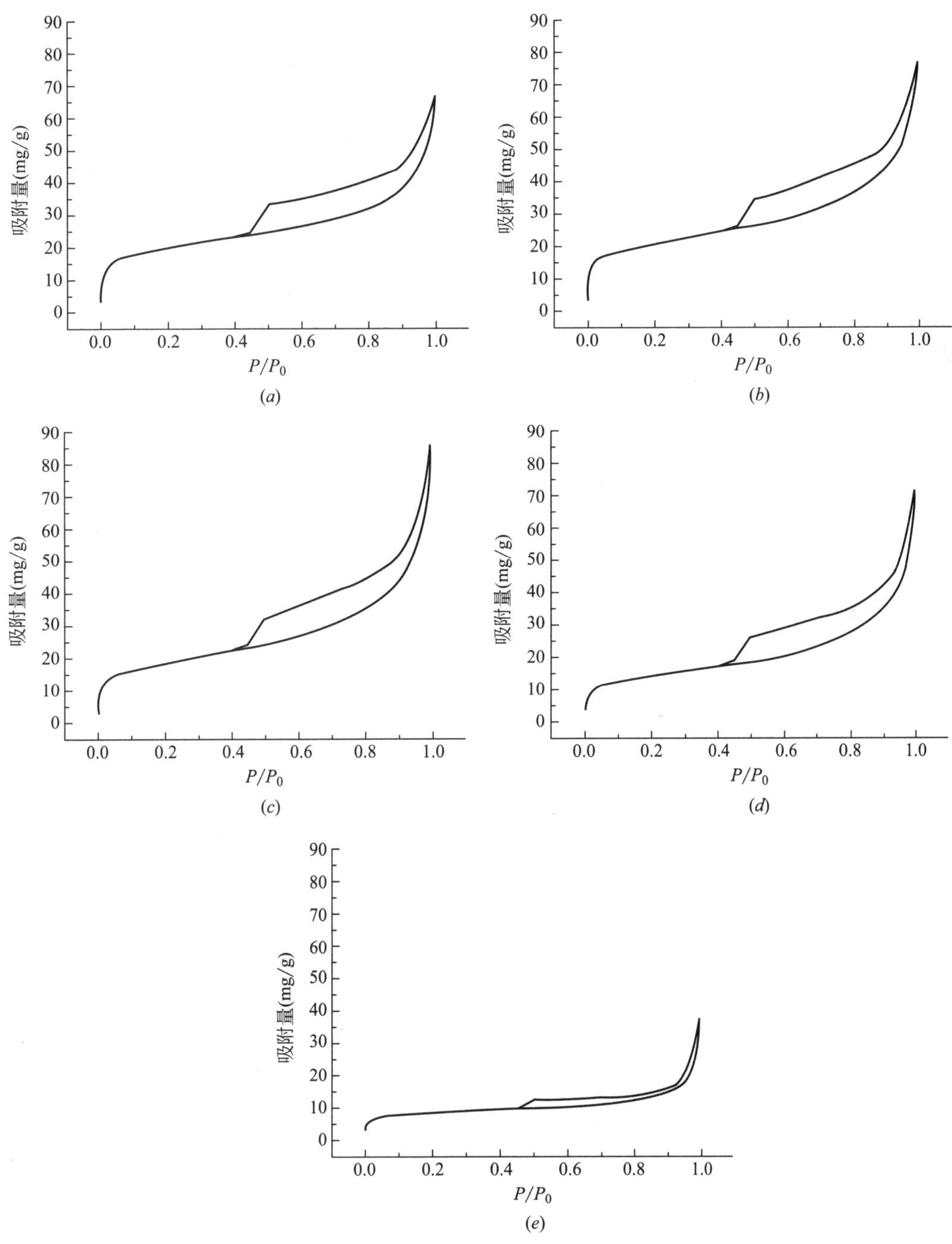

图 3-8　硅藻原土及不同温度焙烧样品的等温氮吸附曲线

(a) 硅藻原土；(b) 500℃、1h 焙烧；(c) 600℃、1h 焙烧；(d) 700℃、1h 焙烧；(e) 800℃、1h 焙烧

焙烧没有改变吸脱附曲线类型，但吸附量以及迟滞回线包围面积有明显变化。根据吸/脱附曲线迟滞回线的形状改变情况推断，受焙烧处理影响，500～600℃焙烧后，样品的毛细孔含量有所增大，孔形则为瓶形孔与层状孔的混合；焙烧温度继续提高，毛细孔含量则明显减少，在800℃时只余留很小一块扁平的迟滞回线，暗示硅藻孔结构特别是毛细孔结构受到严重破坏，只有少量层状毛细孔残留。500℃、600℃焙烧硅藻土时，去除了硅藻中的杂质，且除掉了硅藻壳表面碎屑，使内部包埋的闭口孔隙暴露出来，有助于优化硅藻土的孔径分布和表面状态，而在焙烧800℃时，硅藻壳遭到高温破坏，导致孔含量减少。一般认为，滞后环的出现是毛细凝聚现象造成的，而在吸附水分子形成多层吸附的基础上，毛细管效应是多孔性无机非金属材料调节空气湿度的主要因素，所以滞后环的大小在一定程度上反映了硅藻土的调湿能力。

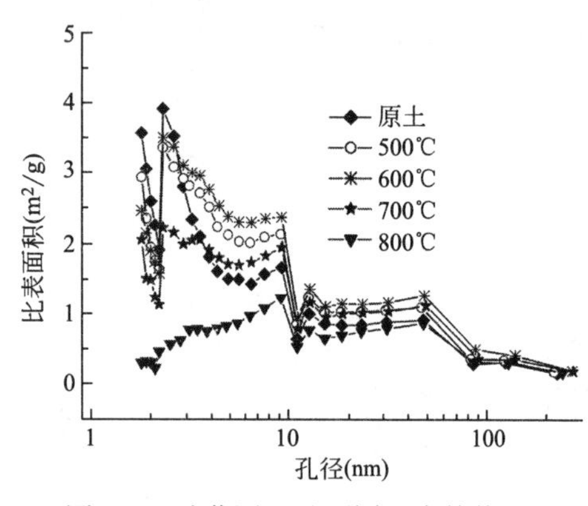

图 3-9　硅藻原土及不同温度焙烧硅藻土的孔径分布曲线

对图3-8中吸附等温线进行数学解析，可以得到相应硅藻土样品的孔径分布曲线，结果如图3-9所示。可以看出，硅藻原土的最可几孔径主要集中在2～3nm、9～11nm和48nm附近；焙烧时间同为1h的情况下，随着焙烧温度升高，样品中微孔（孔径d不大于2nm）的含量逐渐较少，特别是800℃焙烧时，微孔部分几近消失。另一方面，孔径大小在2～50nm之间的中孔甚至100nm以下的大孔则呈现出不同的变化规律：500～700℃条件下焙烧硅藻土的中孔及100nm以下的大孔含量均高于硅藻原土，但温度升高会导致相应范围的孔隙的含量有所下降；800℃焙烧后硅藻土在所有孔径范围内所对应的比表面积均呈显著下降的趋势，其比表面积指标甚至低于硅藻原土。已有研究规律表明，高温熔融可导致部分微孔烧结闭合或合并成更大尺寸的孔隙，具体表现为微孔的减少以及中孔、大孔含量的提高，这一趋势随焙烧温度的提高而变得更为显著[33]。

为考察硅藻土在高温下的孔隙融合等现象，实验进一步研究了800℃高温条件下焙烧保温时间对硅藻土等温吸附特征及孔结构的影响规律。图3-10a～3-10c所示分别为800℃条件下不同保温时间（0.5～2h）所得焙烧硅藻土样品的氮等温吸/脱附曲线，对比可以看出，随焙烧时间延长，样品的氮吸附过程在低压部分发生明显改变，吸附量明显减小，暗示微孔结构受到的巨大影响；与此同时，尽管吸脱附曲线的形状仍存在类似之处，但总的吸附量也发生了一定降低。随焙烧时间的延长，滞后环所包围的面积则呈先减少后略有增大的特点，其中保温1h时氮吸附量低于保温0.5h，可能是保温时间延长造成毛细孔含量减少，而保温2h样品的氮吸附量比保温1h略有提高，则可能是由于硅藻土焙烧严重，一部分细小毛细孔过烧成大孔所致。

图3-11为800℃不同焙烧时间所得样品的孔径分布特征，可以发现，所有孔隙包括微孔、中孔及大孔的含量对焙烧时间均存在强烈的依赖关系，时间越长，孔比表面积越小，而微孔的下降幅度最为显著。保温0.5h时硅藻土的最可几孔径分布范围较广，主要分布在2～3nm、9～11nm、14nm和71～74nm附近，但保温1h时硅藻土分布范围减少，比

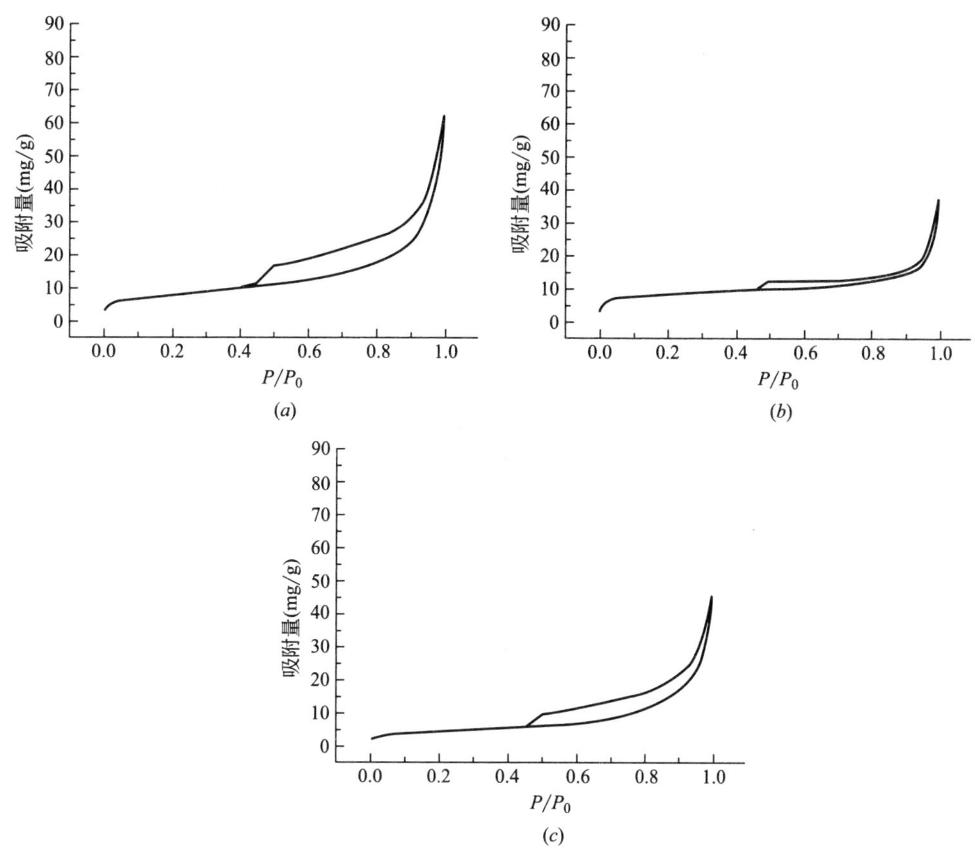

图 3-10　800℃不同焙烧时间所得样品的等温氮吸附曲线

（a）0.5h；（b）1h；（c）2h

表面积也略有降低，在保温 2h 时孔径 2nm 以下微孔的孔表面明显减少，孔隙分布主要集中在 14nm 和 71～74nm 附近，对应的比表面积也有一定程度的缩减。吸附数据分析表明，800℃保温时间 1h、2h 所得样品的比表面积分别为 26.57m^2/g 和 15.31m^2/g，有一定程度的降低，但样品的平均孔径同时由保温时间 1h 的 8.52nm 增大至 18.41nm，暗示样品经高温长时间焙烧发生了小孔的熔合现象。

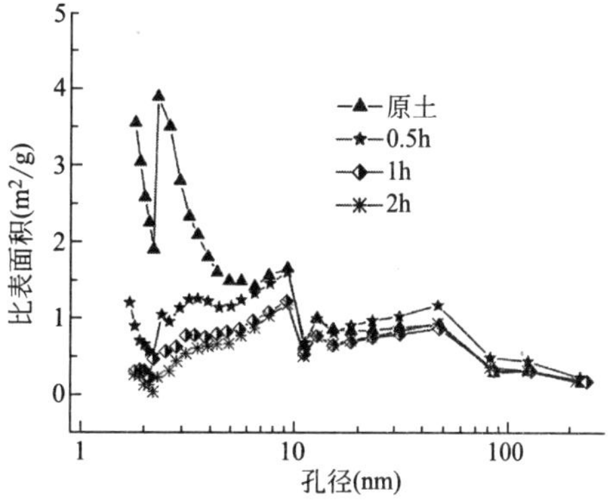

图 3-11　800℃不同保温时间焙烧硅藻土的孔径分布曲线

为了更直观地展现焙烧处理对硅藻土孔结构的影响，图 3-12 进一步分析了硅藻土样品比表面积和平均孔径以及介孔和微孔孔容随焙烧温度的改变规律，可以发现，焙烧温度为 500℃时，样品的比表面积和微孔孔容均有所增大（图 3-12a），说明相应升温处理过程不仅不会破坏硅藻土的孔结构，而且可以通过无定形覆盖膜、有机杂质的烧除或者黏土矿物脱水等方式使样品的内部孔隙更为充分地暴露给外界。但是，随着焙烧温度的进一步提高，样品的比表面积和微孔孔容均出现快速降低；

温度越高，降低幅度越明显。比较而言，尺寸较大的介孔（中孔，孔径 2～50nm）则在常温～600℃范围内呈增多趋势，增长幅度达到 35%以上，暗示了小孔熔合并向介孔转化的过程，尽管其含量也会随温度的继续提高而减少，见图 3-12*b*。

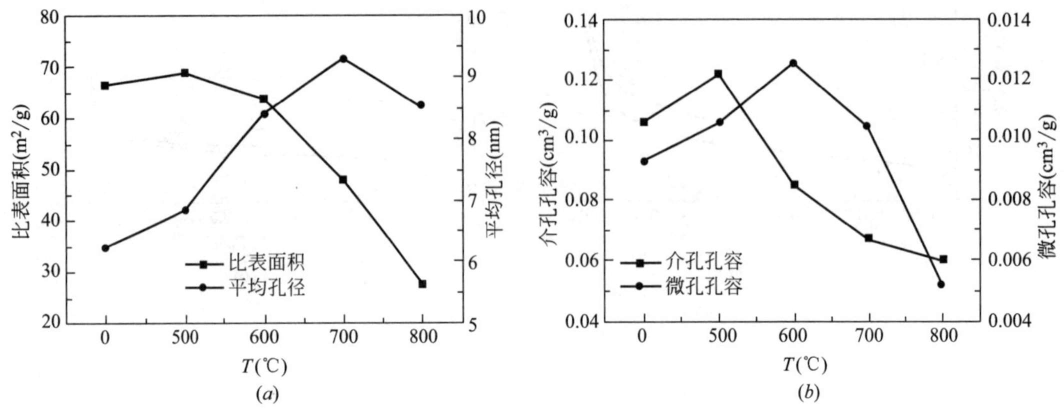

图 3-12　焙烧温度对硅藻土孔结构参数的影响

（*a*）比表面积和平均孔径；（*b*）介孔和微孔孔容

图 3-13*a*、图 3-13*b* 分别给出了硅藻土样品比表面积和平均孔容以及介孔和微孔孔容在 800℃条件下随保温时间延长而改变的规律，可以发现，总孔容随着保温时间延长而降低，降幅速度为先慢后快，平均孔径则是先减小后增大，原因应该是由于随着保温时间的延长，硅藻土毛细孔被破坏，从而形成大孔，孔容积和氮吸附量均发生明显改变。

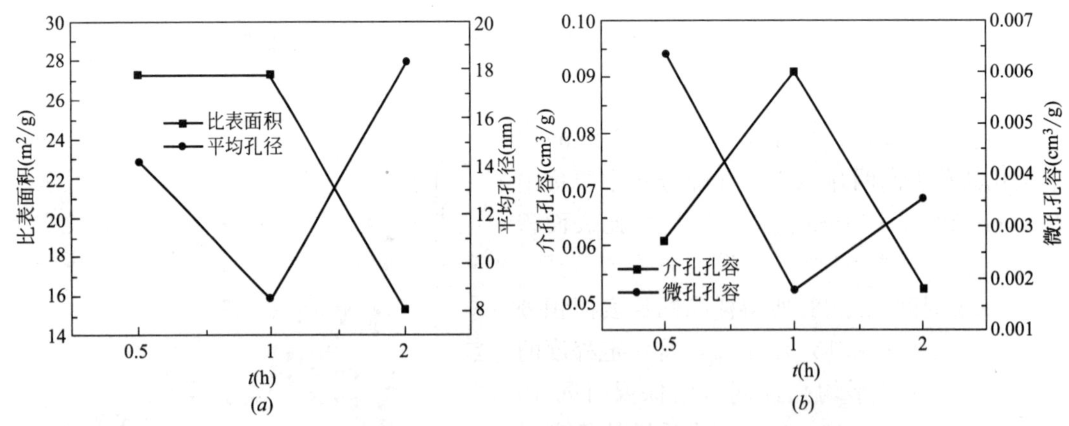

图 3-13　800℃保温时间不同对硅藻土孔结构参数的影响

（*a*）比表面积和平均孔径；（*b*）介孔和微孔孔容

本实验采用 XRD 分析技术探究了焙烧温度和保温时间对硅藻土物相结构的影响，结果如图 3-14 所示：可以看到，硅藻原土的 XRD 图谱在 2θ 角 18～32°范围及 38°附近存在明显的蛋白石丘状衍射峰，主要杂质则为石英（2θ=21.66°、26.64°、36.54°、50.14°、59.96°、68.14°等）和蒙脱石（2θ=5.89°、19.71°、29.56°、34.74°、61.80°）；经 500～800℃焙烧后，样品 XRD 衍射图谱最显著的变化是蒙脱石在 2θ=5.89°处的特征衍射峰消失，同时在 2θ=9.302°处出现了伊利石的特征衍射峰，表明蒙脱石高温时失去了层间水而向伊利石转化；800℃焙烧情况下，在 $2\theta=33.152°$、35.611°处出现了赤铁矿的特征衍射峰，暗示了硅藻原土中含铁矿物的存在与转变。从图 3-16 可以看出，作为硅藻土基本结构组分的蛋白石并未发生明显结构转变，即使在高温 800℃下，保温时间对硅藻土结构的影响并不显著，但伊利石对应的衍射峰则有一定减弱，暗示相应矿物的晶体结构受到明显破坏。

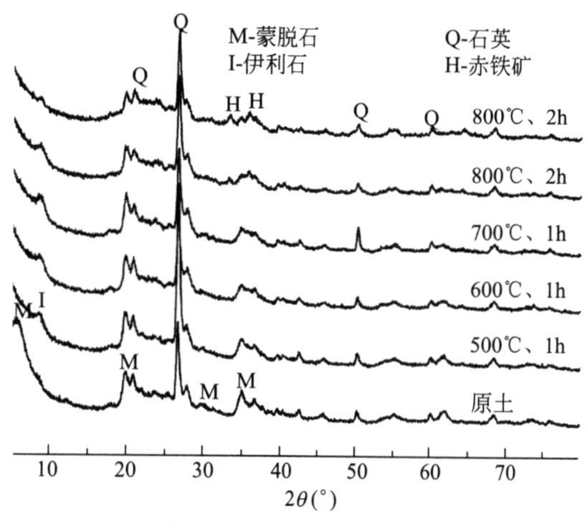

图 3-14　不同焙烧温度硅藻土 XRD 衍射特征图谱

（2）酸处理

一般来说，水洗、筛分等机械处理方法只能提高硅藻土的纯度，但对样品的孔结构特征尤其是孔径尺寸不会产生明显作用。比较而言，酸浸、碱浸或高温焙烧等化学方法均对硅藻土的孔结构起到扩张效果，其中酸浸工艺的应用广泛，效果明显，但常规的酸处理剂主要采用硫酸、盐酸等，容易腐蚀设备，同时存在含酸废水、挥发性气体等问题。为获得较好的扩孔效果，同时避免腐蚀性强酸带来的安全和环保问题，本研究提出采用相对柔和的醋酸（乙酸）作为酸处理剂，在升温条件下研究了醋酸浓度、环境温度和处理时间对硅藻土孔结构的影响规律，由此对酸处理的工艺参数进行了优化。

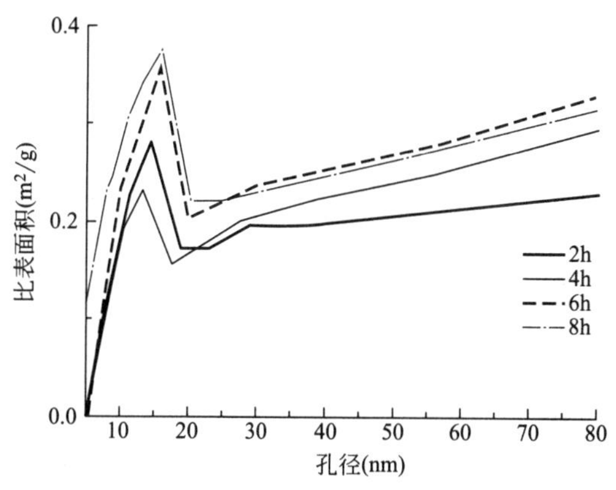

图 3-15　酸化时间对硅藻土孔结构的影响

图 3-15 所示为 30%醋酸浓度、环境温度 80℃条件下，酸处理时间对硅藻土孔径分布曲线的影响规律，可以看到，样品在孔径 50nm 以上的大孔以及 30～50nm 的部分中孔范围内，孔径含量随处理时间的延长而明显升高，但时间过长（8h）会导致大孔含量的下降；而在较小尺度的 5～20nm 范围，孔含量随时间的增长主要呈上升趋势。对图 3-15 曲线的量化分析表明，随酸处理时间的延长，样品的比表面积呈上升趋势，2、4、6、8 小时酸处理样品的 BJH 比表面积分别为 6.08m^2/g、6.59m^2/g、7.79m^2/g、9.43m^2/g，相应的样品平均孔径则为 12.50nm、12.69nm、13.63nm、11.94nm，即反应时间过长（8h），可能导致扩孔过度，部分大孔崩塌。为此，后续实验中选择的酸处理时间为 6h。

图 3-16 所示为 40%醋酸浓度、时间 6h 条件下，酸处理温度对硅藻土孔径分布曲线的影响，可以看到，在 40～100℃范围内，实验温度对样品的孔结构分布特征作用不明显。定量比较发现，随处理温度的提高，样品的比表面积轻微变化，在 40、60、80 和 100℃条件下的 BJH 比表面积分别为 8.51m^2/g、7.84m^2/g、8.63m^2/g 和 7.84m^2/g，相应的样品平均孔径则为 10.84nm、12.11nm、10.60nm 和 11.75nm。通常而言，实验温度提高有利

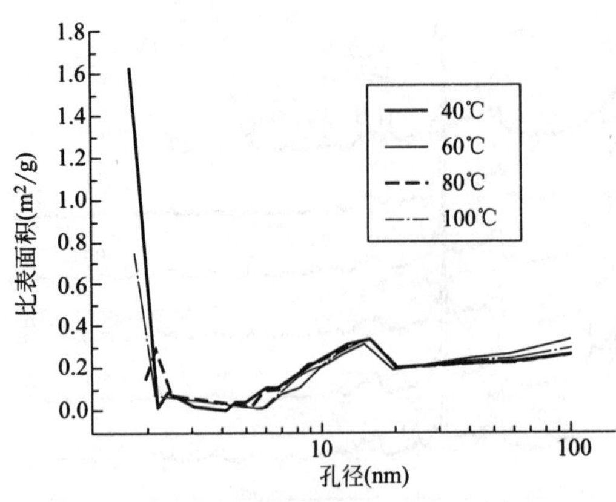

图 3-16 处理温度对硅藻土孔结构的影响

于酸性物质电离平衡常数的增大，加快化学反应的进行，但在本实验中酸处理温度并未对硅藻土的孔结构产生显著影响，可能原因在于硅藻土表面可与醋酸作用的组分活性较大但含量较小，因此在相对较低的反应温度下即可完成反应过程，也为这一酸处理工艺的工业化应用特别是成本控制提供了更大便利。

图 3-17 给出了环境温度 80℃、处理时间 6h 条件下，醋酸浓度对硅藻土孔径分布曲线的影响规律，可以看到，醋酸浓度作用主要表现在 5～20nm 的部分中孔范围，孔径含量随处理时间的延长而明显升高，但时间过长（8h）会导致大孔含量的下降，即过度酸处理引起了孔结构的崩塌。比较而言，随醋酸浓度的升高，相应样品的比表面积逐步提高，自 20%醋酸浓度的 2.74m^2/g 依次提高，4.46m^2/g、4.71m^2/g、10.49m^2/g……但在醋酸浓度 100%即冰乙酸情况下，处理后硅酸土比表面积仅为 9.12m^2/g，反而有所下降；对应的样品平均孔径特征，依次为 18.39nm、13.50nm、12.44nm、10.76nm、9.03nm，分析与高浓度醋酸在升温条件下对大孔结构（孔径 50nm 以上）的破坏有关。

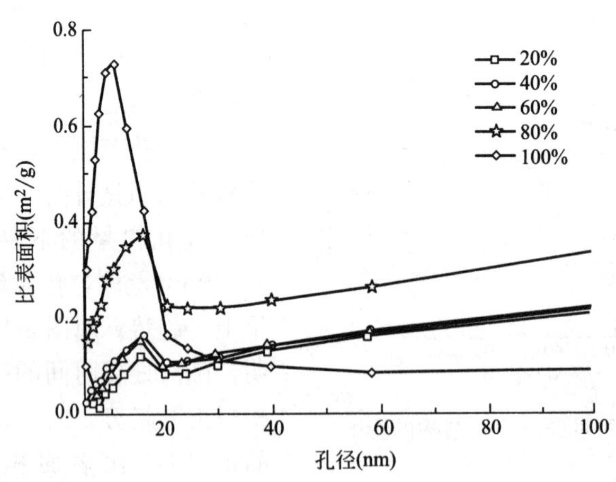

图 3-17 醋酸浓度对硅藻土孔结构的影响

3.3.5 硅藻土的吸放湿性能

(1) 硅藻原土的吸/放湿性能

静态吸附条件下测试硅藻土的吸放湿过程曲线如图 3-18 所示，0～24h 为吸湿过程，24～48h 为放湿过程。由图 3-18 可以发现，硅藻原土的 24h 吸湿率为 6.45%，24h 放湿率则明显低于吸湿率，仅为 2.95%。从过程上看，硅藻土的吸/放湿量均随时间逐渐增加，初始阶段含湿量增长（降低）速度较快，在 6～8h 之后逐渐放缓，趋向于饱和。

（2）焙烧硅藻土的吸/放湿性能

本研究在静态吸附条件下考察了焙烧处理对硅藻土吸/放湿性能的影响，测试条件与硅藻原土相同。图 3-19 给出了不同温度焙烧硅藻土在相对湿度 75%条件下的吸湿量数据，可以看出，相比于硅藻原土（焙烧时间 $t = 0$，吸湿 6.45%、放湿 2.95%），焙烧后硅藻土样品的吸湿率出现明显降低，其降幅随焙烧时间的延长而有所放大，但这种性能上的下降主要发生在焙烧开始的 0.5h 阶段内。比较而言，焙烧温度对样品吸湿率的影响更加明显，随焙烧温度的提高，硅藻土的吸湿率明显降低，特别是 800℃焙烧条件下的降幅最为明显：经过 800℃、0.5h 的焙烧处理后硅藻土的吸湿率下降至 2.51%，降幅达 61.09%。分析认为，焙烧处理对硅藻土吸放湿性能的影响应与高温条件下硅藻土的物相转变有关：硅藻土的主要化学成分为蛋白石质无定形二氧化硅，即 $SiO_2 \cdot nH_2O$，在高温下容易发生脱水并向石英相转化，这一转化过程需要一定时间才能完成；焙烧温度越高，蛋白石向石英的转化越快。

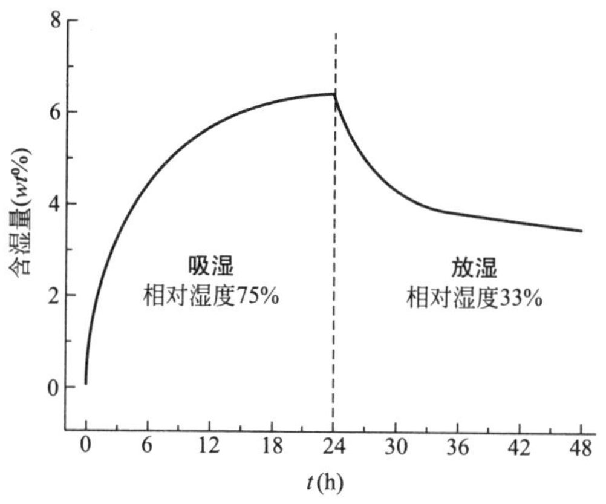

图 3-18　硅藻原土的吸放湿曲线

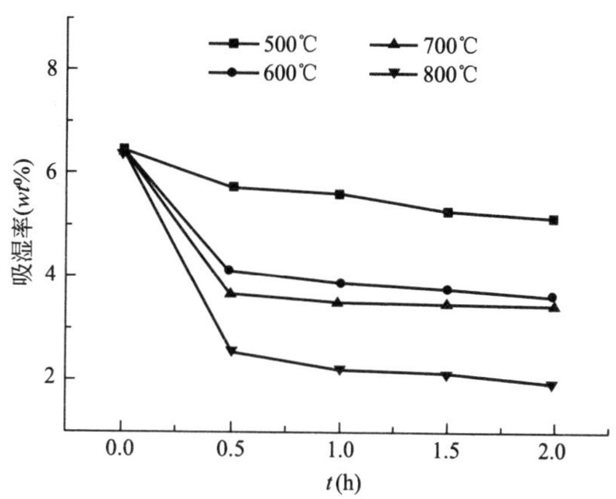

图 3-19　焙烧过程对硅藻土吸湿性能的影响

比较而言，放湿率的大小对于材料的调湿性能更为重要，一些种类的建筑调湿材料如硅胶、无机盐等正是因为放湿性能的不足而影响了其应用推广。从图 3-20 不同温度焙烧硅藻土在相对湿度 33%条件下的放湿量数据可以看到，与硅藻原土相比，经过温度 500～700℃、时间 0.5～2h 的焙烧处理后硅藻土的放湿率均明显高于硅藻原土，尽管随焙烧时间的延长，样品的放湿率出现了一定程度的降低；在温度更高的 800℃情况下，焙烧硅藻土的放湿率不仅明显低于硅藻原土，而且随时间延长其下降幅度非常显著，表明 800℃高温焙烧对硅藻土的孔结构产生了严重破坏。

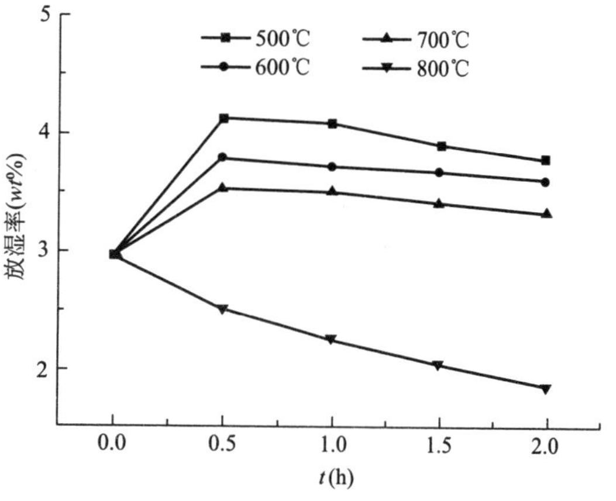

图 3-20　焙烧过程对硅藻土放湿性能的影响

材料的孔结构和孔壁性质对材料的吸/放湿能力有决定性影响。对于与水润湿的材料来说，其表面对水分子的吸附能力可以认为是材料表面吸附和孔道毛细效应共同作用的结果：表面吸附的第一层水分子形成表面位，近似于化学吸附，不易解吸，因此对放湿容量无明显贡献，但对吸湿量有着重要作用。材料的表面活性吸附位与其比表面积正相关。表面位层之上可以继续吸附水分子，形成多层吸附（物理吸附）。物理吸附既可吸附又可解吸，对材料的调湿有过程重要贡献。在表面多层吸附的基础上，毛细孔道优先形成毛细吸附。材料的外表面和大孔的内表面在表面形成单层分子吸附（化学吸附）的基础上再发生多分子层（物理）吸附（如图 3-21 中 B、C 处），在一定温、湿度条件下相应的毛细孔道发生毛细吸附（如图 3-21 中 A 处）。

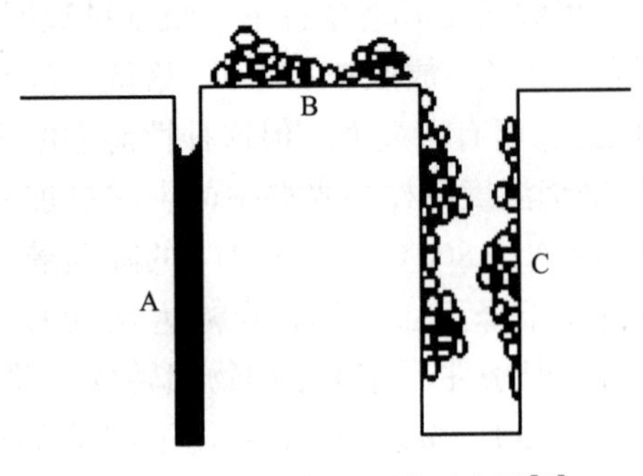

图 3-21　多孔表面吸附示意图[33]

无机非金属多孔材料的调湿性能是由材料的孔结构以及水蒸气分子在孔中的扩散情况来决定的。由于孔道的存在，毛细凝聚现象是决定材料吸、放湿能力的重要因素之一。利用毛细凝结的原理分析多孔材料内部孔道吸放湿能力，可采用 Kelvin 公式：

$$RT\ln\frac{p_r}{p_0}=\frac{2\sigma M}{\rho r} \tag{3-6}$$

式中　σ——液体表面张力；

ρ——液体密度；

r——毛细管半径；

P_r——液体表面的蒸气压，P_r 是 r 的函数；

P_0——饱和蒸气压；

T——空气温度；

M——液体物质摩尔质量。

冀国江等[33] 根据上述原理，假定当空气和多孔材料处于相同的温度，且产生凝结现象（$P=P_r$）时，计算出一定温度下，相对湿度随水蒸气凝结的临界孔径的变化，得到毛细凝结临界孔半径为：

$$r_k=\frac{2\sigma V_L}{RT\ln H} \tag{3-7}$$

式中　r_k——一定温度下及相对湿度下发生水蒸气凝结的临界孔径；

H——空气中实际水蒸气压与同温度下饱和蒸气压的百分比（P/P_0），即相对湿度。

从图 3-22 可以看出，在相同湿度下，温度对临界孔径的影响不大。相对湿度在 33%～75%范围内，不大于 9nm 的孔径可以发生毛细凝结，对吸湿有利；由 75%的吸湿环境转入 33%的放湿环境后能发生毛细凝结的 3～9nm 之间的孔径可实现水分脱附，对放湿有利。在放湿环境中，由于部分孔隙内的水分子不能脱附，所以吸湿率大于放湿率，放湿能力更能体现多孔材料的调湿能力。3～9nm 之间孔径的孔隙含量对吸放湿能力起决定性作用，日本学者渡村信治等则认为，进一步考虑到实际应用中调湿建筑材料应具备重复使用且性能不降低的能力，对吸/放湿性能具有重大贡献的孔径范围扩大至 3～20nm[34]。结合图 3-9、3-11 中样品的孔径分布特点可知，样品的介孔（2～50nm）特别是 3～20nm 孔隙含量较高，因此硅藻土及其焙烧样品均表现出可观的吸放湿性能特别是放湿容量。

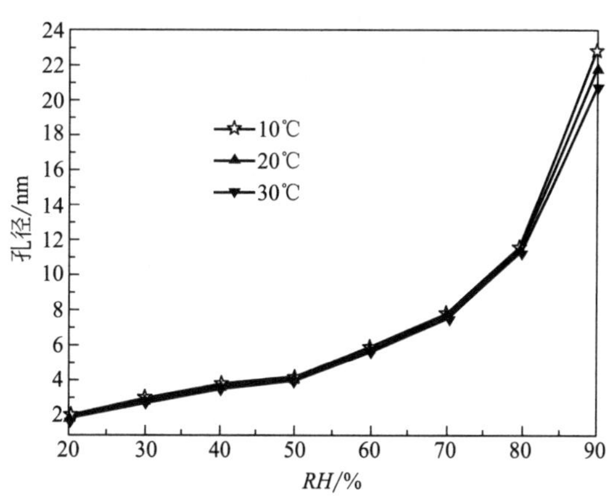

图 3-22　临界孔径与温/湿度关系图[33]

图 3-23 对比了焙烧温度对硅藻土的介孔比表面积及放湿性能的影响，可以发现，样品的放湿率与介孔比表面积之间存在较好的一致性：在焙烧时间同为 1h 的情况下，放湿率与中孔比表面积均随焙烧温度的提高而先升高后降低，升降幅度也大致相同，表明中孔含量是影响硅藻土调湿能力（放湿能力更为关键）的关键因素。参考冀国江等的研究结果[33] 可以推断，微孔范围（孔径小于 2nm）孔隙中的水分子不能在实验所设置的放湿环境中（$RH=33\%$）得到释放，这是硅藻原土的吸湿率显著大于其放湿率的主要原因。焙烧处理改变了硅藻土的孔结构，特别是提高了其中孔的相对含量，对硅藻土的吸/放湿性能特别是放湿率起到了明显的改善作用。但高温度焙烧（800℃以上）会导致硅藻壳的结构破坏，微孔、中孔减少甚至消失，其吸/放湿率也随之大幅度降低。

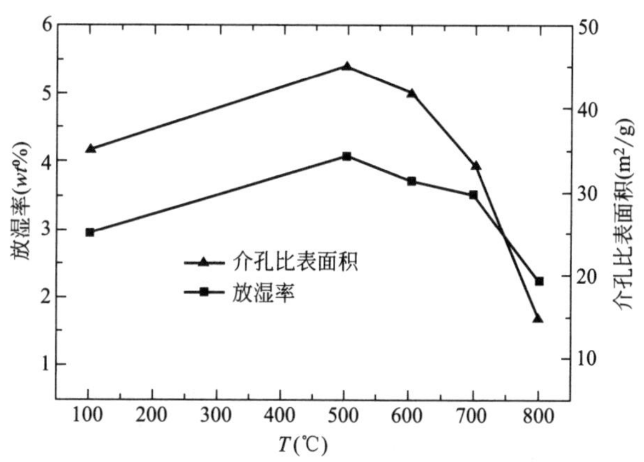

图 3-23　焙烧温度对硅藻土介孔比表面积和放湿率的影响

前期工作曾发现，高温快速焙烧（800℃、0.5h）可起到改善硅藻土反应活性的作用，进而以焙烧硅藻土、消石灰和水为原料得到了轻质高强的建材制品[31]。但从调湿性能角度，硅藻土的焙烧温度最好控制在700℃及以下，其吸/放湿效果更佳；在生产实践中，可从力学性能和调湿能力角度综合考虑。

(3) 硅藻土的水蒸气吸附/解吸曲线

静态吸附法可用于评价硅藻土的湿度调节能力，所选用的湿度条件与体感舒适度范围一致，但选定湿度条件也有一定不足之处，一是范围并未覆盖全部湿度，二来即使测试范围内，测定点分布稀疏。两方面原因共同作用，导致静态吸附法难以精确反映样品的水分吸附/脱附规律，也不利于构建更为准确的孔结构-吸/放湿容量之间的关系模型。

利用饱和吸附量法测试硅藻土的调湿性能，结果如图 3-24*a*～图 3-24*e* 所示，图中曲线所展现的趋势大体相似，在相对湿度 33%～75%范围，原土的总平衡脱附量高于焙烧土，而焙烧土的总平衡吸附量和脱附量相近。按照理想调湿材料模型，焙烧土的吸/脱附特征更有益于调湿性能的发挥。在相对湿度 8%条件下，原土的吸/脱附滞后环最终闭合，如图 3-24*a* 所示，暗示吸附过程主要是依靠毛细凝聚和单分子吸附等物理效应共同作用；而 500～700℃条件下焙烧的硅藻土可能存在化学吸附，导致迟滞回线无法完全闭合，直到更高温度的 800℃下焙烧后样品的迟滞回线才重新趋于封闭。焙烧导致硅藻土氢键减少和 Si-OH 键断裂，硅藻骨架随之发生结构重排，微孔减少，从而不同程度地影响了硅藻土的水蒸气吸/脱附性能。另一方面，图 3-24 所示硅藻土吸/脱附水蒸气的规律与氮吸脱附曲线（图 3-8、3-10）相比存在较大差异，说明实际环境中硅藻土的吸/放湿与以氮气为吸附质的吸/脱附存在一定差别：首先，两种吸附质不同，相对硅藻表面氮气为“惰性”气体，只存在物理吸附作用，而实际过程硅藻土的水蒸气吸附过程同时存在物理吸附和化学吸附两种作用；其次，氮吸附测试采用了真空排气后注入高纯氮的方法，而图 3-24 测试则是在密闭空气环境中无机盐溶液上方的混合气体条件下进行的。

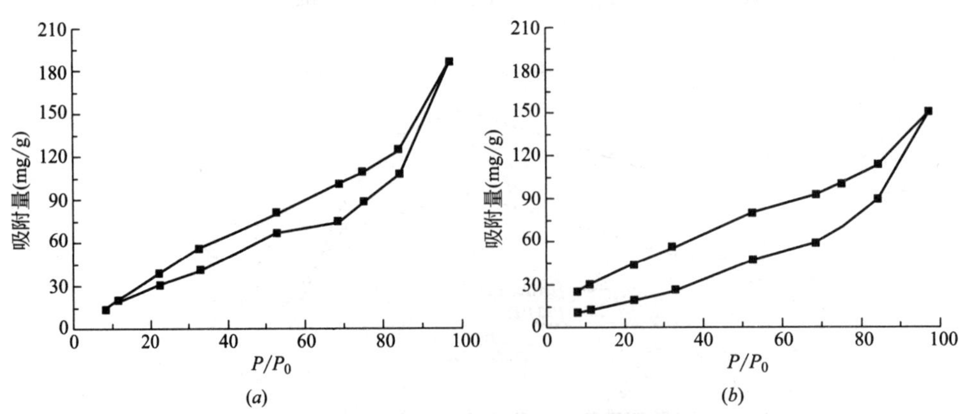

图 3-24 硅藻原土及不同温度焙烧样品的水蒸气吸附-解吸曲线（一）

(*a*) 硅藻原土；(*b*) 500℃、1h；

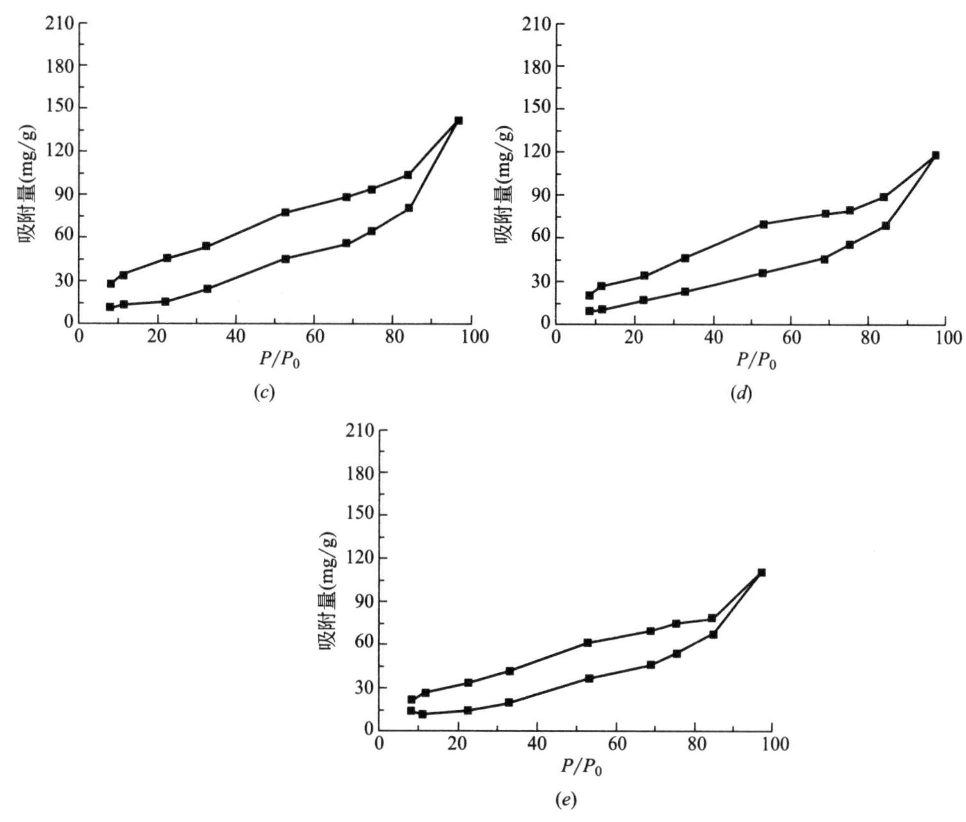

图 3-24　硅藻原土及不同温度焙烧样品的水蒸气吸附-解吸曲线（二）
（c）600℃、1h；（d）700℃、1h；（e）800℃、1h

图 3-25～图 3-28 分别为 500℃、600℃、700℃、800℃条件下不同时间焙烧硅藻土的饱和水蒸气吸/脱附曲线。从图 3-25 可以看到，在相对较低的 500℃焙烧条件下，焙烧硅藻土样品的水蒸气吸附/解吸曲线形状、总吸附量、迟滞回线封闭情况等基本保持一致，即 0.5～2h 焙烧时间内样品结构并未发生显著改变。根据硅藻土原料的成分和结构特点，可以认为，500℃焙烧时主要发生的是黏土矿物脱水（结晶水）及蛋白石表面硅醇 Si-OH 的分解过程。类似规律同样出现在 600℃和 700℃焙烧硅藻土样品的水蒸气吸附/解吸过程中，只是测试过程中得到的最大吸附量随焙烧温度的提高或时间的延长而出现不同程度的降低，其中焙烧温度的影响明显大于焙烧时间；同时出现的是，在解吸过程末段（相对湿度 11%至 8%），水蒸气平衡吸附量的变化幅度更大，使得迟滞回线趋向于闭合，如图 3-26、图 3-27 所示。

图 3-28 所示为 800℃不同焙烧时间所得硅藻土样品的水蒸气吸附/解吸曲线，可以看到，高温 800℃焙烧样品的水蒸气平衡吸附量显著降低，迟滞回线开口部分则明显变窄，至 2h 焙烧条件下硅藻土样品在相对湿度 8%～11%位置的饱和吸/脱附量完全重合，形成封闭的迟滞回线，与相同温度或时间焙烧所得样品表现出明显差异。分析其原因，应是羟基二氧化硅（SiO_2-OH）在短时高温焙烧分解时所形成 SiO_2 结构为介稳状态，条件允许时可重新结合水，恢复原有状态，在相对湿度降低情况下不会发生再次分解，因此水蒸气

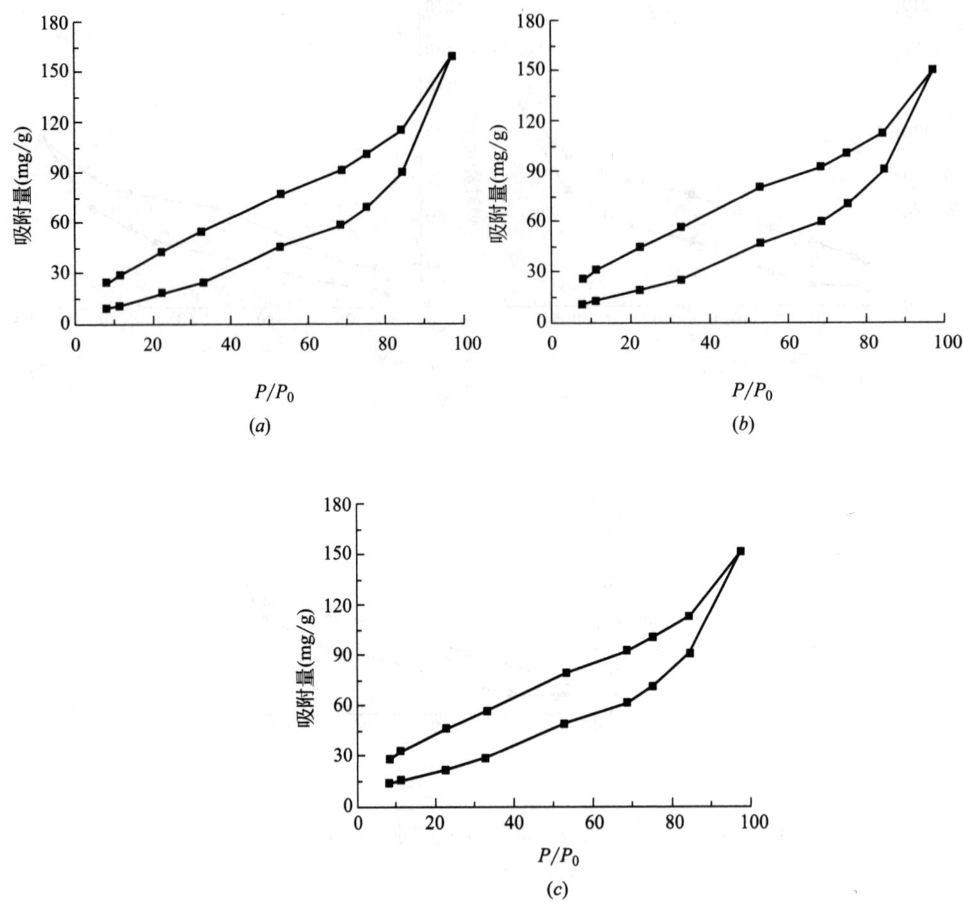

图 3-25　500℃不同时间所得焙烧硅藻土的水蒸气吸附-解吸曲线

(*a*) 0.5h；(*b*) 1h；(*c*) 2h

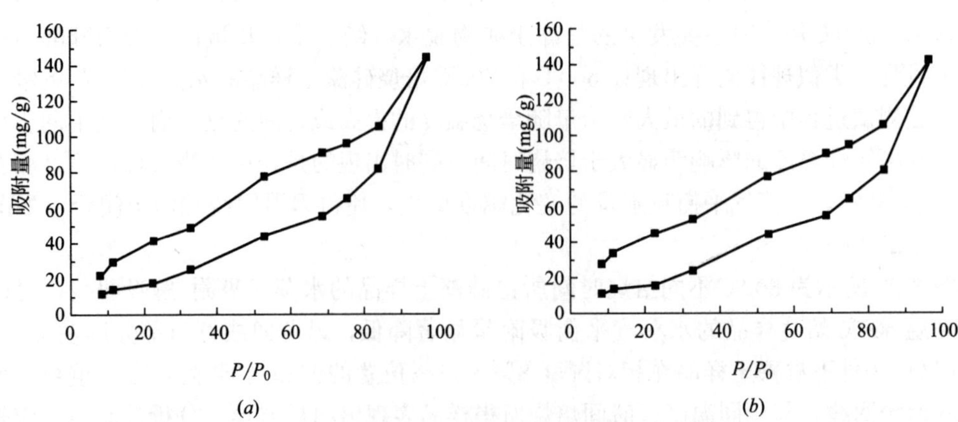

图 3-26　600℃不同时间所得焙烧硅藻土的水蒸气吸附-解吸曲线（一）

(*a*) 0.5h；(*b*) 1h；

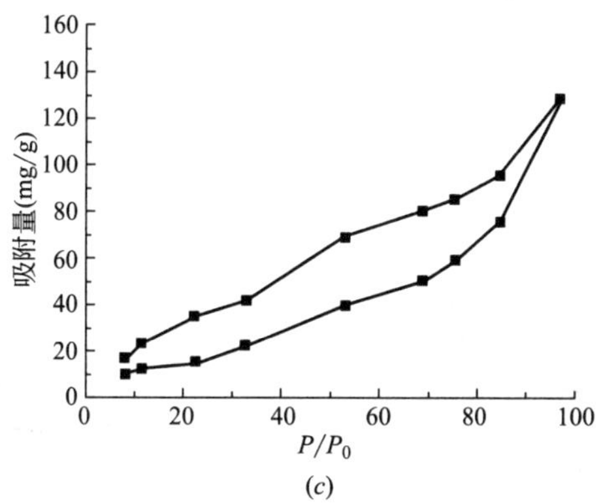

图 3-26　600℃不同时间所得焙烧硅藻土的水蒸气吸附-解吸曲线（二）

（c）2h

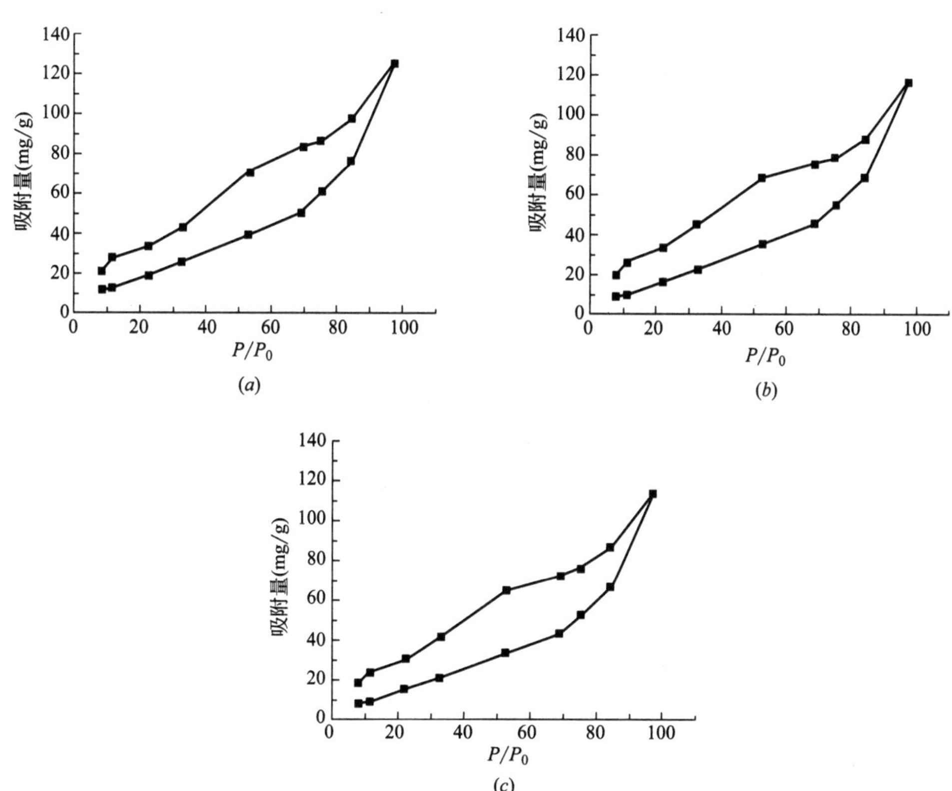

图 3-27　700℃不同时间所得焙烧硅藻土的水蒸气吸附-解吸曲线

（a）0.5h；（b）1h；（c）2h

吸附/解吸曲线无法闭合；如保温时间延长，介稳的 SiO_2 会发生结构重排，向稳定的 SiO_2 结晶（α-石英相）转化，失去化学结合水的能力，结果导致样品吸/放湿能力下降，且低湿度区的吸/放湿量重合，如图 3-28*c* 所示。图 3-28 中，硅藻土的水蒸气饱和吸附量随保温时间的延长而明显减少，说明 800℃下焙烧过程的延续会导致硅藻土孔结构发生严重破坏。氮吸附法测定孔结构特征分析表明，硅藻土 800℃焙烧 0.5h 时，比表面积为 27.31m^2/g，在焙烧 2h 时，比表面积下降到 15.31m^2/g，微孔孔容也从 0.0027cm^3/g 下降到

0.0018cm^3/g。

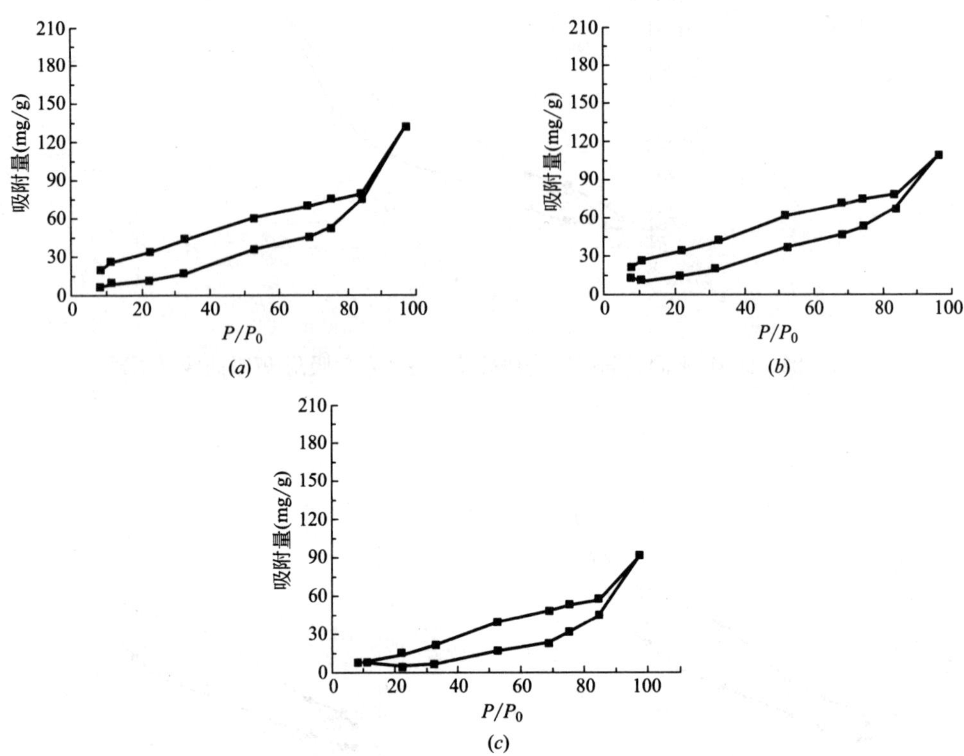

图 3-28　800℃不同时间所得焙烧硅藻土的水蒸气吸附-解吸曲线

(a) 0.5h；(b) 1h；(c) 2h

为了解硅藻土吸附机理以及主要影响因素的作用机制，对静态吸附条件下硅藻土的吸湿过程进行了吸附动力学模型分析，分别采用伪动力学一次模型（Pseudo-first-order model），伪动力学二次模型（Pseudo-second-order model）和粒子间扩散模型（Intra-particle diffusion model）三种模型来分析、讨论吸附实验的相关数据，分析对象选择硅藻原土和 800℃、0.5h 焙烧硅藻土作为代表。

伪动力学一次模型的数学表达式为[35]：

$$\ln(q_e - q_t) = \ln q_e - k_1 t \tag{3-8}$$

式中　q_e——平衡吸附量（mg/g）；

t——吸附时刻（min）；

q_t——不同吸附时刻 t 时的吸附量（mg/g）；

k_1——pseudo-first-order 模型的吸附速率常数（min）。

硅藻原土和 800℃、0.5h 焙烧土的 k_1 和 q_e 值可以通过 ln（q_e-q_t）对 t 作图、拟合（图 3-29）得到，结果在表 3-8 中给出。根据拟合结果，发现相关系数 R^2 在 0.90 以上，属于可接受的范围，但是硅藻原土拟合、计算出的吸附量（$q_{e,cal}$）明显低于吸附 24h 实测吸附量，见表 3-8，表明伪动力学一次模型不能很好地描述硅藻原土吸湿过程。

伪动力学二次模型的表达方程式如下[36]：

$$\frac{t}{q_t} = \frac{1}{k_2 q_e^2} + \frac{t}{q_e} \tag{3-9}$$

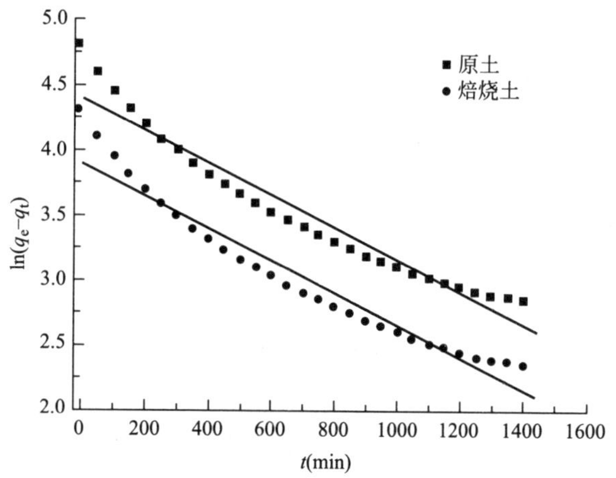

图 3-29　硅藻土吸湿过程的吸附动力学拟合曲线：伪动力学一次模型

式中　q_e——平衡吸附量（mg/g）；

t——吸附时刻（min）；

q_t——不同吸附时刻 t 时的吸附量（mg/g）；

k_2——该模型的常数，与模型的吸附速率息息相关［g/（mg・min）］。

k_2和 q_e的值可通过 t/q_t 对 t 作图得出。图 3-30 给出了硅藻土吸附过程的伪动力学二次模型拟合情况，可明显看出，t/q_t 与 t 之间存在良好的线性关系，拟合结果的线性回归相关系数 R^2 均高于 0.99，同时计算出的硅藻土吸附量也与实验值较为接近，如表 3-8 所示。通过与伪动力学一次模型和粒子间扩散模型的比较，发现伪动力学二次模型拟合的线性回归相关系数 R^2值最高，说明伪动力学二次模型可以很好地描述硅藻土吸湿过程。需要指出的是，伪动力学二次模型主要适用于化学吸附过程。硅藻原土及焙烧土的吸/放湿过程与伪动力学二次模型的吻合度高，也暗示着硅藻土及其衍生产品的吸附水分过程存在化学吸附或混合吸附。

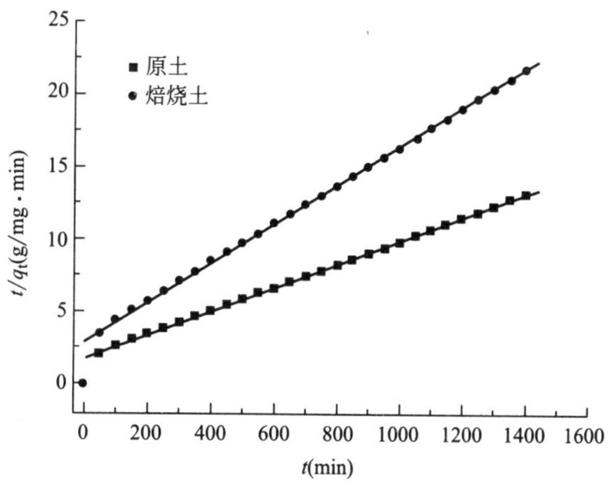

图 3-30　硅藻土吸湿数据及动力学拟合曲线：伪动力学二次模型模型

粒子间扩散模型的分析也是解释吸附过程中动力学性质的重要手段之一，该模型主要侧重于评估吸附质的扩散机制及其对吸附性能的影响。粒子间扩散模型的表达式方程如下[37]：

$$q_t = k_p\sqrt{t} + C \tag{3-10}$$

式中　t——吸附时刻（min）；

q_t——不同吸附时刻 t 时的吸附量（mg/g）；

C、k_p——该模型的常数，单位分别为 mg/g、mg/（g・$\sqrt{\text{min}}$），其中 k_p 反映了被吸附分子在吸附过程中的扩散速率。

C 和 k_p 的值可通过 q_t 与 $t^{1/2}$ 作图得出，结果在表 3-8 中给出。通常来说，扩散也是限制吸附过程中吸附量的一大重要因素。根据 Weber-Morris 的理论，用 q_t对 $t^{1/2}$ 作图，如果是直线，说明吸附过程中吸附质的扩散会限制吸附量。更具体地说，若直线通过原点，说明吸附质的扩散是吸附过程中限制吸附量的唯一因素，若直线不通过原点，说明吸附质的扩散并非限制吸附量的唯一因素，而是同时存在着其他限制因素。但在硅藻原土吸湿过程中，吸附实验数据 q_t对 $t^{1/2}$ 数据点与直线关系存在很大的偏差（图 3-31），相关系数 R^2 在 0.92 左右，属可接受范围，即在硅藻原土吸湿过程下，该模型的适用性尚可；但如果将这一模型继续普适到其他条件下的焙烧硅藻土试样，则相关系数 R^2 出现大幅波动，部分拟合结果的 R^2 值仅为 0.75～0.85 之间，因此该模型的适用性存疑。此外，q_t对 $t^{1/2}$ 作图可得到不通过原点的直线，也说明水分子的扩散并不是限制吸附量的唯一因素。

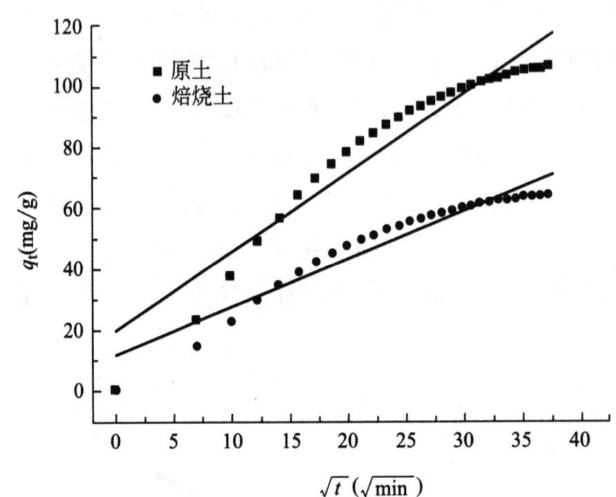

图 3-31　硅藻土吸湿过程的动力学拟合曲线：粒子间扩散模型

拟合所得 C 值是一个关于与扩散相关的边界层厚度的常数，C 值越大，表示边界层厚度越大[38]。由表 3-9 中可以看出 C 值在硅藻原土吸附时为 2.57mg/g，而焙烧后样品的 C 值降低至 1.55mg/g，说明焙烧对边界层扩散有一定的抑制作用。

硅藻土吸附水蒸气过程的动力学分析结果　　**表 3-9**

试样	$q_{e,exp}$/(mg/g)	伪动力学一次模型			伪动力学二次模型			粒子间扩散模型		
		k_1/min	$q_{e,cal}$/(mg/g)	R^2	k_2/[g/mg・min]	$q_{e,cal}$/(mg/g)	R^2	k_p/[mg/g・min]	C/(mg/g)	R^2
原土	106.71	0.00125	81.45	0.947	1.18×10^{-4}	123.61	0.998	19.87	2.57	0.923

续表

试样	$q_{e,exp}$/(mg/g)	伪动力学一次模型			伪动力学二次模型			粒子间扩散模型		
		k_1/min	$q_{e,cal}$/(mg/g)	R^2	k_2/[g/mg·min]	$q_{e,cal}$/(mg/g)	R^2	k_p/[mg/g·min]	C/(mg/g)	R^2
焙烧土	64.50	0.00124	49.25	0.947	5.35×10^{-4}	74.74	0.999	12.01	1.55	0.923

吸附等温线通常用于分析被吸附粒子在吸附剂表面上的分布情况，常用的吸附模型包括 Langmuir 模型和 Freundlich 模型，其中 Langmuir 模型的数学表达式为[39]：

$$\frac{C_e}{q_e}=\frac{1}{q_m K_L}+\frac{C_e}{q_m} \tag{3-11}$$

源于

$$q_e=\frac{q_m K_L C_e}{(1+K_L C_e)} \tag{3-12}$$

通过 C_e/q_e 与 C_e 关系拟合直线的斜率和截距可得到 q_m 和 K_L 的值。

Freundlich 模型的数学表达式为[40]：

$$\log q_e=\log K_F+\frac{1}{n}\log C_e \tag{3-13}$$

源于

$$q_e=K_F C_e^{1/n} \tag{3-14}$$

通过 $\log q_e$ 和 $\log C_e$ 作图拟合可以得到 K_F 及 n 的值。

式中 C_e——吸附达到平衡时的吸附质浓度，本研究为空气中的相对湿度（%）；

q_e——吸附达到平衡时，吸附剂上的平衡吸附量（mg/g）；

q_m——Langmuir 模型的常数，代表单层最大吸附量（mg/g）；

K_L——Langmuir 模型的参数，代表与吸附能量有关的、表征吸附质与吸附剂间亲和力的常数；

K_F——Freundlich 模型的参数，代表其吸附容量；

$1/n$——Freundlich 模型的参数，代表其吸附强度，$1/n<1$（$1/n>1$）表征有利于（不利于）吸附，提高（或降低）吸附量。

另外，吸附难易程度可用 R_L 来衡量，R_L 定义如下[41]：

$$R_L=\frac{1}{1+K_L C_0} \tag{3-15}$$

式中 C_0——吸附初始浓度（本研究中为相对湿度）。

R_L 的值反映了吸附剂吸附效果：当 $R_L>1$，表示吸附过程难进行，吸附效果差；$R_L=1$，表示吸附过程难易程度一般；$0<R_L<1$，表示吸附过程容易进行，吸附效果好；$R_L=0$，表示吸附过程不可逆。

硅藻土的平衡吸附量与环境相对湿度之间的关系数据点分布及相应分别采用 Langmuir 和 Freundlich 模型拟合的结果如图 3-32*a*、图 3-32*b* 所示，Langmuir 公式属物理吸附模型，适合于单、多分子层的吸附过程，而 Freundlich 模型属经验公式，各常数无明确物理意义，但适用范围更广，特别是中压（中等浓度）范围。从图 3-32*a* 可以看到，对于硅藻原土来说，Langmuir 公式适合于中低湿度条件下平衡吸附量的数据拟合，在高湿度条件下会出现明显偏差；而 Freundlich 公式尽管在低湿度下的拟合度不是十分理想，但整个测试湿度范围内，该公式均保持了较高的拟合度，如图 3-32*b* 所示。

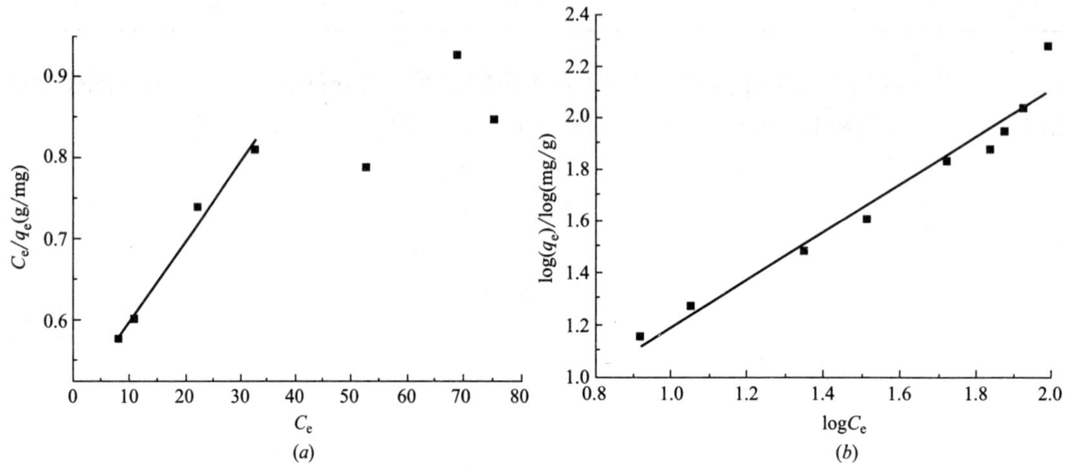

图 3-32 硅藻土平衡吸湿过程的吸附热力学拟合（293.15K）

（*a*）Langmuir 公式；（*b*）Freundlich 公式

不同温度和不同保温时间焙烧处理后硅藻土的 Langmuir 和 Freundlich 的相关系数和拟合数据如表 3-10。对比可知，硅藻土在 500℃和 600℃焙烧时，K_L 值随着温度升高而降低，说明随着保温时间的增加，硅藻土的吸湿能力有所降低，除原土外焙烧 500℃、保温 0.5h 的理论吸附量最高，达 58.824mg/g，而在焙烧 800℃时，K_L 与吸附量关系不明显，是由于在焙烧 800℃时，焙烧导致部分 Si-OH 断裂，进而与水分子结合，发生化学吸附，导致速度常数 K_L 增大，但实际上吸附量却逐渐降低。从表 3-10 中可看出 Langmuir 模型的相关系数均在 0.90 以上，而 Freundlich 模型的相关系数高低不等，存在低于 0.90 的值，是由于实际吸附存在化学吸附作用。R_L 的值均在 0 到 1 之间，说明本研究中的硅藻土吸湿过程较容易进行且吸附效果较佳，暗示硅藻土与水分子间主要为同相间的相互作用，如分子间作用力或静电作用，因而被吸附的水分子主要存在于硅藻土的表面，当有一个水分子占据吸附位后，其他分子便不能再被吸附，即相对湿度 35%以下以单层吸附量为主。

吸附等温线分析的相关系数（293.15K） **表 3-10**

试样		Langmuir 模型			Freundlich 模型			
		K_L(L/mg)	q_m(mg/g)	R^2	R_L	K_F	n	R^2
原土		0.0186	100.810	0.975	0.39～0.87	1.92	1.10	0.948
500℃	0.5h	0.0204	58.824	0.932	0.33～0.85	0.76	0.94	0.937
	1h	0.0204	29.351	0.933	0.33～0.85	0.38	0.94	0.938
	2h	0.0158	19.560	0.924	0.06～0.88	1.67	1.13	0.913

续表

试样		Langmuir 模型			Freundlich 模型			
		K_L(L/mg)	q_m(mg/g)	R^2	R_L	K_F	n	R^2
600℃	0.5h	0.0510	38.023	0.984	0.17～0.69	1.41	1.11	0.902
	1h	0.0483	36.062	0.985	0.18～0.70	1.19	1.06	0.901
	2h	0.0466	34.495	0.997	0.18～0.71	1.13	1.07	0.906
700℃	0.5h	0.0779	37.988	0.922	0.12～0.59	1.43	1.13	0.920
	1h	0.0329	37.693	0.951	0.24～0.77	0.91	1.04	0.939
	2h	0.0341	34.211	0.909	0.23～0.77	0.82	1.02	0.940
800℃	0.5h	0.0656	22.784	0.991	0.14～0.63	0.51	0.91	0.914
	1h	0.0876	17.265	0.960	0.10～0.56	1.38	1.17	0.855
	2h	0.1493	11.159	0.965	0.06～0.43	0.74	1.13	0.736

3.4　硅藻基水化硅酸钙粉体的吸放湿性能[27,28]

已有研究表明，水化硅酸钙特别是较低温度下形成的低结晶性水化硅酸钙 CSH（B）具有颇为可观的吸/放湿能力，其容量大小与水化硅酸钙的晶型及孔结构直接相关。需要注意的是，水化硅酸钙产物的吸/放湿性能随水热时间的延长呈现先升后降的趋势，究其原因，除了前文指出的晶型转变之外，因水化过程持续而带来的产物晶体长大、密实度提高，导致粉体颗粒内部水分子迁移困难也是个不可忽视的因素。从水分子渗透过程控制角度，在水化硅酸钙中引入适当数量的毛细孔（孔径 50～1000nm）甚至宏观大孔（孔径 1μm 以上）都是合理可行的。传统上，水泥混凝土生产过程中可以通过外加剂（引气剂、加气剂、泡沫剂等）的使用或者引入轻质填料如沸石、浮石、膨胀珍珠岩等在硬化水泥石结构中引入微米级、亚微米级孔隙，但对孔隙大小及孔容的控制能力不佳。此部分研究内容是以硅藻土为硅质原料和矿物模板，在水热反应条件下使硅藻土中的活性 SiO_2 原位转化为目标晶型的水化硅酸钙，从而在产物中充分保留硅藻土本征的有序孔结构特征，预期可获得更佳的湿度调节性能。

3.4.1　样品制备与表征

(1) 原料

实验用硅藻原土由辽宁东奥非金属材料开发有限公司提供，产自内蒙古某地。为了避免杂质砂子和有机杂质等的影响，对原土进行水洗处理。水洗处理后硅藻土的 BET 比表面积达到 70.60m^2/g，最可几孔径分布在 2～3nm、9～20nm，微孔、中孔的含量较多。化学成分主要为 SiO_2（质量分数 60.27%），杂质成分包括 Al_2O_3（15.34%）、Fe_2O_3（6.98%）等；XRD 衍射物相分析表明，该硅藻土含有大量的蛋白石质无定形矿物，杂质则主要以石英、蒙脱石等形式存在。

(2) 硅藻基水化硅酸钙的制备

称取一定质量的硅藻土，分多次放于大型量筒内，加大量水搅拌数分钟至分散均匀。

充分沉降后去除上层悬浮物，目的除去漂浮性杂质。剩余部分加水稀释，通过 200 目方孔筛（孔径～150 μm）。收集的筛下物，继续沉降 10h，去除上层悬浮液。经过水洗筛分，可充分排除大于筛孔尺寸的硅藻骨架碎片与黏土形成的聚集体以及砂子等。将得到的硅藻土试样放入烘干箱中在 105℃下进行烘干，烘干后磨成粉状装袋备用。

按表 3-11 以不同配比分别称取一定质量的硅藻土和氢氧化钙，将硅藻土和氢氧化钙放于研钵内，研磨充分并混合均匀。将研磨好的混合料取出并用滴管滴加 15%左右的蒸馏水进行润湿，边滴加蒸馏水，边压碎搅拌均匀。将大小合适的玻璃瓶放入水热反应釜的内胆中，再将润湿好的混合料装入内胆中。盖盖密封好后，将水热反应釜放入已达到设定温度的电热鼓风干燥箱内，保温数小时后取出冷却。待反应容器冷却到室温时，将混合料取出于 70℃下烘干至恒重。烘干后将混合料装袋密封放于干燥器内保存备用。

硅藻土与氢氧化钙水热合成实验的原料配料表 **表 3-11**

$Ca(OH)_2$/质量分数(%)	$Ca(OH)_2$/ SiO_2 摩尔比	硅藻土质量(g)	氢氧化钙质量(g)
26	0.45	3.58	1.26
32	0.59	3.29	1.55
38	0.83	3.00	1.84
44	0.99	2.71	2.13
50	1.27	2.42	2.42

(3) 吸放湿性能测定

硅藻土原土及硅藻基水化硅酸钙样品均呈粉末状，因此其吸放湿性能测定采用无机盐饱和溶液法（干燥器法），参照《建筑材料及制品的湿热性能 吸湿性能的测定》GB/T 20132，其中低湿环境由氯化镁（$MgCl_2 \cdot 6H_2O$）饱和溶液提供，相对湿度 $RH=33\%$；高湿环境由氯化钠（NaCl）饱和溶液提供，相对湿度 $RH=75\%$。与此同时，考虑到样品湿养护（$RH=33\%$）会遮蔽硅藻土的部分孔结构与吸放湿性能，此部分研究是将样品在 105℃烘干至恒重，然后直接放于高湿环境中进行 24h 吸湿容量测试。

(4) 微观结构表征

硅藻土原土及焙烧样品的微观结构表征手段包括：X 射线衍射物相分析，日本岛津 XRD-7000，波长 $\lambda=0.15406$nm，扫描速度 $0.04° \cdot s^{-1}$；扫描电子显微镜，日本日立 S-4800，样品表面喷金；全孔结构分析，美国麦克瑞恩 ASAP-2020。

3.4.2 硅藻基水化硅酸钙的微观结构

为分析水热处理对样品吸/放湿性能的影响，首先采用 SEM 扫描电镜、XRD 物相分析、氮等温吸附法全孔结构表征等技术手段对硅藻原土及水化后样品的微观结构进行了表征。

(1) XRD 物相分析

水热处理后硅藻土样品的 X 射线衍射特征如图 3-33、图 3-34 所示，由图 3-33 可知，随水热反应的进行，原料中匹配的氢氧化钙（$2\theta=18.00°$、$34.10°$、$47.09°$、$50.81°$、$54.36°$）被消耗，衍射峰逐渐削弱。蛋白石、蒙脱石、石英在水热条件下均可与钙质原料发生反应，生成以 CSH(B)（2θ＝29.38°、49.83°）和托贝莫来石（2θ ＝7.76°、15.93°、28.77°、31.59°、48.96°）为主的水化产物。但是由于石英反应的化学反应活性较蛋白石等相对较弱，因此其衍射峰变化并不明显。从图 3-33 可以看出，在保温时间同为 4h 时，CSH（B）的衍射峰强度随反应温度的提高而逐渐增加，在 240°C 水热温度下开始出现托贝莫来石的衍射峰，说明 240°C、4h 时产物由 CSH(B) 向高结晶性的托贝莫来石发生了晶型转化。

从图 3-34 可以看到，反应温度同为 200°C 时，CSH（B）的衍射峰强度随反应进行逐渐增加，在 6～8h 时开始出现了托贝莫来石的衍射峰，并随反应的持续进行其衍射强度有所增加。在 240°C（4h）时或 6h（200°C）时，样品的晶相结构开始出现托贝莫来石的衍射峰，而样品的吸/放湿率均在此时出现显著的降低，由此可推断出，CSH(B) 向高结晶托贝莫来石的晶型转变是导致样品吸/放湿性能下降的重要原因。

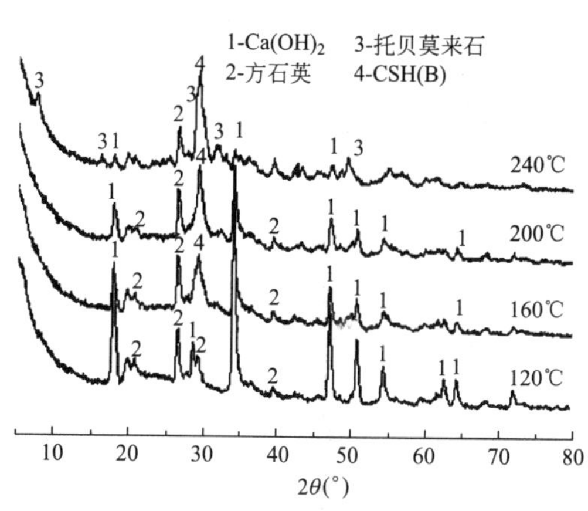

图 3-33　水热反应温度对样品 XRD 结构特征的影响

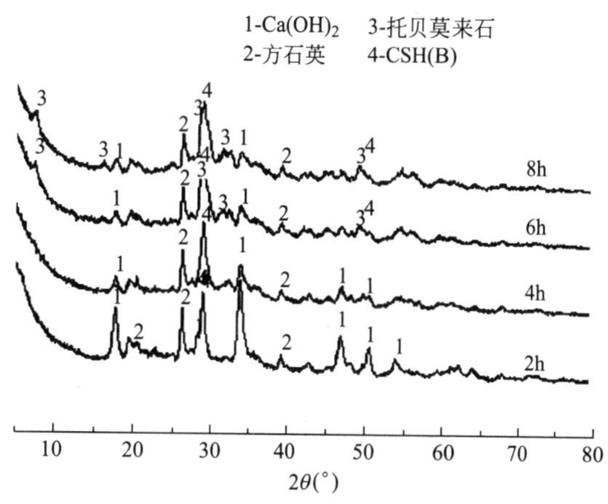

图 3-34　水热反应时间对样品 XRD 结构特征的影响

（2）SEM 观测

图 3-35、图 3-36 为水热处理对水化样品微观形貌的影响。由图 3-35 可知，保温时间为 4h 时，硅藻土与氢氧化钙低温下（120℃）水热合成后的产物结晶状态较差，无明显晶体外形，应为低结晶度的 CSH(B)；另一方面，产物中绝大部分硅藻壳体被产物包裹而只能见其形态轮廓。随水热温度的提高，产物结晶度逐渐增加，160℃开始出现类似于纤维状的水化产物，200℃时出现较为完整的针片状晶体（托贝莫来石），240℃时晶体进一步长大，并彼此搭接，硅藻土原料粉末被结合成一个整体。

图 3-36 给出了水热温度 200℃条件下，产物微观形貌随时间的演变规律。可以看到，随反应时间延长，结晶程度逐渐增加，针片状结晶体逐渐长大，在保温时间达到 4h 后产物中已看不到硅藻壳体的形态；在此（4h）之前，水化产物呈现为结晶度较差的膜状包裹于原料颗粒表面，逐渐充填、淹没硅藻壳的有序孔结构。

（3）孔结构分析

为充分解析水热过程对硅藻土孔结构的影响，本研究采用氮气吸附法测试分析了硅藻土水化样品的孔结构特别是介孔特征。图 3-37 为水热处理对样品氮等温吸附脱附曲线的

图 3-35 保温 4h 时，不同温度下硅藻土水化后样品的 SEM 图片

(a) 120℃；(b) 160℃；(c) 200℃；(d) 240℃

图 3-36 200℃时，不同反应时间下硅藻土水化后样品的 SEM 图片

(a) 2h；(b) 4h；(c) 6h；(d) 8h

影响，可以看出，吸脱附曲线类型从形状上符合国际纯粹与应用化学联合会 IUPAC 规定的第Ⅳ类吸附等温线的特征，即水化过程并未从根本上改变样品的孔隙结构特征。样品在低相对压力区并没有出现拐点，说明吸附剂与吸附质之间的吸附作用较弱，且微孔数量较少；在拐点与滞后环闭合点之间斜率较小的区间，代表形成了多层吸附；在等温线的后半段吸附量急剧增大，表明发生了毛细孔凝聚现象。在相对压力接近饱和蒸气压时等温线未出现平台，由此判断滞后环属于 H3 型。图 3-37 中滞后环所包围的面积随反应温度升高或保温时间延长均呈先增后减的趋势，与水化样品吸/放湿性能的变化规律一致；此外，图 3-37 所示曲线的变化规律也表明，适当的水热处理可使硅藻土样品的孔隙含量特别是介孔含量得到有效提高，对样品的吸/放湿过程也是有利的。根据水化硅酸钙产物的晶体结构与颗粒分布特点，分析认为大量介孔的存在应源自水化硅酸钙的堆聚结构也就是晶粒之间。

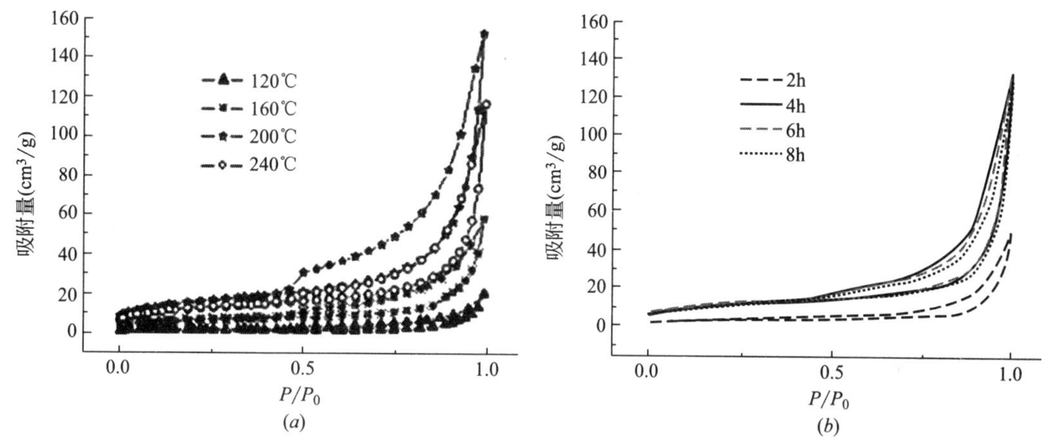

图 3-37　水热处理对样品氮气等温吸附脱附曲线的影响

（*a*）水热温度；（*b*）反应时间

从图 3-37 所示结果进行数学解析，得到如图 3-38*a*、图 3-38*b* 所示的水热反应温度和时间对硅藻土水热样品孔径分布的影响规律，其共同特征是在孔径范围 3～20nm 之间存在丰富的介孔结构。从图 3-38*a* 各曲线对比可以看出，随水热反应温度自 120℃逐步提高至 200℃，样品的 3～20nm 孔隙含量显著增大，但温度继续提高反而引起相应孔隙含量的降低；类似规律也出现在图 3-38*b* 中，不同水热反应时间所得样品的孔径分布曲线上，可以发现，同样在 200℃下，未反应的混合原料几乎不含介孔，随反应过程的进行，介孔含量显著提高，至反应时间 4h 达到最高值，而后随水热反应的继续进行，介孔含量略有降低。根据日本学者渡村信治的研究，如将吸/放湿过程看作水蒸气在细小孔隙上的可逆吸/脱附过程，孔径 3～20nm 之间的孔隙对材料的调湿性能最为有利[34]。由此设想，样品在该部分孔径的变化规律应与其吸/放湿性能基本一致。

3.4.3　硅藻基水化硅酸钙的吸放湿性能

(1) 水热处理的影响

本研究首先在静态吸附条件下测试了样品的吸/放湿性能，同时对比分析并重点探讨

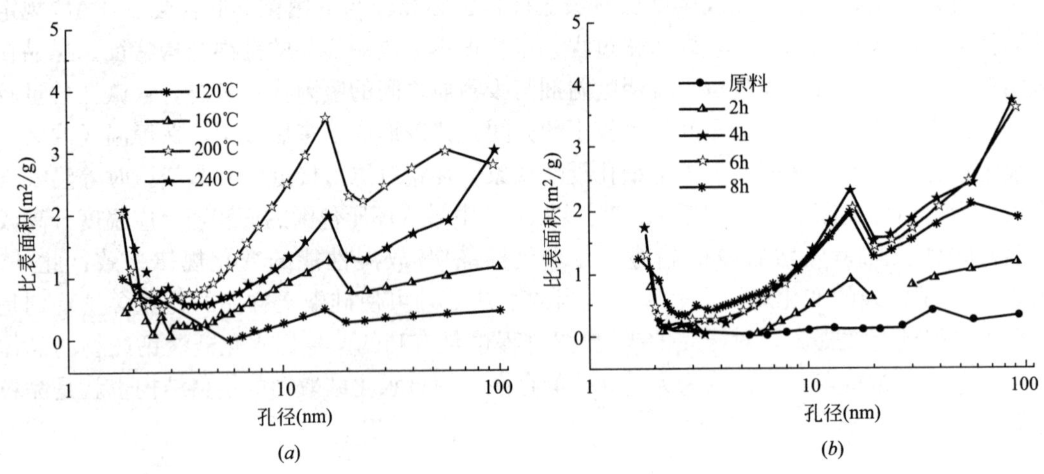

图 3-38 水热制度对样品孔径分布的影响

(a)水热反应温度；(b)水热反应时间

了保温时间和水热温度对水化样品吸/放湿性能和结构的影响。图 3-39 给出了水热处理对硅藻土水化样品吸/放湿性能的影响趋势。从图 3-39*a* 可以看出，反应时间相同的情况下，硅藻土水化样品的吸湿率和放湿率随水热温度升高均呈先升后降的趋势，其中温度 120～200℃之间，吸/放湿率近乎呈线性规律增长，并在 200℃时达到吸/放湿率的最大值，分别为 8.76%、3.32%，其后温度继续提高至 240℃时，吸/放湿率却显著降低至，降幅分别达到 43.72%、44.57%。从图 3-39*b* 则可以看出，在水热温度相同的情况下，硅藻土水化样品的吸/放湿率随保温时间的延长也呈先升后降的趋势，在 4h 时样品的吸/放湿率均达到最大值，分别为 8.31%、2.47%，但在水热时间 6h 时样品的吸/放湿率显著降低，仅为 7.16%、1.74%，降幅分别为 13.84%、37.18%；水热时间继续延长至 8h，样品的吸/放湿率降幅并不显著。从图 3-39 可知，在本实验中从硅藻土水热反应能够获得的最佳吸/放湿性能的水热工艺参数为 200℃、4h。

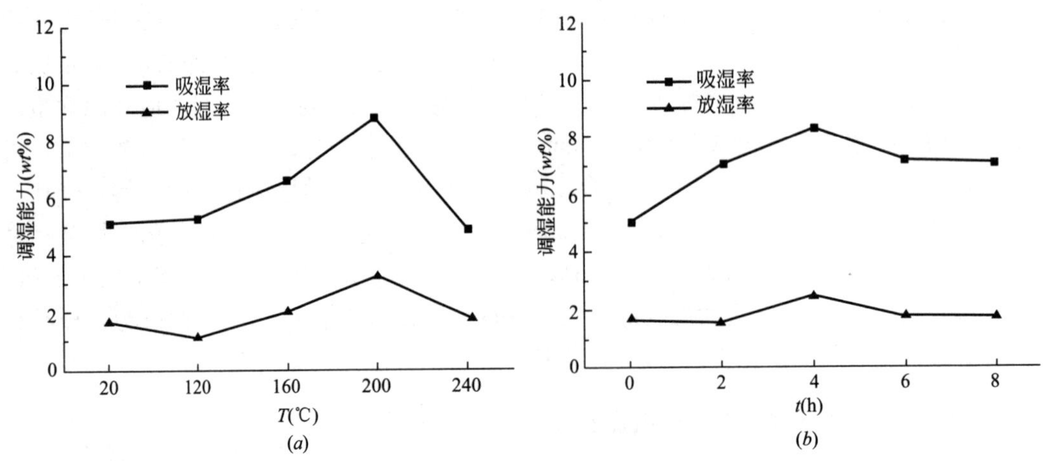

图 3-39 水热处理对样品吸/放湿性能的影响

(a)水热温度；(b)反应时间

考虑到毛细凝结和表面吸附对样品吸湿性的共同作用，测试分析样品吸/放湿性能与孔容（微孔+介孔，$d \leqslant 50$nm；介孔，$d = 2 \sim 50$nm）的关系。图 3-40*a*、图 3-40*b* 为水热处理制度对水化样品微孔+介孔孔容（孔径≤50nm）和吸湿率的影响。从图 3-40*a* 可以看出，水化样品在孔径 50nm 以下部分的孔容随水热温度升高呈先升后降趋势，与其吸湿性变化规律一致且具有较好的一致关系。类似规律也出现在水热反应时间的作用规律上，在图 3-40*b* 中，水化样品孔容（孔径<50nm）随保温时间延长呈先升后降趋势，与其吸湿率变化规律相同，也具有较好的一致性。另一方面，根据相关理论推断，样品的放湿率主要发生在介孔结构中。图 3-41*a*、图 3-41*b* 给出了水热处理制度对水化样品介孔孔容（孔径 3～50nm）和放湿率的影响，可以看出，水化样品在孔径 3～50nm 部分的介孔孔容与对应的放湿率变化规律具有良好的相关性。

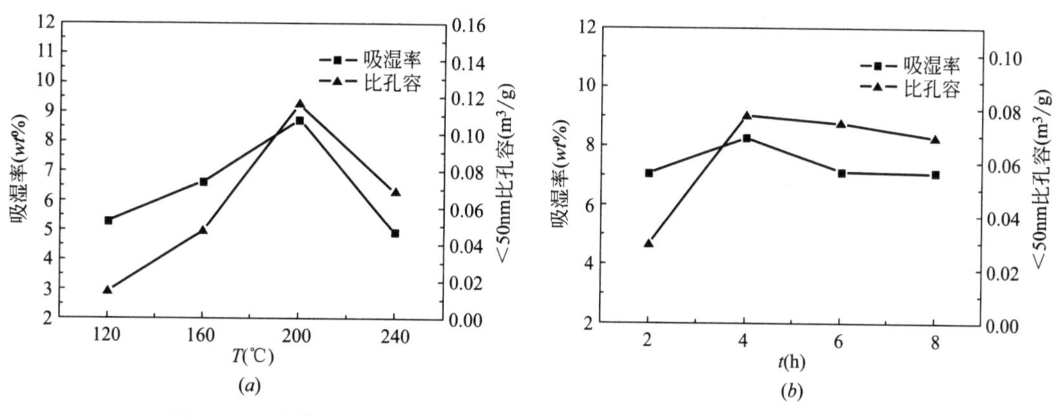

图 3-40　水热处理对水化样品孔容（孔径<50nm）和吸湿性的影响

（*a*）温度（4h）；（*b*）保温时间（200℃）

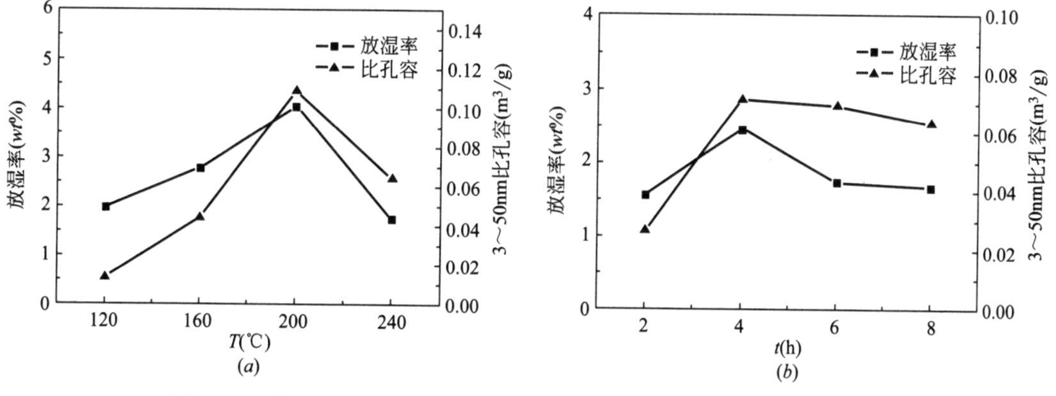

图 3-41　水热处理对水化样品孔容（孔径<50nm）和放湿性的影响

（*a*）水热温度；（*b*）反应时间

综上所述，吸/放湿测试数据及孔结构分析结果的综合，说明 3～50nm 范围内的孔隙（介孔）对硅藻土水化样品的调湿性能特别是更为重要的放湿性能起到主导作用，而孔径 50nm 以下的孔隙（微孔+介孔）含量与样品的吸湿率关联一致性较好，但与放湿率的关联一致性有一定不足，即相应范围的细小孔隙全部参与了 *RH* 0%～75%的吸湿过程，但环境相对湿度下降后，并非所有吸附水均可有效释放；介孔部分的贡献才是更为关键的。

(2) 原料配比的影响

通过上述实验确定了获得最好吸/放湿性能的硅藻土水热参数为水热温度200℃，保温时间4h。200℃、4h水化样品的XRD图谱中可以看到氢氧化钙有剩余（图3-33、图3-34）。为进一步确定氢氧化钙掺量对水化样品吸/放湿性能的影响，在200℃、4h条件下采用不同原料配比进行了水热合成实验。图3-42为Ca/Si摩尔比对水化样品吸/放湿性能的影响，可以看出，样品的吸/放湿率均随Ca/Si摩尔比增大而逐渐降低。Ca/Si摩尔比不超过0.83时配比对样品的吸/放湿率影响不大，吸湿率均在8%左右，放湿率在3%左右；Ca/Si摩尔比超过0.83时，吸放湿率显著下降。

图3-43为Ca/Si摩尔比对硅藻土水化样品XRD图谱的影响，由图可知，随Ca/Si摩尔比增大，氢氧化钙（$2\theta=18.00°$、34.10°、47.09°、50.81°、54.36°）衍射峰逐渐增强，表明氢氧化钙过剩量随Ca/Si摩尔比提高而增多；另一方面，所生成水化产物均以CSH(B)（$2\theta=29.38°$、49.83°）为主，其衍射峰强度随氢氧化钙掺量的提高而略有下降，可能与最终样品中氢氧化钙残余量增大有关，这一结果也会部分影响样品的吸/放湿能力，因为氢氧化钙的吸/放湿率几乎为0。实验结果表明，采用Ca/Si摩尔比为0.83的原料配比，对于硅藻基调湿建筑材料的生产过程及调湿性能优化是可以接受的。

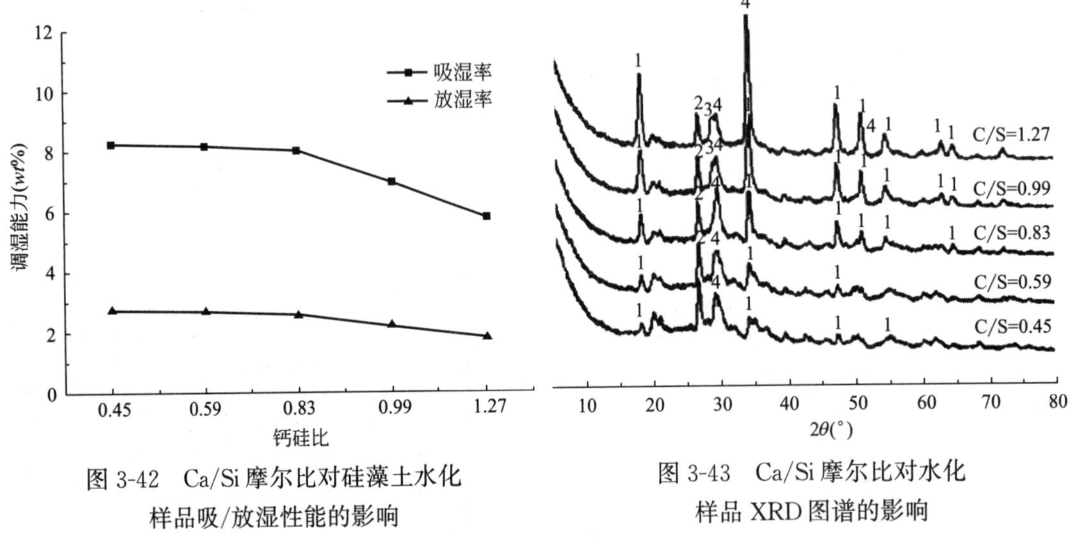

图3-42 Ca/Si摩尔比对硅藻土水化样品吸/放湿性能的影响

图3-43 Ca/Si摩尔比对水化样品XRD图谱的影响

3.5 本章小结

本章研究以内蒙古某地产硅藻土作为原料，经适当煅烧以调整优化其孔隙结构，进而与氢氧化钙进行水热合成，实现硅藻骨架的原位转化、固化，制备出具有良好调湿性能的硅酸盐水合矿物，探究焙烧制度、原料配比、水热合成工艺等对硅藻土及其水化样品吸/放湿性能的影响，通过对硅藻土微观结构和物相组成的解析，研究硅藻土及其水热转化样品的多孔有序的孔隙结构和吸/放湿能力。具体的结论如下：

(1) 硅藻原土因丰富的孔结构而表现出可观的吸/放湿能力，适当焙烧可进一步提高硅藻土的吸/放湿容量，原因在于焙烧处理减少颗粒表面的杂质，同时改变了硅藻土的孔径结构，其中 500℃焙烧的硅藻土其比表面积、平均孔径和最可几孔径较原土均有所增大，但焙烧温度过高和时间过长会导致孔结构的破坏，比表面积降低，特别是微孔部分消失殆尽，吸/放湿容量也随之减少。

(2) 从孔径分布规律上看，硅藻原土的最可几孔径主要集中在 2～3nm、9～11nm 和 48nm 附近。适当的焙烧处理可以显著改善硅藻土的调湿性能，具体表现为吸湿率降低、放湿率提高。焙烧处理未显著改变硅藻壳的微观形貌及蛋白石的物相结构，但对硅藻土的孔结构产生了明显影响：与硅藻原土相比，500 ～ 700℃焙烧硅藻土的微孔含量下降，而中孔含量提高；相应的孔隙含量随焙烧温度的提高或时间的延长而呈现不同程度的减少，在 800℃焙烧时尤为明显。建议焙烧温度 500 ～ 700℃、时间 0.5 ～ 1 h，温度过高或时间过长会导致硅藻土吸/放湿能力的降低。

(3) 焙烧过程对硅藻土的中孔含量与其吸/放湿能力特别是放湿率之间存在良好的一致性，不仅变化趋势相同，幅度也基本一致，表明中孔含量是影响硅藻土调湿性能的关键因素。

(4) 饱和吸附量法测定结果说明实际吸附同时存在物理吸附和化学吸附，而焙烧温度和保温时间对硅藻土平衡吸附量均有影响；吸附过程动力学则服从伪动力学二次模型，热力学分析表明吸附过程符合 Langmuir 等温吸附规律。

(5) 随着水热温度升高 (4h) 或保温时间延长 (200°C)，水化样品的吸放湿率呈先升后降的趋势，均在 200°C、4h 达到最大值。SEM 微观结构表征发现，随着水热反应进行，产物结晶程度逐渐增加，从无定形的水化硅酸钙凝胶向针片状的晶体转化；从 XRD 分析结果可知，样品中 CSH(B) 的衍射峰随反应进行逐渐增强，在 240°C、4h 或 200°C、6h 时出现托贝莫来石的衍射峰。

(6) 水化产物中足够多的 CSH(B) 对样品的吸/放湿性起到决定性作用，向托贝莫来石的晶型转变是样品吸/放湿性能显著降低的根本原因。水化产物中 3～50nm 孔径的孔隙对样品吸/放湿性能特别是放湿能力起到主导作用，而微孔部分 (孔径 2～3nm 之下) 对样品吸湿性有较大贡献。

本章参考文献

[1] A. V. Arundel, E. M. Sterling, J. H. Biggin, et al. Indirect health effects of relative humidity in indoor environments [J]. Environment Health Perspectives. 1986, 65 (3): 351-361.

[2] 孔伟. 硅藻土基调湿材料的制备与性能研究 [D]. 北京工业大学，2011：1-5.

[3] 西藤宫野，田中. 屋内湿度变化と壁体材料 [A]. 日本建筑学会主编，日本建筑学会研究报告：第 3 集. 福岗：秀巧社印刷株式会社，1949：21-25.

[4] 吴云，张贤明，陈彬，等. 聚丙烯酸钠树脂孔径调节及油水选择吸附平衡控制 [J]. 石油学报 (石油加工)，2013，29 (3)：470-476.

[5] 冯乃谦，李桂芝，邢锋. 调湿材料的研究 [J]. 新型建筑材料，1994，(6)：16-19.

[6] 罗曦云. 调湿材料的开发 [J]. 化工新型材料，1997，(3)：9-12.

[7] 封禄田，田一光，石爽，等. 蒙脱土/聚丙烯酰胺复合材料的制备和性能研究 [J]. 沈阳化工学

院学报，1999，13（1）：1-5.
[8] 冉茂宇. 日本对调湿材料的研究及应用 [J]. 材料导报，2002，16（11）：42-44.
[9] J. Y. Huang，Z. F. Jin，Y. P. Zhang. Introduction of hygroscopic material with high storage capacity [J]. Proceedings of the 2003-4th International Symposium on Heating，Ventilating and Air Conditioning. Beijing：Tsinghua University，2003，760-762.
[10] 李国胜，梁金生，丁燕，等. 海泡石矿物材料的显微结构对其吸湿性能的影响 [J]. 硅酸盐学报，2005，33（5）：604-605.
[11] 沈方红，罗曦芸，张文清，等. 羧甲基壳聚糖基调湿材料的制备及性能 [J]. 功能材料，2009，40（10）：1742-1746.
[12] 闰全智，贾春霞，冯寅烁，等. 被动式绿色调湿材料研究进展 [J]. 建筑节能，2010，38（12）：41-44.
[13] 任鹏，李秀辉，孟庆林. 玻化微珠保温砂浆的吸放湿及导热性能 [J]. 土木建筑与环境工程，2010，（4）：71- 75+95.
[14] 张楠，方淑英，夏玮，等. 功能性调湿材料的制备与表征 [J]. 功能材料，2013，44（3）：446-448.
[15] 佟钰，张君男，王琳，等. 硅藻土的水热固化及其湿度调节性能研究 [J]. 新型建筑材料，2015，（4）：14-16.
[16] X. S. Cheng，Z. Li ，H. Wang，et al. Adsorption-desorption performances of humidity controlling diatomite-based ceramics [J]. Advanced Materials Research，2014，1058：200-204.
[17] 寒河江昭夫，和美喜. 调湿性建材. 鹿岛建投技研年报，1987：225-231.
[18] M. Maeda，X. J. Wang，S. Tomura，et al. Preparation of firing bodies from mesoporous materials by selective leaching method and its water vapor adsorption [J]. The Ceramic Society of Japan，1998，106（4）：428-431.
[19] M. Maeda，M. Suzuki，F. Ohashi，et al. Water vapor adsorption of porous materials of $AlOOH-Al_2O_3$ [J]. The Ceramic Society of Japan，1998，110（2）：118-120.
[20] H. Fukumizu，S. Yokoyama，K. Kitamura. Study on a new humidity controlling material porous soil allophane-design of humidity controlling material [J]. Resources Processing，2005，52（3）：128-135.
[21] H. J. Kim，S. S. Kim，Y. G. Lee，et al. The hygric performances of moisture adsorbing/ desorbing building materials [J]. Aerosol and Air Quality Research，2010，10（6）：625-634.
[22] D. H. Vu，K. S. Wang，B. H. Bac，et al. Humidity control materials prepared from diatomite and volcanic ash [J]. Construction and Building Materials，2013，38（1）：1066-1072.
[23] 调湿功能室内建筑装饰材料 JC/T 2082—2011 [S]. 北京：中国建材工业出版社，2011.
[24] 建筑材料吸放湿性能测试方法 JC/T 2002—2009 [S]. 北京：中国建材工业出版社，2009.
[25] 建筑材料及制品的湿热性能　吸湿性能的测定 GB/T 20312—2006 [S]. 北京：中国标准出版社，2006.
[26] 建筑材料及制品的湿热性能　含湿率的测定　烘干法 GB/T 20313—2006 [S]. 北京：中国标准出版社，2006.
[27] 马秀梅. $CaO-SiO_2-H_2O$ 体系调湿材料的制备与性能 [D]. 沈阳建筑大学硕士学位论文，2016.
[28] 佟钰，马秀梅，张君男，等. 焙烧处理对硅藻土吸/放湿性能的影响 [J]. 硅酸盐通报，2016，35（7）：2204-2209.

[29] 王娜，郑水林. 不同煅烧工艺对硅藻土性能的影响研究现状 [J]. 中国非金属矿工业导刊，2012，(3)：16-20.

[30] 张秋菊，孙远龙，田先国. 云南寻甸硅藻土精制工艺研究 [J]. 硫酸工业，2007，(4)：49-52.

[31] 佟钰，朱长军，刘俊秀，等. 低品位硅藻土的水热固化与力学性能研究 [J]. 硅酸盐通报，2013，32 (3)：379-383.

[32] 王大志，许俊峰，范成高，等. 煅烧硅藻土结构的电镜分析 [J]. 无机材料学报，1991，6 (3)：354-356.

[33] 冀志江，侯国艳，王静，等. 多孔结构无机材料比表面积和孔径对调湿性的影响 [J]. 岩石矿物学杂志，2009，28 (6)：653-660.

[34] 渡村信治，前天雅喜. 多孔質ヤラミファスによる调湿材料の开發 [J]. 机能材料，1997，17 (2)：22-25.

[35] S. Lagergren. Zur theorie der sogenannten adsorption geloester stoffe [J]. Kungliga Svenska Vetenskapsakad. Handl.，1898，24 (4)：1-39.

[36] Y. S. Ho，G. Mckay. Pseudo-second order model for sorption processes [J]. Process of Biochemistry，1999，34 (5)：451-465.

[37] W. J. Weber，J. C. Morris. Kinetics of adsorption on carbon from solution [J]. Journal of Sanitary Engineer and Division American Society Chemical Engineering，1963，89 (1)：31-59.

[38] G. McKay，M. S. Otterburn，J. A. Aga. Fuller's earth and fired clay as adsorbents for dyestuffs Equilibrium and rate studies [J]. Water Air Soil Pollution，1985，24 (3)：307-322.

[39] I. Langmuir. The adsorption of gases on plane surfaces of glass，mica and platinum [J]. Journal of American Chemical Society，1918，40 (9)：2221-2295.

[40] G. C. Chen，X. Q. Shan，Y. Q. Zhou，et al. Adsorption kinetics，isotherms and thermodynamics of Atrazine on surface oxidized multiwalled carbon nanotubes [J]. Journal of Hazards Materials，2009，169 (1-3)：912-918.

[41] S. Chakravarty，S. Pimple，S. Hema，et al. Removal of copper from aqueous solution on using pulp as adsorbent [J]. Journal of Hazards Materials，159 (2-3)：396-403.

第 4 章　硅藻土水热固化体的绝热性能

4.1　概述

随着城市建设的高速发展，我国的建筑能耗逐年上升，加上每年房屋建筑材料生产的能耗（约 13%），建筑总能耗已达全国能源总消耗量的 48%，严重限制了我国的经济高速发展。可以想见，建筑节能已经成为关系我国建设低碳经济、完成节能减排目标、保持经济可持续发展的国家重要决策之一。目前，全国各地区针对新建住宅和公共建筑普遍执行了“节能 65%”的标准，力争尽早实现 75%的节能目标。

作为建筑节能的重要环节之一，建筑绝热材料通过改善建筑围护结构的热工性能，主要发挥保温隔热两方面作用：在灼热的夏季尤其是热带亚热带地区应减少室外热量向室内的传递，即隔热；在北方冬季则能够减少室内热量的流失，即保温。建筑绝热材料的使用可使得室内热环境得到明显改观，同时减少建筑的冷、热消耗，起到节能减排的应用效果。一般来说，建筑绝热材料的费用不足总投资的 3%～6%，而节能效果却能达到总体指标的 20%～40%，对环境舒适度、室内空气质量以及视觉效果等也有较大影响。

4.1.1　建筑绝热材料

一般来说，建筑用绝热材料以节能、节地、利废和改善建筑功能为目的，应满足保温隔热、防火阻燃、抗水防裂以及一定的装饰性等要求。对于室内使用的内墙保温材料来说，往往还要强调安全无害、调温调湿、甲醛消除、抑菌防霉、吸音降噪、除烟去味等功效。

根据使用位置不同，建筑保温材料可分为外墙保温材料、内墙保温材料和屋面保温材料等，或者按照主要化学成分差别分为无机保温材料和有机保温材料两大类。目前常用的建筑绝热材料主要有岩棉、矿棉、玻璃棉、珍珠岩、蛭石、发泡聚苯乙烯、聚氨酯泡沫、发泡水泥、加气混凝土等。就墙体节能而言，复合墙体逐渐取代传统墙体，逐渐成为建筑墙体的主流。复合墙体是在承重结构（块体材料或钢筋混凝土）基础上，复合适当的保温隔热材料，或者直接将保温隔热材料作为墙体充填于框架结构之中。

4.1.2　绝热材料的性能评价指标——导热系数

导热系数是评价建筑材料保温绝热性能的最重要物性参数之一，其大小与建筑能耗、室内环境及很多热湿过程息息相关。一般来说，凡在平均温度不高于 350℃情况下，导热系数不大于 0.12W/(m·K) 的材料即可称为保温材料，而导热系数在 0.05W/(m·K) 以下的材料则可称为高效保温材料。在热流密度和厚度相同时，随导热系数的减小，绝热材料高温侧壁面与低温侧壁面之间的温度差会随之增大。

(1) 导热系数定义

导热系数，也称热导率，物理符号通常采用 λ 或 K，是指在稳定传热条件下，1m 厚的材料，两侧表面的温差为 1 度（K 或℃），在 1s 内，通过 $1m^2$ 面积传递的热量，单位为瓦/(米·度)［W/(m·K)］。

根据傅立叶定律，热导率的定义式为：

$$\lambda_x = -\frac{q''_x}{\left(\dfrac{\partial T}{\partial x}\right)} \tag{4-1}$$

式中　x——热流方向；

q''_x——x 方向上的热流密度（W/m^2）；

$\left(\dfrac{\partial T}{\partial x}\right)$——$x$ 方向上的温度梯度（K/m）。

导热系数仅针对传导的传热形式。当存在其他形式的热传递形式时，如辐射、对流、传质或多种传热形式复合的传热过程，该性质通常可称为表观导热系数、显性导热系数或有效导热系数。此外，导热系数是针对均质材料而言的，实际情况下还存在有多孔、多层、多结构、各向异性材料，则所获得的导热系数实际上是一种综合导热性能的表现，也称之为平均导热系数。

固体是由自由电子和原子组成的，原子又被约束在规律排列的晶格中，相应的热能传输是通过自由电子迁移或者晶格振动来实现的。当视为准粒子现象时，晶格振动子也称为声子。纯金属中，电子对导热贡献最大，而在非导体中，声子的贡献起主要作用。在所有固体中，金属是热的良导体，但其导热系数一般随温度升高而降低。

(2) 导热系数测定方法

导热系数的测量方法很多，根据不同的测量对象和测量范围有各种适用的方法。从传热机理上分，包括稳态法和非稳态法：稳态法包括平板法、护板法、热流计法、热箱法等；非稳态法又称为瞬态法，包括热线法、热盘法、探针法、激光法等。根据试样的形状又可以分为平板法、圆柱体法、圆球法、热线法等。不同的测试方法各有适用范围，比如平板法适合于导热系数较低的保温材料，而液体的导热系数测量需要在很快的时间内获得，因为液体容易发生自然对流，影响测试结果。

原则上来讲，稳态法是一种基准方法，最开始是用于检验其他方法测试精度的依据。稳态法是通过热源在样品内部形成一个稳定的不随试件变化的温度分布场，通过测定流过试样的热量和温度梯度等参数来求出物质的导热系数。稳态法具有原理清晰、模型简单、准确直观、适温范围大等优点，但也存在实验条件苛刻、测试时间长、对样品和测试环境要求较高等缺点。

以应用最普遍的平板法为例，依据《绝热材料稳态热阻及有关特性的测定》GB/T 10294，其测量方法为双板防护热板平衡法测量方式，测量过程中，将两块标准尺寸（表面平整，尺寸范围在 300mm ×300mm×5～45mm）的试件夹紧于热护板和冷板之间进行测定[1]。对于构建墙体的非均质材料，《墙体材料当量导热系数测定方法》GB/T 32981 规定，可将填充体（已知导热系数的材料如聚苯板）、试件（置于填充体中）安装在－15℃冷箱和 25℃的计量箱（热箱）之间，控制冷箱和计量箱的温度保持热传导平衡，在同一工况下，分别测量通过填充体和试件的热流量，根据温度和功率的变化计算出试件的当量导热系数；被测试样（或其组合体）的长宽尺寸应为500mm×500mm，厚度自选[2]。

导热系数非稳态测定方法中以瞬态热线法的应用较为普遍，理论上可用于测量固体、液体或气体的导热系数，是当前导热系数研究领域内公认的最佳测试方法。《非金属固体材料导热系数的测定 热线法》GB/T 10297—2015 规定，对于不导电且导热系数小于2W/(m·K)的各向同性均质非金属固体，可采用热线法测量其导热系数大小。作为一种测定材料导热系数的非稳态方法，热线法的工作原理是在匀温的各向同性均质试样中放置一根电阻丝，即“热线”，使其以恒定功率放电，则热线及其附近试样的温度会随时间升高。根据其温度随时间变化的关系，可确定试样的导热系数。GB/T 10297 中规定，热线法测定导热系数时的试样应为两块尺寸不小于40mm×80mm×114mm的互相叠合的长方体或者两块横断面直径不小于80mm、长度不小于114mm的半圆柱体叠合成的圆柱体[3]。

4.1.3 多孔材料导热系数及其主要影响因素

一般来说，固体的导热系数高于液体，而液体的导热系数又要比气体的大。这种差异很大程度上是由于不同状态分子间距不同所导致。因此，在固体材料中引入大量孔隙，是改善材料绝热性能的最常用手段，即使这些孔隙被水等流体所占据，其有效导热系数也会明显低于密实的块体材料。对于保温隔热用途的多孔材料来说，可以将多孔材料看做是由固相和气相所组成的两相系统。从热传导的角度考虑，多孔材料的导热特性一方面决定于固体骨架和孔隙内流体的本征的导热系数，另一方面还取决于固体骨架的空间结构如孔隙率以及孔隙的大小、形状、空间分布等，其中孔隙率的影响最为显著。

多孔材料一般可分为两大类，一类是气孔分散于连续介质内部的“内部多孔材料”，另一类是颗粒状物体堆聚而成的“外部多孔材料”。由于空气的导热系数较小，因此可以认为热量传导的路径是在温度梯度的驱动下，热流尽可能绕过气孔而在连续介质中发生的热传导。

与常规材料不同的是，多孔材料内部的热传导过程较为复杂，可能存在导热、对流、辐射等多种传热模式，其中哪种传热模式占主导地位，不仅决定于材料自身的构造与特点之外，同时受到环境状况特别是湿度条件的显著影响。

一般来说，随着温度升高或含湿量的增大，典型建筑材料的导热系数都呈增大的趋势。对于多孔材料而言，当其受潮后，潮湿空气（含一定量水蒸气）的导热系数会略高于干燥空气，但影响不显著；只有当液态水替代微孔中原有空气的情况下，由于液态水的导热系数［约为0.59W/(m·K)］远大于空气的导热系数［约0.026W/(m·K)］，加上特殊的毛细水作用，使材料内部的导热方式由单一的导热向（导热＋对流）转换，导致含湿材料的导热系数大大提高。因此，材料的含湿量越高，导热系数也越大。另一方面，潮湿材料在受冻情况下其内部结构中的水分在低温下凝结成冰，由于冰的导热系数高达2.2W/(m·K)，也会导致材料整体的导热系数增大。

与受潮带来的影响不同，温度升高会引起分子热运动的加剧，频率加快、振幅增大，促进固体骨架的导热及孔隙内流体的对流传热。此外，孔壁之间的辐射换热也会因为温度的升高而加强。若材料含湿，则温度梯度还可能造成重要影响：温度梯度将形成蒸气压梯度，使水蒸气从高温侧向低温侧迁移；在特定条件下，水蒸气可能在低温侧发生冷凝，形成的液态水又将在毛细压力的驱动下从低温侧向高温侧迁移。如此循环往复，类似于热管的强化换热作用，使材料表现出来的导热系数明显增大。

4.2　复合结构的导热系数计算模型[4]

在只需考虑热传导作为唯一传热途径的情况下，可以根据构造特点将常见的建筑保温材料简化为结构规整、各向同性的非均质部件，或者由此类构件形成的复合结构，其有效导热系数可以用几种基本模型加以确定。以最简单的两相系统为例，所组成复合结构的导热系数不仅取决于各组成部分自身的性能，还与系统的构造形式有关。

4.2.1　串联模型

串联模型的结构示意图如图 4-1 所示，适用于不同组分以层状结构叠加而成的非均质材料，热量流动从上而下依次通过每一层材料。该模型的有效导热系数计算公式为：

$$\lambda = \frac{1}{V_1/\lambda_1 + V_2/\lambda_2} \tag{4-2}$$

式中　λ——模型的有效导热系数；

λ_1——第一相的导热系数；

λ_2——第二相的导热系数；

V_1、V_2——分别为第一相、第二相的体积分数，$V_1 + V_2 = 1$。

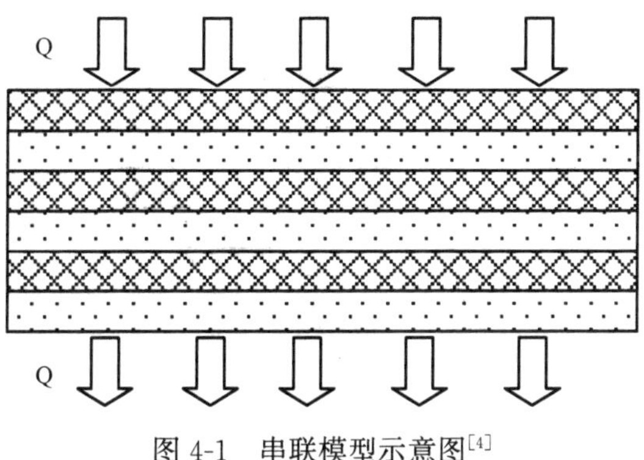

图 4-1　串联模型示意图[4]

4.2.2　并联模型

并联模型的结构示意图如图 4-2 所示，同样适用于不同组分以层状结构叠加而成的非均质材料，但热量流动不同于串联模型，而是从上而下同时通过不同的材料。该模型的有效导热系数计算公式为：

$$\lambda = \lambda_1 \times V_1 + \lambda_1 \times V_1 \tag{4-3}$$

4.2.3　Maxwell-Eucken 模型

该模型结构如图 4-3 所示，代表一种介质均匀分散于另一介质中，且分散相中的气孔

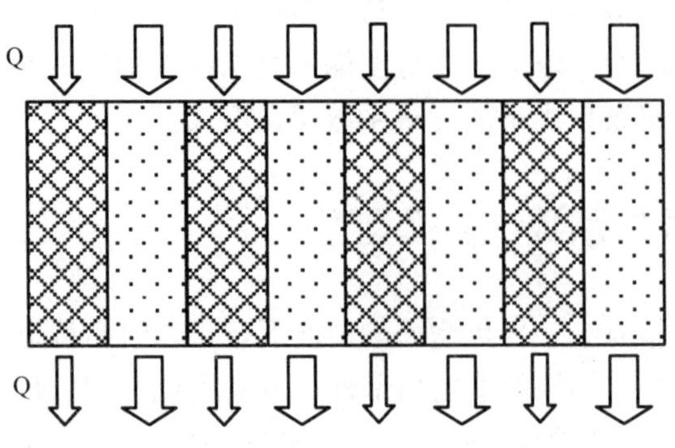

图 4-2 并联模型示意图[4]

不连通。如连续相的导热系数大于分散相，则 Maxwell-Eucken 模型的有效导热系数计算公式为：

$$\lambda=\lambda_1\times\frac{2\lambda_1+\lambda_2-2(\lambda_1-\lambda_2)\times V_2}{2\lambda_1+\lambda_2+(\lambda_1-\lambda_2)\times V_2} \tag{4-4}$$

式中 λ——模型有效导热系数；

λ_1——连续相的导热系数；

λ_2——分散相的导热系数；

V_2——分散相的体积分数。

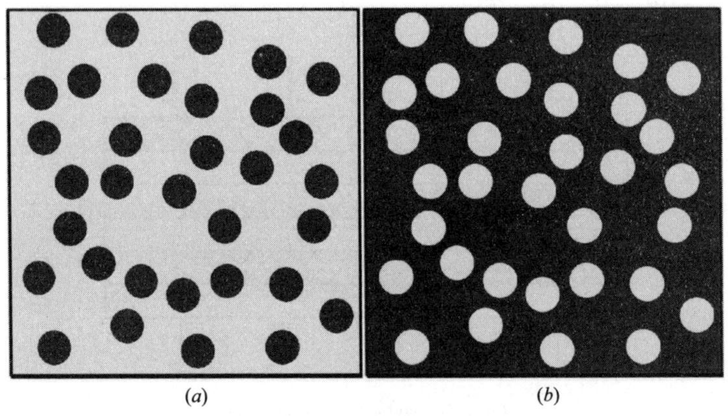

图 4-3 Maxwell-Eucken 模型示意图[4]

（a）连续相导热系数大于分散相；（b）连续相导热系数小于分散相

如连续相的导热系数小于分散相，则 Maxwell-Eucken 模型的有效导热系数计算公式为：

$$\lambda=\lambda_2\times\frac{2\lambda_2+\lambda_1-2(\lambda_2-\lambda_1)\times V_1}{2\lambda_2+\lambda_1+(\lambda_2-\lambda_1)\times V_1} \tag{4-5}$$

式中 λ——模型有效导热系数；

λ_1——连续相的导热系数；

λ_2——分散相的导热系数；

V_1——连续相的体积分数。

4.2.4 EMT 模型

EMT 模型结构如图 4-4 所示，材料内部两种组分随机分布，每一相既不连续也不分散；每一种组分能否形成导热网络，取决于组分的量。其有效导热系数应满足如下关系公式：

$$V_1 \times \frac{\lambda_1 - \lambda}{\lambda_1 + 2\lambda} + V_2 \times \frac{\lambda_2 - \lambda}{\lambda_2 + 2\lambda} = 0 \tag{4-6}$$

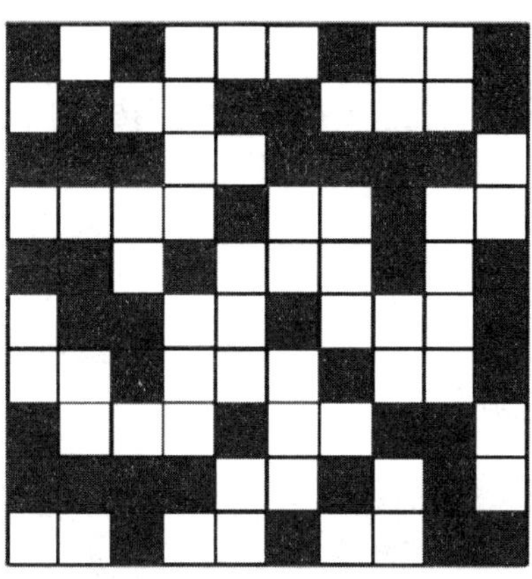

图 4-4　EMT 模型示意图[4]

4.3 硅藻土水热固化体的导热系数[5,6]

硅藻土具有本征的轻质、多孔结构特点，同时也表现出较强的可塑性、粘结性、烧结性，采用烧结法或者压蒸法形成块体材料后可以在很大程度上保留固有的孔隙结构特征。这些微小孔隙不仅能够减轻结构自重、调节环境温/湿气氛，还可以起到隔阻热量传递、保持室内外温差，也就是保温隔热的作用，构成建筑节能减排的重要技术环节。

4.3.1 原材料

实验所使用的原材料主要包括高纯度硅藻土（购自吉林省天福硅藻土有限公司，$SiO_2 \geqslant 90\%$，其他基本化学组成如表 4-1 所示）、氢氧化钙（分析纯）和自来水。

硅藻土的主要理化性能和基本化学组成　　表 4-1

烧失量(%)	平均粒径(μm)	体积密度(g/cm^3)	化学组成(%)		
			SiO_2	Al_2O_3	Fe_2O_3
≤2.0	40	0.38	≥90	≤4.5	≤1.5

4.3.2 样品制备与表征

根据前期实验成果[7,8]，控制原料钙硅比为 0.7，用水量 10%，经均匀分散后，采用预先确定的轴向压力压制成不同表观密度的圆柱形试样。试样直径和高度均统一为30mm。脱模后试样置于反应容器中进行水热固化，反应参数固定为200℃、6h。固化试样在80℃干燥至少12h，然后进行使用性能和微观结构的对比测试。

导热系数测定仪（瑞典 Hot Disk 公司 TPS 2500 型，热线法工作原理）测试其热导率，在每种表观密度条件下，至少测试三个试样，测试时根据热流传递方向分为轴向和径向，目的显示样品性能的取向性。测试后的试样分别通过扫描电镜（日立 S-4800）进行微观形貌观察和压汞法（厦门同昌源电子有限公司 AutoPore Ⅳ型）测试其孔径分布特征。

4.3.3 结果与讨论

模压成型工艺是建筑砌块成型和密度控制的常用技术手段之一。本实验中，随着成型压力的缓慢提高，硅藻土水热固化体试样的表观密度从 0.76g/cm^3 逐步提高到1.43g/cm^3。扫描电镜 SEM 下观察发现，颗粒间微米级宏观孔隙的逐渐消失，以及颗粒聚集体尺寸的显著减小，如图 4-5 所示。因为扫描电镜观察无法提供硅藻土水热固化体试样孔隙结构随成型压力而变化的定量证据，研究中进一步通过压汞法测试样品内部的孔结构，尤其是孔径分布特征和孔隙率。

图 4-5 不同表观密度石灰-硅藻土-水系统水热固化体的扫描电镜照片

试样表观密度：(*a*) 0.76g/cm^3；(*b*) 0.97g/cm^3；(*c*) 1.20g/cm^3；(*d*) 1.43g/cm^3

图 4-6 给出了硅藻土水热固化体试样表观密度与导热系数之间的关系规律，可以看到，表观密度越大，导热系数也越高，两者之间大致呈线性关系。随成型压力减小，样品表观密度也逐步由 1.43g/cm^3 降低至 0.76g/cm^3，导热系数 0.66W/(m・K) 降低至0.12W/(m・K)。另一方面，值得指出的是，对于模压成型的水化硅酸钙块体来说，其导热性能存在一定的方向性，具体表现为沿圆柱形样品径向所测的导热系数值通常要低于轴向的导热系数测量值，见图 4-7；比较而言，密度相对较低情况下如 0.76g/cm^3 硅藻土水

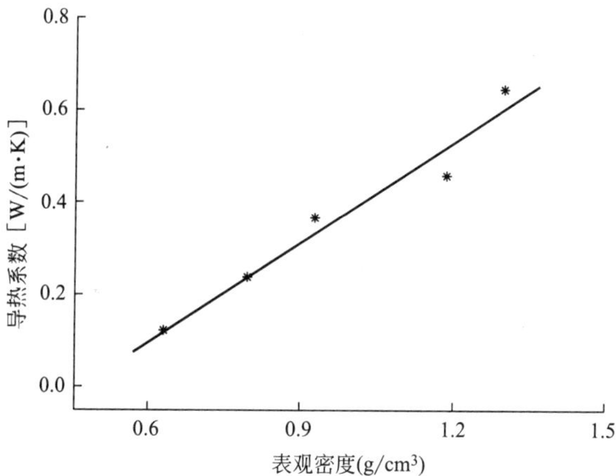

图 4-6 硅藻土水热固化体的表面密度-导热系数关系

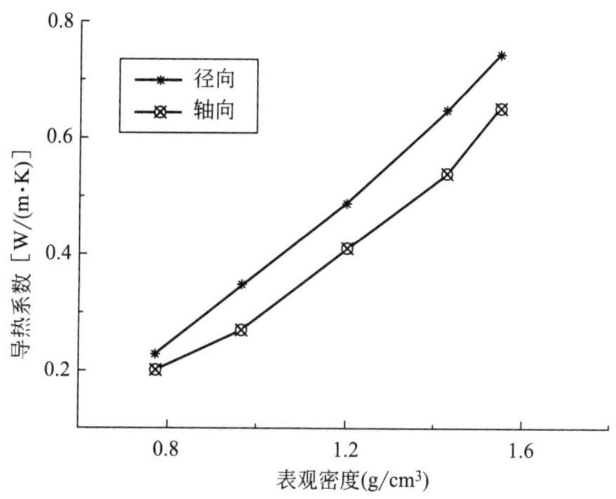

图 4-7 硅藻土水热固化体样品的导热系数

热固化体试样来说，其导热系数的各向异性相对更小。产生这一现象的原因是轴向压缩成型过程中，在外界压力作用下，原料固体颗粒发生位移、重排及压缩，从而形成更为密实的结构；受此影响，圆柱状硅藻土水热固化体试样沿轴线方向的孔隙率相对较高，因此也更为密实、均匀，由此表现为相应方向上导热系数更高。

4.4 本章小结

（1）通过增加模压成型过程的单轴压缩外力，硅藻土水热固化体试样的宏观孔隙（>1μm）显著减少并且在高压下最终消除，然而在纳米尺度上的孔隙则几乎不发生变化，即使成型压力高达 100MPa。

（2）对于所制备的硅藻土水热固化体而言，在成型压力工作范围内，随成型压力增大，样品的表观密度与导热系数同时提高，两者之间大致呈线性关系。

（3）受模压成型过程中单轴压缩力作用，硅藻土水热固化体的导热系数表现出一定的各向异性，具体为轴向的导热系数普遍低于沿着直径方向的导热系数值，尤其是在高成型压力情况下。

本章参考文献

[1] 绝热材料稳态热阻及有关特性的测定 GB/T 10294—2008 [S]. 北京：中国标准出版社，2008.

[2] 墙体材料当量导热系数测定方法 GB/T 32981—2016 [S]. 北京：中国标准出版社，2016.

[3] 非金属固体材料导热系数的测定 热线法 GB/T 10297—2015 [S]. 北京：中国标准出版社，2015.

[4] 付文强，高辉，薛征欣，等. 多孔材料有效导热系数的实验和模型研究 [J]. 中国测试，2016，42 (5)：124-130.

[5] 佟钰，高见，夏枫，等. Hydrothermal solidificaiton of diatomite and its heat insulating property [J]. 沈阳建筑大学学报（自然科学版），2012，28 (1)：110-115.

[6] 佟钰，夏枫，高见，等. 孔径分布特征对水热固化硅藻土使用性能的影响 [J]. 硅酸盐通报，2014，33 (6)：1309-1313.

[7] 佟钰，朱长军，刘俊秀，等. 低品位硅藻土的水热固化过程及其力学性能研究 [J]. 硅酸盐通报，2013，32 (3)：379-383.

[8] 佟钰，高见，夏枫，等. 硅藻土的水热固化与导热性能研究 [J]. 沈阳建筑大学学报（自然科学版），2012，28 (1)：110-115.

第 5 章　硅藻土的甲醛吸附性能

随着生活水平的不断提高以及健康意识的觉醒，广大人群对居留环境的舒适性和安全性越来越重视。另一方面，室内环境污染问题则有所加剧，甲醛、苯、PM2.5 等逐渐成为常见的室内空气污染物，其中甲醛以其来源广泛、危害大、持续时间长等特征被视为首要的室内污染物。作为一种无色无味但具有强烈刺激性的挥发性有害气体，甲醛在空气中超过一定浓度就会引起眼、鼻、咽喉、气管等部位的明显不适，还可通过与蛋白质发生甲酰化反应，造成人体肺部、免疫系统、中枢神经等的功能性损伤甚至危及生命。硅藻土具有发达、有序的孔隙结构，比表面积大、吸附能力强、化学性质稳定，适用于研发硅藻泥、硅藻涂料、硅藻功能壁材等建材产品，在保温绝热、湿度调节、甲醛脱除、抑菌防霉等方面均可发挥重要作用。但应指出的是，针对硅藻土的甲醛吸附真实能力及其作用机制目前仍存在一定争议。此部分研究旨在探明硅藻土的甲醛吸附能力及其作用机制，预期为硅藻基甲醛吸附剂的研制开发与应用推广提供理论指导和技术支持。

5.1　概述

5.1.1　甲醛及其危害

甲醛，分子式 HCHO，易挥发，无色无味但有强烈刺激性。甲醛对人体健康的影响主要表现在嗅觉异常、刺激、过敏、肝肺功能异常、免疫功能异常等方面。通常情况下，空气中的甲醛浓度达到 0.08～0.09mg/m^3 时，就会引起儿童轻微气喘；浓度达到 0.1mg/m^3 时，人体感受到异味和不适感；达到 0.5mg/m^3 时，可刺激眼睛、引起流泪；达到 0.6mg/m^3，出现咽喉不适或疼痛；浓度更高时，可引起恶心呕吐，咳嗽胸闷，气喘甚至肺水肿；达到 30mg/m^3 时，会立即致人死亡[1-3]。

长期接触低剂量甲醛的危害有：引起慢性呼吸道疾病，引起鼻咽癌、结肠癌、脑瘤、细胞核的基因突变、DNA 单链内交连、DNA 与蛋白质交连及抑制 DNA 损伤的修复，引起妊娠综合征、新生儿染色体异常、白血病，引起青少年记忆力和智力下降。

作为较高毒性的物质，甲醛在我国有毒化学品优先控制名单上高居第二位，同时也被世界卫生组织确定为致癌和致畸形物质，是公认的变态反应源，也是潜在的强致突变物之一。

5.1.2　甲醛来源

甲醛来源主要分为室外来源和室内来源。

(1) 室外来源

室外甲醛主要来源于自然环境和人为环境。自然环境中产生的甲醛主要来自植物挥发、森林火灾、动物排泄物释放、微生物活动等。人为环境排放甲醛则主要是由于作为广泛使用的工业原料的甲醛，在其生产、运输、储存、使用和废弃物处置过程中所发生的甲醛挥发、泄露等；此外，燃料、烟草、木材、秸秆等燃烧不完全时也会产生大量甲醛，工业废气、汽车尾气、酒精生产、炼油厂等也会释放甲醛或者可以间接形成甲醛的物质。

(2) 室内来源

甲醛经常作为人工合成粘结剂的有机原料，具有粘固性好、价格低廉、应用广泛等优点，主要用于家具、人造板材、涂料、乳胶漆、合成纤维、地板革、塑胶制品以及装饰立面和平面墙体等。此外，部分食物、纺织品、化妆品、清洁剂、消毒剂、杀虫剂、印刷油墨等也可能含有甲醛组分。这些包含于建筑材料或生活用品中的甲醛释放速度慢，作用周期长，所产生的危害影响不易察觉。

5.1.3 室内甲醛卫生标准

我国提出来很多相关标准严格控制甲醛所引起的室内污染问题，例如，《居住空气中甲醛的卫生标准》GB/T 16127 规定空气中甲醛的允许含量为 0.08mg/m^3[4]；《室内空气质量标准》GB/T 18883 规定室内空气中甲醛含量限值为 0.10mg/m^3（1h 均值），适用于住宅和办公建筑[5]；《民用建筑工程室内环境污染控制规范》GB 50325 中则根据建筑性质不同，规定Ⅰ类民用建筑工程（住宅、医院、学校、幼儿园、老年建筑等建筑工程）要求含量不大于 0.08mg/m^3，Ⅱ类民用建筑工程（办公楼、商店、旅馆、图书馆、体育馆、文化娱乐场所等建筑工程）含量不大于 0.10mg/m^3[6]。

5.1.4 甲醛检测方法

为判定现场环境甲醛浓度，正确评价环境材料的甲醛脱除效果，常采用有效、可靠的甲醛检测方法。检测甲醛浓度的方法有很多种，常用的有分光光度法、色谱法（液相或气相）、电化学检测法、传感器法等。

(1) 分光光度法

分光光度法是基于不同分子结构对电磁辐射的选择性吸收而建立的一种定量分析方法，是甲醛检测最常规、符合国家标准规定的一种甲醛检测方法。可用于甲醛检测的分光光度法有 10 余种，其中较为常用的是乙酰丙酮法（GB/T 15516）[7]、酚试剂法（GB/T 18204.26）[8]、AHMT 法（GB/T 16129）[9] 等。每种方法各有优缺点，适用的范围也有所不同。

1）乙酰丙酮法

在乙酸铵过量的缓冲溶液中，甲醛和乙酰丙酮在沸水浴中反应生成黄色的二甲基二乙酰基吡啶，使用分光光度计在最大吸收波长 415nm 处比色测定其吸光度，计算分析其甲醛含量。该方法检测范围较大，一般为 0.05～3.2mg/L，而且特异性好，不容易受其他醛类的干扰，具有较好的检测稳定性，适合高含量甲醛的检测，比如居室、水产品的甲醛含量测定。

2）酚试剂法

酚试剂法，即 MBTH 法，是利用甲醛与酚试剂（3-甲基-2-苯并噻唑腙盐酸盐）反应生成嗪，在酸性溶液中可被高价铁离子氧化成蓝色化合物，从而根据颜色深浅比色定量。

检测操作简便、灵敏度高，较适合微量甲醛的测定，检出限可达 0.02mg/L，但乙醛或丙醛的存在会对结果产生正干扰，而二氧化硫的存在也会使测定结果偏低，影响了该方法的选择性。此外，酚试剂和显色剂的稳定性不佳，显色效果特别是稳定性不如乙酰丙酮法。

3）AHMT 法

甲醛与 AHMT（4-氨基-3-联氨-5-巯基-1，2，4-三氮杂茂）在碱性条件下进行缩合反应，经高碘酸钾氧化生成紫红色化合物，其颜色深浅与甲醛含量成正比例关系，因此可以利用分光光度计进行比色定量。此方法具有较好的选择性和特异性，在大量乙醛、丙醛、丁醛等醛类物质及 SO_3^{2-}、NO_2^- 共存时不干扰测定，检出限可达 0.04mg/L。但此方法操作过程中必须注意显色随时间延长而逐渐加深，标准溶液和测试样品溶液的显色反应时间必须严格一致，不易操作，且测试成本较高。AHMT 法多用于居室中甲醛浓度的检测。

（2）色谱法

1）气相色谱法

气相色谱法利用甲醛在酸性环境中与 2，4-二硝基苯肼发生脱水反应，生成稳定的甲醛腙，然后用二硫化碳萃取后，经 HP-5 毛细管色谱柱分离，用氢焰离子化检测器测定，根据峰高定量分析。气相色谱法的检出下限为 0.02μg/L。其优点是选择性好，检测灵敏度高，应用范围广。缺点是测样速度慢，存在同分异构体，对操作人员的水平要求高，专门设备也较为昂贵。

2）液相色谱法

高效液相色谱法利用甲醛与 2，4-二硝基苯肼生成腙而被保留，然后用二硫化碳等溶液洗脱，经高压液相色谱分离，紫外吸收检测器检测。高效液相色谱紫外检测法有专属性强，准确度高，精密度好等优点。

（3）电化学法

目前市场出售的甲醛现场快速测定仪多种多样，可以在现场实时测定空气中甲醛的浓度。进口的甲醛测定仪大多依据电化学原理，如美国的 4160 型甲醛测定仪，测试范围 0～19.99ppm；英国的 PPM-HTV 型甲醛测定仪，测定范围在 0.00～12.3mg/m^3 或 0.00～98.3mg/m^3。甲醛现场快速测定仪的优点是操作简便、响应速度快、性能稳定、精密度较高和便于携带，缺点是目前仅限于对气体状态甲醛的检测，检测浓度范围有限制。比较而言，国产甲醛测定仪主要是基于比色分析法原理，利用甲醛和酚显色剂反应生成有色化合物，利用其对可见光的选择性吸收实现定量分析，测定范围为 0.00～0.20mg/m^3，0.00～1.00mg/m^3。

5.1.5　甲醛治理方法

甲醛脱除的方法主要是减少室内装饰材料中的甲醛使用或者通过后期处理。后期处理主要利用通风法、植物吸收、吸附、臭氧氧化、等离子体处理、光催化氧化、金属氧化物氧化等。

（1）通风法

对于甲醛浓度较高的房间，尤其是新房装修，甲醛等污染物释放量高，可以采用通风方法例如开窗或者使用空调、换风机等，原理都是通过空气的流动，将有害气体排放到室外。通风法除甲醛简单有效，但家具、装修材料中甲醛的释放周期可达数年甚至更久，单靠通风法难以达到根除甲醛的效果，而且通风法也容易受到室外空气质量的限制，比如风沙、雾霾、雨雪等或者北方寒冷冬季等天气情况下。

（2）植物吸收法

吊兰、绿萝、龟背竹、常青藤、鹅掌柴、仙客来、万年青等绿色植物可以通过光合作用吸收、分解空气中的有害物质如甲醛、粉尘等[10,11]。以使用最普遍的绿萝为例，在光线充足的情况下，绿萝每小时吸收的甲醛可达 $20\mu g$。植物吸收法的甲醛吸收效果持久且安全无害，但对高浓度且持续释放的甲醛危害难以实现立竿见影的作用效果，因此植物吸收法通常只是作为辅助治理手段。

（3）吸附法

吸附法主要利用硅藻土、沸石、活性炭等多孔性物质的吸附性能，将甲醛吸附在多孔材料的内外表面[12-20]。吸附作用主要分为物理吸附和化学吸附，物理吸附的牢固性低于化学吸附，当环境中甲醛浓度降低还会出现甲醛解吸（脱附）现象；化学吸附为单分子层吸附，有一定选择性且不易解吸，吸附性能与温度和表面积的大小有关。因此，无论是物理吸附还是化学吸附，都需要定期更换吸附剂，只不过物理吸附原理下工作的吸附剂经充分解吸后可以重复使用。近年来，将多孔吸附剂与纳米 TiO_2 等复合制成具有光催化活性的新型吸附剂，已经成为一种新的技术发展趋势[21]。

（4）臭氧氧化法

臭氧氧化一般集成于空气净化器的使用功能中，模块化功能还可以包含负离子、过滤吸附、静电、光催化（光触媒）等。臭氧氧化法的工作原理是利用高活性氧分子的作用使甲醛分子转化为甲酸甚至碳酸，继续可分解为 CO_2 和水，减少乃至消除甲醛危害。臭氧氧化法具有一定的甲醛治理效果，工作于密闭空间的效果更佳，但设备购置和运转都需要一定的费用。

5.2 甲醛浓度测定—乙酰丙酮分光光度法

乙酰丙酮分光光度法具有选择性好、干扰少等优点，出于实验条件、排除干扰等各方面因素的考虑，利用乙酰丙酮分光光度法对甲醛进行分析检测，根据《空气质量甲醛的测定乙酰丙酮分光光度法》GB/T 15516，本研究中甲醛溶液浓度测定所采用的试剂、仪器及实验步骤简单介绍如下：

5.2.1 实验试剂

本研究所采用的主要化学试剂见表 5-1。

测定甲醛浓度所用化学试剂　　表 5-1

名称	化学式	产品级别	生产厂家
乙酰丙酮	$C_5H_8O_2$	分析纯	国药集团化学试剂有限公司
甲醛	HCHO	分析纯	富宇精细化工有限公司
乙酸铵	NH_4CH_3COO	分析纯	科密欧化学试剂有限公司

续表

名称	化学式	产品级别	生产厂家
冰乙酸	CH_3COOH	分析纯	富宇精细化工有限公司
盐酸	HCl	分析纯	沈阳经济技术开发区试剂厂
氢氧化钠	$NaOH$	分析纯	沈阳力诚试剂厂
碳酸钠	Na_2CO_3	分析纯	沈阳力诚试剂厂
碘	I_2	分析纯	科密欧化学试剂有限公司
碘化钾	KI	分析纯	科密欧化学试剂有限公司
碘酸钾	KIO_3	分析纯	科密欧化学试剂有限公司
重铬酸钾	$K_2Cr_2O_7$	分析纯	国药集团化学试剂有限公司
硫代硫酸钠	$Na_2S_2O_3$	分析纯	国药集团化学试剂有限公司
可溶性淀粉	$C_{12}H_{22}O_{11}$	分析纯	国药集团化学试剂有限公司
蒸馏水	H_2O		

5.2.2 实验仪器

甲醛吸附实验主要仪器见表 5-2。

其他装置和仪器：温度计、碱式滴定管、石英比色皿、容量瓶、移液管、铁架台和电子分析天平。

吸附甲醛实验所用实验设备　　**表 5-2**

设备名	规格(型号)	产地或厂商	主要参数
电子天平	FA2204	上海精密科学仪器有限公司	最大量程 200g,精度 0.0001g
电热恒温鼓风干燥箱	101 型	北京市永光明医疗仪器有限公司	室温～300℃,温度波动±2℃
UV-vis 光度计	U-2800 型	日本日立(Hitachi)	扫描范围 100～600cm^{-1}, 扫描速度 20cm^{-1}/min

5.2.3 溶液配制

(1) 碘溶液的配制

按《化学试剂　标准滴定溶液的制备》GB/T 601 进行：称取碘 13g 及碘化钾 35g，精确至 0.01g，溶于 100mL 水中，使其完全溶解后转至 1L 的棕色容量瓶中，配制后贮存于暗处，避光保存。

(2) 硫代硫酸钠溶液的配制

同样按照标准配置：称取 26g 硫代硫酸钠（$Na_2S_2O_3 \cdot 5H_2O$），称取 0.20g 无水碳酸钠，充分溶解在 1L 蒸馏水中，进行 10min 沸水浴，室温下缓慢冷却。静置避光保存，两周后过滤待用。

标定方法：称取 0.18g 干燥至恒重的重铬酸钾，作为工作基准试剂，放入碘量瓶中，溶解在 25mL 蒸馏水中，再称取 2.00g 碘化钾，量取 20mL 硫酸溶液（20%），加入溶液中摇匀，阴暗处放置 30min。加 150mL 蒸馏水（室温），用配制好的 $Na_2S_2O_3$ 溶液进行滴定，计算大致用量，接近终点时加 2mL 淀粉指示液（10g/L），直到溶液由蓝色变为亮绿色，记录数据。做空白对照试验。硫代硫酸钠标准滴定溶液的浓度 [$C(Na_2S_2O_3)$]，单位以 mol/L 表示，由下式计算：

$$C(Na_2S_2O_3)=\frac{m\times 1000}{(V_1-V_2)M} \tag{5-1}$$

式中 m——重铬酸钾的质量（g）；

V_1——硫代硫酸钠溶液的体积（mL）；

V_2——空白实验硫代硫酸钠溶液的体积（mL）；

M——重铬酸钾的摩尔质量，294.18（g/mol）。

（3）1mol/L 的氢氧化钠标准溶液的配制

称取 40g 氢氧化钠溶于 600mL 新煮沸而后冷却的蒸馏水中，待全部溶解后加蒸馏水至 1L，贮于小口塑料瓶中。

（4）1mol/L 的硫酸标准溶液的配制

量取约 54mL 浓硫酸溶液，搅拌的同时缓慢倒入水中，搅匀待用。

（5）体积百分浓度 0.04%的乙酰丙酮溶液的配制

量取 4mL 乙酰丙酮于烧杯中，加蒸馏水溶解，置于 1L 棕色容量瓶中，配制摇匀，阴暗处保存。

（6）质量百分浓度 20%乙酸铵溶液的配制

称取 200.00g 乙酸铵放入烧杯中，加蒸馏水溶解后，置于 1L 棕色容量瓶中，阴暗处保存。

（7）质量百分浓度 0.5%淀粉指示剂的配制

称取 1.00g 可溶性淀粉，先缓慢放入 10mL 蒸馏水中，边搅拌边加入 200mL 沸水中，再微沸 2min，即配即用。

5.2.4 标准工作曲线的绘制

工作原理：在 pH 值为 6 的乙酸-乙酸铵缓冲溶液中，在沸水浴条件下，甲醛与乙酰丙酮作用，迅速生成稳定的黄色化合物二乙酰基二氢吡啶，在波长 415nm 处进行吸光度测定。

取 0、0.2、0.8、2.0、4.0、6.0 和 7.0mL 浓度为 5.00μg/mL 的甲醛溶液分别移到具塞比色管中，用水稀释定容至 10.0mL 刻线，各加入 0.25%乙酰丙酮溶液 2.0mL，均匀混合，沸水浴 3min，冷却至室温，以蒸馏水为参比，用石英比色皿，采用紫外-可见光分光光度计于波长 415nm 处测定吸光度。

通过全波段扫描测试，获知甲醛与显色剂反应生成的化合物在紫外波段的最大吸收波长为 415nm。实验精确配制、标定甲醛溶液再稀释成一系列浓度，以分光光度计测定波长 415nm 处的溶液吸光度，以吸光度值 A 为纵坐标、甲醛浓度 C 为横坐标绘制点图，然后采用最小二乘法进行线性回归（图 5-1），得到甲醛标准直线回归方程为 $A=0.00744+0.20238\times C$，相关系数 $R^2=0.9998$，线性关系显著，可将其作为甲醛的标准工作曲线。

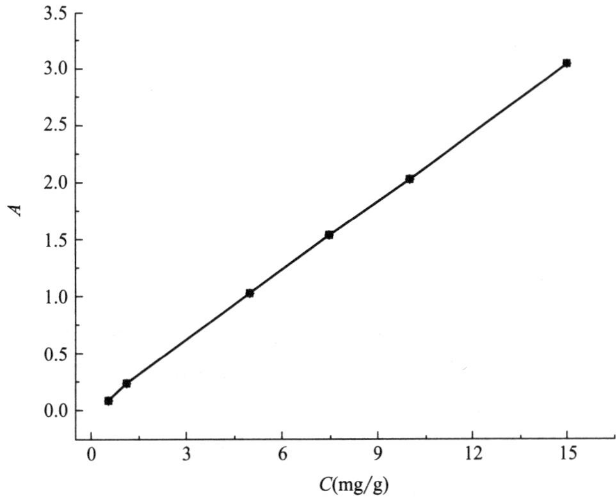

图 5-1　甲醛溶液的标准工作曲线

5.3　溶液环境中硅藻土的甲醛吸附性能

5.3.1　原料与试剂

硅藻土，由辽宁省东奥非金属材料开发有限公司提供，物料呈浅灰色粉状，80μm 方孔筛通过，其 SiO_2 含量为 61.38%，基本矿物组成为蛋白石，杂质矿物主要以蒙脱石或石英形式存在。为消除吸附水对实验结果的影响，将硅藻土料样置于 105℃恒温的鼓风干燥箱中烘干至恒重（24h 质量差与原质量之比小于 0.1%），再置于干燥器内冷却至室温，备用。

化学试剂，包括：乙酰丙酮、乙酸铵、乙酸、硫代硫酸钠、碘化钾、重铬酸钾、碘、硫酸、氢氧化钠、可溶性淀粉、甲醛溶液（质量浓度 37%～40%）等，用于甲醛溶液浓度标定。所有试剂均为分析纯。

5.3.2　实验方法

为考察硅藻土自水溶液中吸取甲醛的能力，称取 2.00g 干燥硅藻土投入至 50ml、浓度为 10.08mg/L 的甲醛水溶液中，每隔 30min 提取少量溶液，采用乙酰丙酮分光光度法测定水溶液中甲醛浓度的变化情况。

根据工作曲线，可以得到吸附甲醛后的硅藻土吸附量，公式为：

$$q_E = \frac{(A_0 - A_s) \times f}{m} \times v \times n \tag{5-2}$$

式中　A_0——空白实验的吸光度；

A_s——待测液的吸光度；

f——标准曲线斜率（mg/mL）；

v——甲醛溶液的体积（mL）；

n——稀释倍数；

m——甲醛吸附剂的质量（g）。

5.3.3 实验结果与分析

图 5-2 所示为液相条件下硅藻原土吸附水溶液中甲醛分子的过程，甲醛溶液浓度 10.08mg/L，容积 50mL，硅藻原土干重 200mg。可以看出，随着时间的延长，甲醛溶液的浓度不仅没有降低，反而略呈提高趋势：初始浓度为 10.08mg/L 的甲醛溶液，在实验开始的 1h 内快速上升，而后增长速度变缓，在 3～4h 后趋于平衡（10.29mg/L），测试期间内浓度增幅达 2.08%。如硅藻土表面与甲醛分子之间存在较强烈的亲和作用，溶液中的甲醛分子将快速迁移、吸附至硅藻土的巨大表面，溶液浓度将相应降低。但甲醛溶液环境中的吸附试验表明，硅藻土对体系中所溶解甲醛并不具备选择吸附性。根据实验结果推断，硅藻土的蛋白石质（羟基 SiO_2）表面与甲醛分子的亲和作用弱于水分子，因此在甲醛溶液中会首先吸附水分子形成单质水吸附膜，甲醛分子被排斥在外，而只能存在于更外层的吸附水中，结果导致甲醛溶液浓度有所升高。

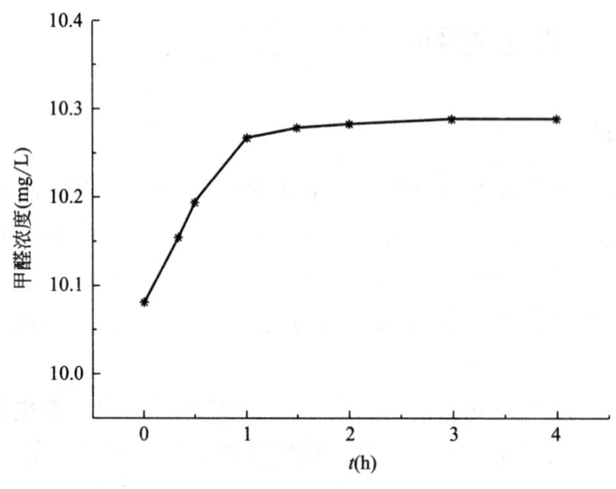

图 5-2 溶液环境中硅藻土吸附甲醛过程的溶液浓度-时间曲线

5.4 蒸气环境中硅藻土的甲醛吸附性能

5.3 节测试结果表明，溶液环境中硅藻土对甲醛分子并不具备明显的吸附作用，但更多研究结果已经证明硅藻土及其制品对空气中甲醛具有明显的脱除作用。为解析硅藻土对甲醛气体的吸附过程及其作用机制，实验进一步测试了蒸气环境中硅藻土对甲醛的吸附作用，并对甲醛浓度、环境湿度等因素的影响进行了考察分析。为检测硅藻土对甲醛的真实吸附容量，研究中将吸附甲醛后的硅藻土准确称重，然后浸入纯净的蒸馏水中，测试所形成甲醛溶液的浓度并由此推算硅藻土所吸附甲醛及水分子的质量。

由于硅藻土实际上是无法单独吸附甲醛分子，而在空气环境中可在一定程度上避免液体水与甲醛的竞争关系，更有效地评估硅藻土对甲醛的吸附容量与作用机理，而且这一测试环境与真实应用条件下硅藻土建材制品对甲醛的脱除过程相类似，因此更有应用价值。

5.4.1　原料与试剂

与 5.3.1 节相同。

5.4.2　吸附性能测试

为测定硅藻土对甲醛的真实吸附容量，具体测试方法与步骤设计为：在环境舱内放入 10mL 甲醛溶液及 4 份各为 10g 左右的干燥状态硅藻土样品，分别于 1d、3d、10d、30d 后快速采样、称重，吸附前后的质量之差 Δm 可视为甲醛吸附量与水蒸气吸附量之和，即

$$\Delta m = m_1 - m_0 = m_{HCHO} + m_{H_2O} \tag{5-3}$$

式中　m_0——吸附前样品的质量（g）；

m_1——吸附后前品的质量（g）；

m_{HCHO}——样品所吸附甲醛的质量（g）；

m_{H_2O}——样品所吸附水蒸气的质量（g）。

吸附后硅藻土样品迅速移入至 1000mL 的去离子水中浸泡 24h，使硅藻土所吸附的甲醛充分溶出、稀释；提取溶出液 25mL，继续稀释至 250mL，取出 5mL 稀释液，加入 5mL 乙酰丙酮显色后，采用分光光度法确定溶液中甲醛浓度 C_t 并根据工作曲线得到样品所吸附甲醛和水蒸气的质量 m_{HCHO}、m_{H_2O}，进而计算出样品对甲醛和水蒸气的实际吸附量 q_{HCHO} 与 q_{H_2O}：

$$C_t = m_{HCHO} / (1000 + m_{H_2O}/\rho_{H_2O}) \times 10^7 \tag{5-4}$$

$$q_{HCHO} = m_{HCHO}/m_0 \times 1000 \tag{5-5}$$

$$q_{H_2O} = m_{H_2O}/m_0 \times 1000 \tag{5-6}$$

式中　C_t——分光光度法确定的甲醛溶液浓度（mg/L）；

ρ_{H_2O}——水的密度；

q_{HCHO}——甲醛的实际吸附量（mg/g）；

q_{H_2O}——水蒸气的实际吸附量（mg/g）。

改变测试舱内甲醛溶液的浓度或利用饱和盐溶液调节环境舱内的相对湿度（表 5-3），测定不同湿度条件下硅藻土样品的甲醛吸附真实容量。

特定无机盐饱和溶液上方空气的相对湿度　　**表 5-3**

无机盐	NaOH	LiCl	KAc	$MgCl_2$	K_2CO_3	$Mg(NO_3)_2$	KI	NaCl	KCl	K_2SO_4
RH(%)	8.91	11.31	23.11	33.07	43.16	54.38	69.90	75.47	85.11	97.59

5.4.3　实验结果与分析

(1) 硅藻土的甲醛吸附过程

图 5-3 给出了空气环境中硅藻土的甲醛吸附过程，可以看到，随着吸附时间的延长，硅藻土在密闭环境中所吸附的纯甲醛量逐渐增大，但增长幅度随时间延长而减少，1 天为 12.16mg/g，到 3 天提高至 29.90mg/g，幅度约为 200%，到 30 天为 75.94mg/g，增幅

600%以上，而同期的水蒸气吸附量分别为 99.78mg/g、161.68mg/g、214.06mg/g。如将硅藻土所吸附物质视为甲醛与水的均匀混合体系，则其平均浓度在 1d、3d、30d 分别达到 10.87、15.61、26.19（*wt*%），浓度逐渐向甲醛溶液初始浓度（约 37*wt*%）靠近。

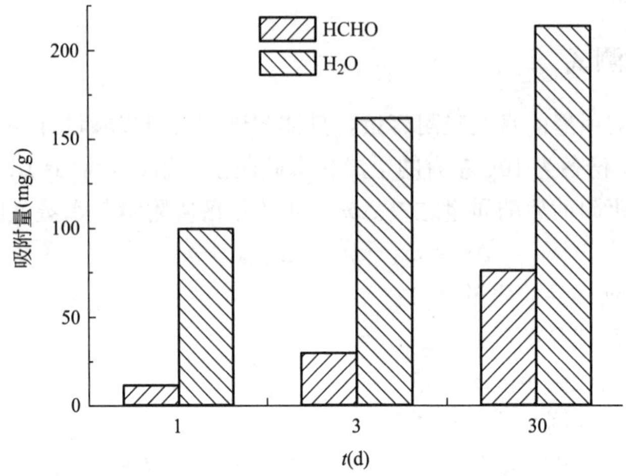

图 5-3　蒸气环境中硅藻土的甲醛吸附容量及其与时间的关系

需要指出的是，同等条件下，硅藻土对纯水蒸气的吸附能力（$RH=75\%$）在 1 天为 645mg/g，3 天为 968mg/g，30 天为 968mg/g，即纯水蒸气吸附过程在 3 天左右达到饱和，之后的变化（3～30d）不明显，见图 5-4。

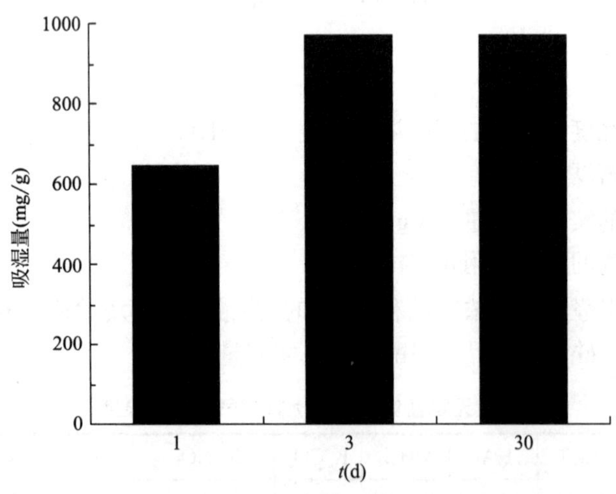

图 5-4　蒸气环境中硅藻土的水分子吸附容量及其与时间的关系

结合溶液环境中的甲醛吸附试验结果，可以认为，蒸气环境中硅藻土对甲醛的吸附过程同样是滞后于对水分子的吸附，原因在于硅藻土表面对两种分子的亲和作用强弱不同，而且体积更小的水分子在硅藻土内部微小孔隙中的迁移扩散也更为容易；硅藻土表面吸附水分子，依次形成单分子层吸附和多分子层吸附，而甲醛分子则缓慢溶入外层的吸附水膜，如将吸附物质作为一个整体（均匀溶液）评价，其浓度即使经过 30d 的长时间吸附过程仍难以达到平衡，浓度值也明显低于甲醛溶液的初始浓度。

(2) 甲醛溶液初始浓度的影响

为考察甲醛溶液初始浓度对硅藻土吸附性能的影响，研究将 40%质量浓度的甲醛原料逐步稀释，得到质量浓度分别为 30%、20%、10%的甲醛水溶液。环境舱内先后放入初始浓度不同、体积同为 10mL 的甲醛溶液，24h 后采样测定硅藻土的甲醛吸附容量，进而计算出同一测试条件下硅藻土的水吸附量。

图 5-5*a*、图 5-5*b* 所示分别为蒸气环境中，甲醛溶液初始浓度与硅藻土对甲醛和水分子吸附量之间的关系规律，可以看出，硅藻土吸附纯甲醛的能力随甲醛初始浓度的提高而增大，大体上呈线性比例增加；同期，硅藻土所吸附的水蒸气量则随甲醛溶液增大而呈下降趋势，两者之间也基本符合线性规律。值得注意的是，尽管甲醛溶液初始浓度不同，但经过相同的 24h 吸附过程，甲醛吸附量与水蒸气吸附量之和基本保持在 97mg/g 左右，即硅藻土表面吸附物质的总量大体保持不变。分析认为，随甲醛溶液初始浓度的提高，会导致甲醛蒸发后所形成的蒸气环境中甲醛浓度增大、水分子浓度相对降低，硅藻土表面吸附层中甲醛的相对含量随之提高，从而寻求在硅藻土表面与环境气氛之间构成甲醛吸附-解吸平衡；但是，硅藻土的总体吸附能力本质上决定于硅藻土的孔结构特征（比表面积、孔径大小等）以及表面性质，受甲醛初始浓度影响较小，因此总体吸附容量保持基本不变。

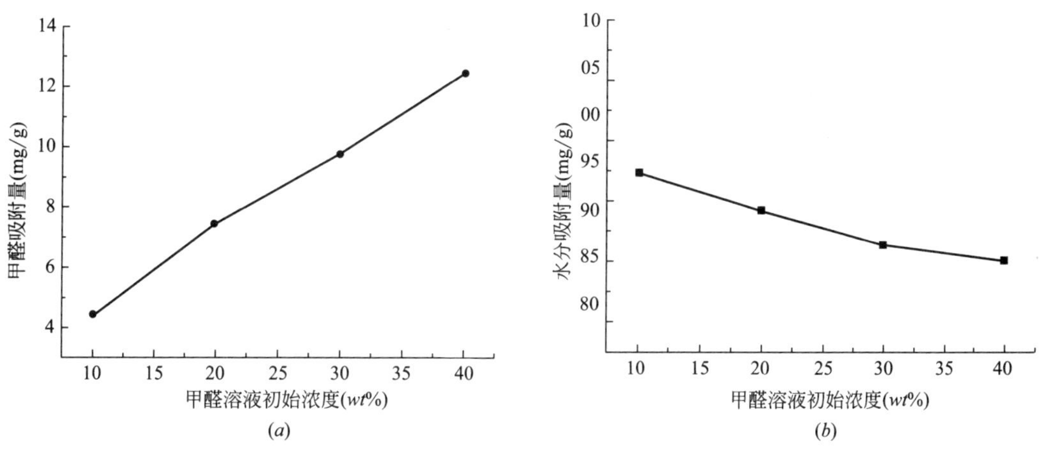

图 5-5　甲醛浓度对硅藻土吸附容量的影响

（*a*）甲醛吸附量；（*b*）水蒸气吸附量

(3) 环境湿度的影响

甲醛溶液的蒸发速度与环境湿度直接相关，通常情况下，环境湿度越大，甲醛的蒸发速度越快，环境中甲醛浓度越高。为考察环境湿度对硅藻土吸附甲醛能力的影响，本研究采用不同无机盐（分析纯）的饱和溶液形成较为稳定的湿度条件。图 5-6 给出了不同环境湿度条件下硅藻土的 24h 甲醛吸附容量，甲醛溶液初始浓度为 37%，可以看到，相对湿度（*RH*）从 8%增大到 11%时，硅藻土的甲醛吸附量有一个明显的提高，达到最高值 8.84mg/g；而后，随着环境湿度的继续增大，硅藻土的 24h 甲醛吸附量呈逐渐下降的趋势。参考经典吸附理论，我们认为，相对湿度低于 1%情况下，固体的表面吸附主要是以单分子层吸附方式，由于亲和力强弱不同，此时硅藻土所吸附主要为水分子；随着相对湿

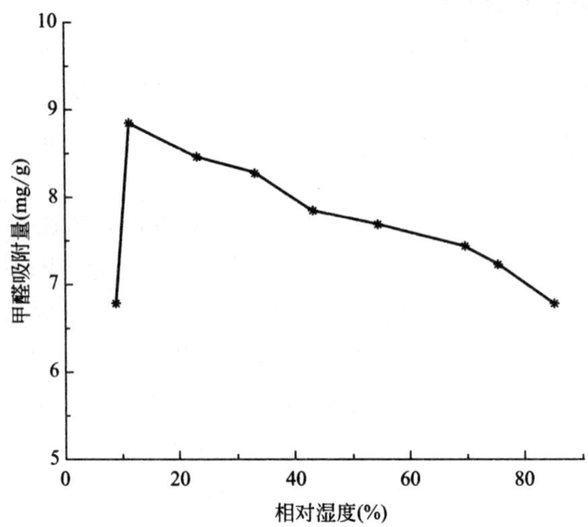

图 5-6　环境湿度对硅藻土吸附甲醛能力的影响

度的提高，水分子逐步形成多层物理吸附，甲醛作为可溶性分子则溶解于外层水分子中，其浓度随吸附时间延长而增长，并最终与周围空气中气体浓度构建起一个浓度平衡。另一方面，随着相对湿度的提高，周边环境中水分子的相对含量（水蒸气分压）提高，甲醛分压下降，相应引起硅藻土的甲醛吸附量降低。两种效应共同作用的结果，导致相对湿度11%情况下，硅藻土的24h甲醛吸附量达到最高值。

（4）环境温度影响

图5-7所示为环境温度对硅藻土的24h甲醛吸附容量的影响，甲醛溶液初始浓度37%，可以看到，随着环境温度从10℃逐步提高30℃，硅藻土自甲醛蒸气中吸取的水分子质量略有升高，但同时吸附的甲醛量却呈下降趋势，自环境温度10℃时的16.38mg/g逐步降低至10.53mg/g。随环境温度的提高，甲醛在水中的溶解度下降，由此导致环境气氛甲醛分压增大的同时，对硅藻土的甲醛吸附能力却产生一定不利影响。

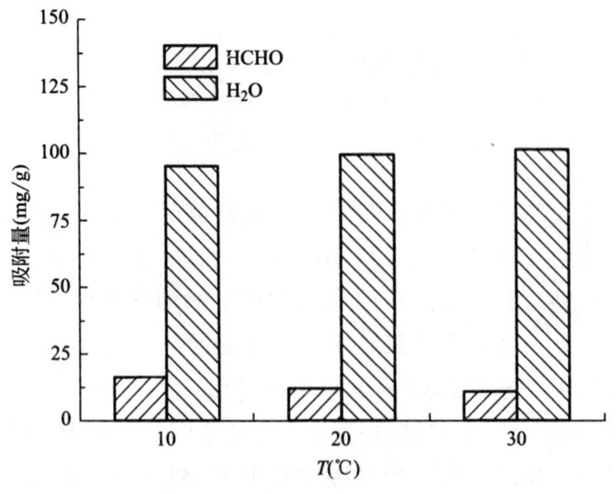

图 5-7　环境温度对硅藻土吸附甲醛能力的影响

5.5　焙烧处理对硅藻土吸附甲醛性能的影响

我国现有硅藻土资源丰富，但孔径单一，孔径范围小，不能满足其在吸附领域吸附不同物质的要求。焙烧活化硅藻土是调制孔径既简单又有效的方法，可以调节介孔范围内孔径的分布。图 5-8 显示了焙烧温度对硅藻土的甲醛吸附能力的影响，结果表明，低温 500℃焙烧后硅藻土的甲醛吸附能力达 12.93mg/g，略高于硅藻原土的甲醛吸附量(12.16mg/g)；但焙烧温度从 500℃逐步提高到 800℃，硅藻土的吸附甲醛量逐渐减少，原因是焙烧温度的增大，会导致硅藻土孔隙结构所遭到的破坏程度增加，水吸附量减少，从而使吸附甲醛量也随之降低；焙烧温度为 500℃时，样品中杂质减少，同时硅藻壳体的覆盖膜体被打开，内部孔隙显露出来，增加了吸附的有效面积，导致吸附甲醛量增大；而焙烧温度进一步提高，会导致硅藻壳结构的破坏，出现大量烧结碎片，比表面积也从硅藻原土的 66.64m^2/g 降低至 27.25m^2/g，孔容积也从 0.1011cm^3/g 降低到 0.0547cm^3/g，对硅藻土的甲醛吸附性能不利。前面图 3-9 硅藻土不同温度焙烧对介孔和微孔的影响规律与图 5-8 相对应，说明硅藻土主要是通过介孔和微孔吸附空气中的水蒸气，形成吸附水膜，而甲醛分子则缓慢溶解于吸附水膜中。

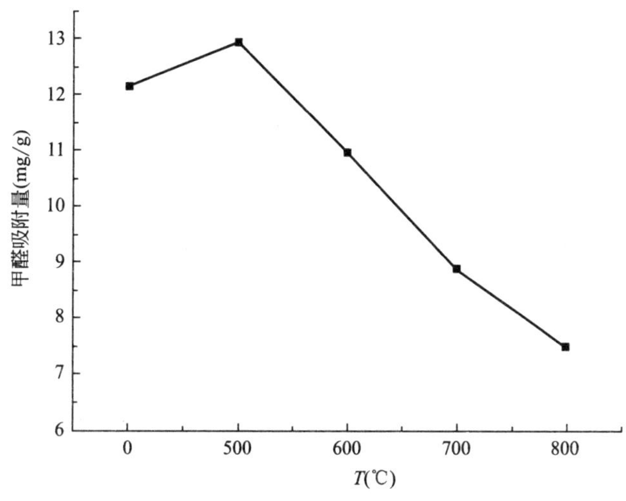

图 5-8　不同温度焙烧硅藻土的吸附甲醛性能

图 5-9 为保温时间对焙烧硅藻土吸附甲醛能力的影响曲线，从图可以看出，随着焙烧时间的延长，硅藻土的甲醛吸附量均呈减小趋势，只要焙烧过程是在 500～800℃温度区间内进行。在焙烧 500℃，焙烧时间 0.5h、1h、2h 的甲醛吸附量分别为 13.15mg/g、12.93mg/g 和 12.40mg/g，均高于硅藻原土（12.16mg/g），但从趋势上硅藻土的甲醛吸附量随焙烧时间延长呈降低趋势，说明相应温度的焙烧处理有利于孔结构的调整，但时间不宜超过 2h。随着焙烧温度的提高，焙烧硅藻土样品的比表面积和微孔孔容降低，导致甲醛吸附率降低，而焙烧时间的延长，也会导致比表面积和微孔孔容降低。以 800℃为例，硅藻土 800℃焙烧 0.5h 时，比表面积为 27.31m^2/g，在焙烧 2h 时，比表面积下降到 15.31m^2/g，微孔孔容也从 0.0027cm^3/g 下降到 0.0018cm^3/g。

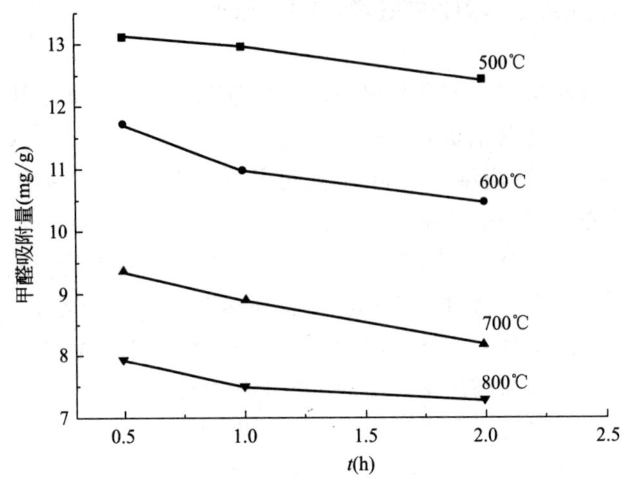

图 5-9　不同时间焙烧硅藻土的甲醛吸附性能

5.6 本章小结

（1）溶液环境中，硅藻土并不具备选择性吸附甲醛分子的能力。

（2）蒸气环境中，硅藻土的甲醛吸附量随时间延长而逐渐增大，同时伴随有显著的水蒸气吸附，且总的吸附量（甲醛＋水）大致保持不变。

（3）蒸气环境中硅藻土对甲醛的脱除作用实际是一个复合过程，即硅藻土首先吸附环境中的水分子形成吸附水膜，而甲醛进一步溶解在硅藻土表面的外层吸附水，因此硅藻土对甲醛气体的吸附过程会持续较长时间，直至与空气中甲醛分子构建起浓度平衡。

（4）蒸气环境中，硅藻土的甲醛吸附量随甲醛溶液初始浓度的提高而明显增大，两者之间大体呈线性关系。

（5）环境气氛对硅藻土的甲醛吸附能力也有显著影响，具体表现为甲醛吸附容量随环境温度的升高而下降，随环境湿度的提高则呈先升后降的趋势，在相对湿度11%左右达到最高值，约8.84mg/g。

（6）硅藻土的吸附甲醛能力与比表面积和微孔孔容有关，500℃焙烧有效减少了硅藻的杂质，有利于甲醛吸附量的提高；但焙烧温度进一步上升或焙烧时间延长会导致硅藻壳体结构破坏，比表面积和微孔孔容降低，甲醛吸附量相应降低。

本章参考文献

[1] 李艳莉，尹诗，王宝妍. 室内甲醛对人体健康的危害 [J]. 环境与职业医学，2004，21 (6)：549-551.

[2] 梁晓军，施健，赵萍，等. 中国居民室内甲醛暴露水平及健康效应研究进展 [J]. 环境卫生学杂志，2017，7 (2)：170-181.

[3] 孙芳，刘俊玲，何振宇. 武汉市新近装修住宅中甲醛污染特征及健康风险评价 [J]. 中国卫生检验杂志，2015，25 (7)：1043-1045.

[4] 居住空气中甲醛的卫生标准 GB/T 16127—1995 [S]. 北京：中国标准出版社，1995.

[5] 民用建筑工程室内环境污染控制规范 GB 50325—2001 [S]. 北京：中国标准出版社，2001.

[6] 室内空气质量标准 GB 18883—2002 [S]. 北京：中国标准出版社，2002.

[7] 空气质量 甲醛的测定 乙酰丙酮分光光度法 GB/T 15516—1995 [S]. 北京：中国标准出版社，1995.

[8] 居住区大气中甲醛卫生检验标准方法 分光光度法 GB/T 16129—1995 [S]. 北京：中国标准出版社，1995.

[9] 公共场所空气中甲醛测定方法 GB/T 18204.26—2000 [S]. 北京：中国标准出版社，1995.

[10] 王兵，王丹，任宏洋，等. 不同植物和吸附剂对室内甲醛的去处效果 [J]. 环境工程学报，2015，9 (3)：1343-1348.

[11] 曹受金，潘百红，田英翠，等. 6 种观赏植物吸收甲醛能力比较研究 [J]. 生态环境学报，2009，18 (5)：1798-1801.

[12] 施恩斌，朱华，陈晓龙. 硅藻土负载改性纳米二氧化钛制备硅藻泥及其性能研究 [J]. 新型建筑材料，2014，32 (12)：84-88.

[13] 程仑. 硅藻土复合材料净化室内空气的实验研究 [J]. 环境保护科学，2007，33 (3)：16-19.

[14] 王佼，郑水林. 酸浸和焙烧对硅藻土吸附甲醛性能的影响 [J]. 非金属矿，2011，34 (6)：72-74.

[15] 李慧芳，徐海，赵勤，等. 几种分子筛对甲醛气体吸附性能的研究 [J]. 硅酸盐通报，2014，33 (1)：122-126.

[16] 王国庆，孙剑平，吴锋，等. 沸石分子筛对甲醛吸附性能的研究 [J]. 北京理工大学学报，2006，26 (7)：643-646.

[17] 李文明，袁东，付大友，等. 活性炭与分子筛吸附性能比较研究 [J]. 科学技术与工程，2011，11 (1)：193-195.

[18] 梅凡民，傅成诚，杨青莉，等. 活性炭表面酸性含氧官能团对吸附甲醛的影响 [J]. 环境污染与防治，2010，32 (3)：18-22.

[19] 林莉莉，邱兆富，韩晓琳，等. 吸附气相甲醛活性炭的选型研究 [J]. 环境污染与防治，2013，35 (12)：19-25.

[20] 王明贤，赵圣，支恒学. 白炭黑吸附甲醛实验研究 [J]. 硅酸盐通报，2013，32 (10)：2030-2036.

[21] J. Ananpattarachai，P. Kajitvichyanukul，S. Seraphin. Visible light adsorption ability and photocatalytic oxidation activity of various interstitial N-doped TiO_2 prepared from different nitrogen dopants [J]. Journal of Hazardous Materials，2009，168 (1)：253-261.

第 6 章　硅藻基水化硅酸钙的染料吸附性能

6.1　概述

现如今，工业染料废水排放量大、污染面广，在我国每年就有超过亿吨的纺织印染废水未经任何处理直接排入水体，给水资源环境和整个生态系统带来破坏性后果。因此，在含染料的有色废水排入环境之前，必须进行处理，尤其是染料的去除。由于许多染料耐酸碱、抗氧化、难降解，采用吸附法处理染料废水具有较大的优势。水化硅酸钙本征的微孔结构发达，但因缺少中孔（2～50nm）和大孔（50nm 以上）而导致其吸附能力不能得到充分发挥。

本研究首先对硅藻土的纯度和孔结构加以优化的基础上，选用硅藻土矿物为硅质原料和矿物模板，采用水热合成方法使硅藻土中 SiO_2 转化为水化硅酸钙，改善孔结构、提高比表面积，然后对样品自水溶液中吸取次甲基蓝染料分子的能力进行系统表征，研究考察环境温度、染料浓度等因素对硅藻基水化硅酸钙吸附能力的影响，并从热力学、动力学角度进行数据分析。

6.2　实验

6.2.1　实验原料

本实验中水化硅酸钙水热合成所需原料主要包括硅藻土、氢氧化钙、蒸馏水，所得水化硅酸钙在很大程度上保留有硅藻土模板的有序多孔结构特征，因而将其用于次甲基蓝人造染料的吸附/脱除。

(1) 硅藻土

本实验所采用硅藻土产自于吉林省临江县，属Ⅱ级土，外观为灰褐色，按颗粒大小呈粉状至酥松块状。原矿首先进行了选矿分析，其基本化学成分见表 6-1。

硅藻土的化学组成（*wt*%）　　表 6-1

成分	含量
SiO_2	71.85
Al_2O_3	8.40
Fe_2O_3	3.22
MgO	1.47
K_2O	1.48
Na_2O	1.28
CaO	0.98
烧失量	11.32

图 6-1 为硅藻土的 X 射线衍射（XRD）特征图谱，可以看出，硅藻土原料的基本矿物组成为蛋白石，特点是 2θ 角 24°附近出现的丘状衍射峰；此外，该原料中还含有石英、针铁矿、赤铁矿等晶相杂质。如经高温（900℃）煅烧，则蛋白石衍射峰变高变窄，而 α-石英的衍射峰则有所增强，暗示蛋白石向石英的转化，同时针铁矿（FeO(OH)）也会脱水分解为赤铁矿 Fe_2O_3。

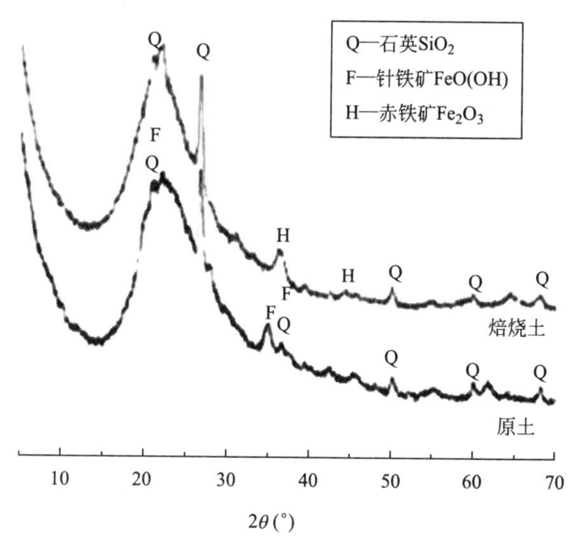

图 6-1　硅藻土的 XRD 图谱

(2) 氢氧化钙

实验采用氢氧化钙为钙质原料，为分析纯化学试剂，国药集团生产，$Ca(OH)_2$ 含量不低于 95%。采购试剂进一步用研钵磨细后，过 400 目方孔筛（孔径尺寸 38μm），目的提高反应混合物的均匀性。

(3) 水

本实验采用蒸馏水。

(4) 次甲基蓝

次甲基蓝，又称亚甲基蓝、亚甲蓝、次甲蓝、美蓝、品蓝、甲烯蓝、瑞士蓝，国际非专利药品名称 methylthioninium chloride，一种芳香杂环化合物，分子量 319.9。可用作化学指示剂、染料、生物染色剂或药物，其水溶液在氧化性环境中显蓝色，但遇锌、氨水等还原性物质会转化成无色形态。

6.2.2　实验仪器

硅藻基水化硅酸钙水热合成、结构表征及染料吸附性能测试所需用到的仪器主要有：小型粉碎机、电子称、烘箱、循环水式真空泵、水热反应釜、紫外分光光度计、扫描电镜 SEM、X 射线衍射仪 XRD。

(1) 小型粉碎机

光明 100A，用于氢氧化钙和硅藻土的细化。

(2) 水热反应釜

科丰 ZK59，提供蒸压养护环境，保证水热合成反应的进行，用于配合料的水热合成。本试验中，水热反应釜的工作温度 80～200℃。

(3) 烘箱

北京永光明 101-S 电热恒温鼓风干燥箱，最高工作温度 300℃，主要用于加热，为水热合成反应提供高温环境。

(4) 紫外分光光度计

日立 UV-2000，用于检测样品对亚甲基蓝溶液的吸附量。由于各种物质具有各自不同的分子、原子和不同的分子空间结构，其吸收光能量的情况也就不会相同，因此，每种物质就有其特有的、固定的吸收光谱曲线。

(5) 循环水式真空泵

力辰科技 SHZ-D，极限真空为 2000～4000Pa。

(6) 扫描电镜 SEM

日本日立 S-4800，样品表面喷金以提高导电性。

(7) X 射线衍射 XRD

日本岛津 XRD-700，铜靶，波长 0.15406nm。

6.2.3 硅藻基水化硅酸钙 C-S-H 的制备

水热法是实验室常用的合成方法之一，具有反应速度快、产物形貌容易控制、工艺成本较低等优点，便于工艺放大及推广。本合成方法的基本原理是以硅藻土作为硅质材料，高纯度氢氧化钙为钙质原料，在反应釜内化合生成具有一定孔结构的水化硅酸钙。为尽量保留硅藻模板本征的有序多孔结构，实验设想将水热合成反应控制在硅藻土的表面吸附水膜内进行，具体方法是以一定的无机盐饱和溶液，调整控制反应环境的相对湿度，使反应混合物的表面和微小孔隙（小毛细孔及更小孔隙）吸附有水分，则反应产物可控制在硅藻模板固体骨架的轮廓范围附近进行，反应产物的生成与沉积集中于此，即发生硅藻模板的“遗态”转化。

硅藻土的基本结构单元为硅藻壳，但作为矿物之源的硅藻种类繁多，沉积、成矿条件也千差万别，混入杂质的情况也各不相同，导致硅藻土原料的组成和结构难以控制，特别是对于硅藻基水化硅酸钙 C-S-H 的水热反应条件优化与产物形貌控制等都造成了极大影响。为此，本书首先从原料角度对硅藻土模板的组成和结构进行了调整。

为使硅藻土的吸附性能达到最佳效果，氢氧化钙掺量必须很好地控制。本实验将完成硅藻土与氢氧化钙的水热合成反应，为提高水化硅酸钙的染料吸附能力，参考前期工作成果及参考文献，将目标产物设定为低结晶度的水化硅酸钙 CSH(B)。由此，需将二氧化硅和氢氧化钙的摩尔比控制为 0.45～0.83。合成反应所需的 $Ca(OH)_2$ 的质量按式 6.1 计算：

$$m_{(Ca(OH)_2)}=\frac{m\times(1-w)\times p_0}{M_{(SiO_2)}}\times 0.75\times M_{[Ca(OH)_2]}/p_1 \tag{6-1}$$

式中　m、$m_{(Ca(OH)_2)}$ ——实验所用硅藻土、氢氧化钙试剂的质量（g）；

w——硅藻土的含水率（%）；

p_0——硅藻土的 SiO_2 含量（%）；

p_1——氢氧化钙试剂中 $Ca(OH)_2$ 的含量（%）；

$M_{(SiO_2)}$、$M_{[Ca(OH)_2]}$——SiO_2、$Ca(OH)_2$ 的相对分子质量。

按表 6-2 以不同配比分别称取一定质量的硅藻土和氢氧化钙，将硅藻土和氢氧化钙放于研钵内，研磨充分并混合均匀；将研磨好的混合料取出并加入适量的蒸馏水进行搅拌。水热反应釜内首先注入无机盐的饱和溶液（氯化镁 $MgCl_2$、氯化钠 NaCl），分别控制环境相对湿度至 $RH=33\%$和 75%；将盛有反应混合物的敞口容器小心转移到水热反应釜中，严禁反应混合物与无机盐溶液的直接接触，盖盖密封好后，将水热反应釜放入已达到设定温度的电热鼓风干燥箱内，保温数小时后取出冷却。待反应容器冷却到室温时，将混合料取出于 100℃下烘干至恒重，放于干燥器内保存备用。

原料配比　　**表 6-2**

氢氧化钙质量分数(%)	$Ca(OH)_2/SiO_2$ 摩尔比	硅藻土质量(g)	氢氧化钙质量(g)
26	0.45	3.58	1.26
32	0.59	3.29	1.55
38	0.83	3.00	1.84

6.2.4　染料吸附性能测试

首先精确配制浓度为 5mg/L、10mg/L、15mg/L、20mg/L、25mg/L 的次甲基蓝水溶液，以蒸馏水为对比液，在紫外-可见光光度计上通过全波段扫描测试，获知次甲基蓝水溶液在紫外波段的最大吸光度位于波长 664nm 位置。在恒温水浴条件下，以溶液浓度为横坐标，波长 664nm 处各浓度次甲基蓝溶液的吸光度为纵坐标，所得浓度-吸光度曲线及其拟合直线见图 6-2。由图所示，各数据点分布基本符合线性规律，直线回归方程为 $A=0.01497+0.05667\times C$，相关系数 $R^2=0.998$，线性关系显著，可将其作为次甲基蓝的标准工作曲线。

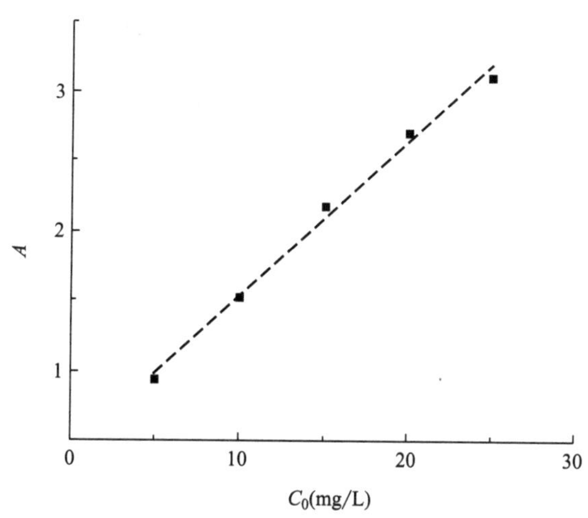

图 6-2　次甲基蓝水溶液标准工作曲线

染料吸附性能测试，分别将准确称重后的水洗硅藻土、硅藻基水化硅酸钙样品放入浓度分别为 5mg/L、10mg/L、15mg/L、20mg/L、25mg/L 次甲基蓝水溶液中，放置在水浴锅中温度分别设置为 30℃、50℃。在 2h 之内，每隔 10min（1h 后间隔 20min）使用紫外-可见光光度计测试溶液的吸光度，绘制浓度-时间曲线，从动力学、热力学等角度分析硅藻土基水化硅酸钙的染料吸附性能。

6.3 硅藻土原料的微观结构

为了将完整的硅藻壳自硅藻土粉状原料中提取出来，根据硅藻壳的结构特点特别是尺寸大小，采用筛分的方法将硅藻壳分离出来；为改善筛分效果、提高硅藻壳的纯度和收率，将筛分过程置于水溶液中进行，即水洗筛分。本实验中，对硅藻土原料进行水洗筛分，择取 300～500 目方孔筛之间的物料作为后续实验的原料，即物料粒径在 25～45μm 之间。对所得粉状物料进行扫描电子显微镜 SEM 和氮吸附法孔结构表征，并将表征结果与硅藻土原矿进行对比分析。

6.3.1 微观形貌

在扫描电镜 SEM 下，得到了水洗筛分前后硅藻土物料的清晰形貌照片，如图 6-3*a*、图 6-3*b* 所示，可以看到，经水洗筛分处理后，样品中不规则颗粒体（硅藻壳碎片或杂质如黏土颗粒等）显著减少，多数颗粒以规整的圆盘状存在；在更高分辨率的情况下，可以得到更为精细的硅藻壳骨架结构特征，见图 6-4*a*、图 6-4*b*，可以清晰地看到硅藻壳的规则、有序、多级的孔结构特征，最小孔径在 20～50nm 的介孔（中孔）尺度范围。

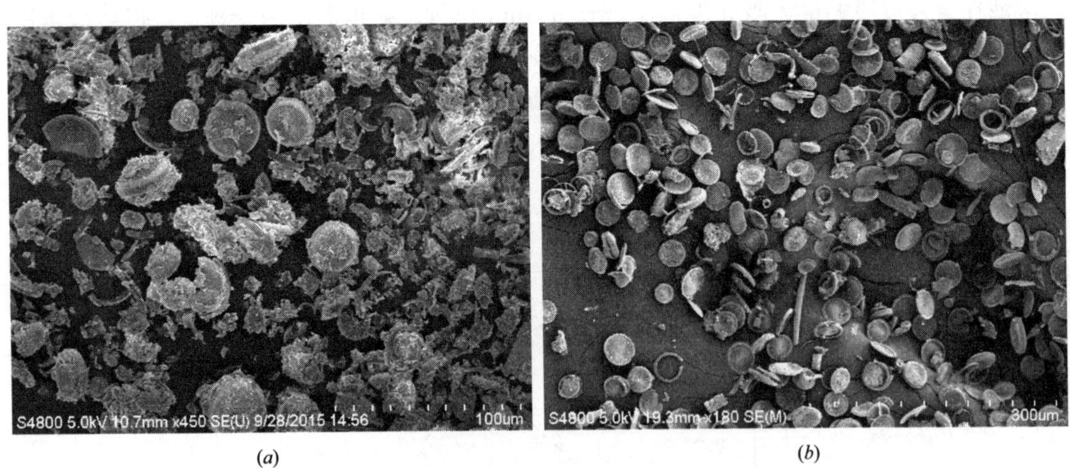

(*a*) (*b*)

图 6-3 水洗筛分前后硅藻土的扫描电镜照片

(*a*) 处理前；(*b*) 处理后

6.3.2 全孔结构分析

水洗筛分后硅藻土样品的等温吸附/脱附过程及由此分析得到的孔径分布特征见图 6-5*a*、图 6-5*b*，可以看到，样品在液氮温度下表现出典型的“S”状等温吸/脱附曲线，符

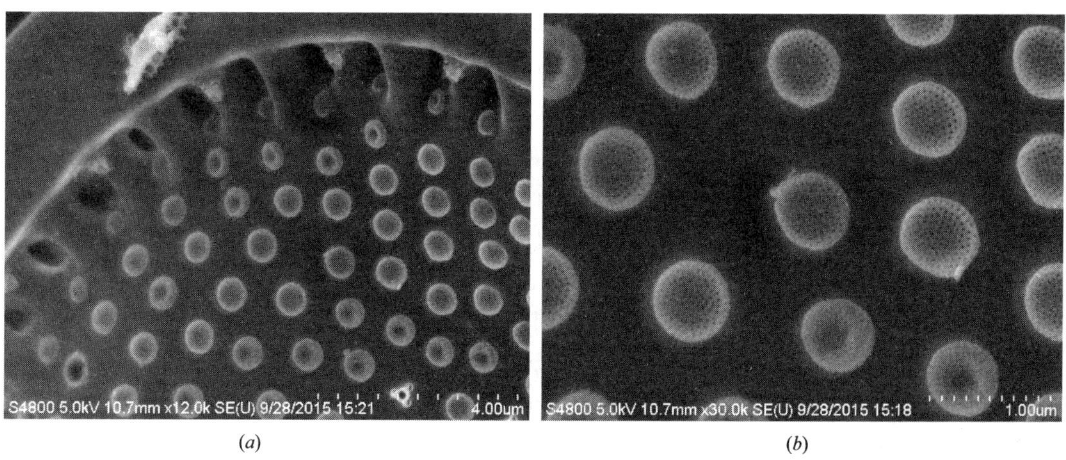

图 6-4　水洗筛分后硅藻壳的高清扫描电镜照片

合国际纯粹与应用化学联合会 IUPAC 推荐的Ⅳ型等温吸/脱附曲线特征，同时存在明显的吸/脱附滞后回环，暗示样品含有较大量中孔（介孔，尺寸 2～50nm）；在图 6-5*b* 的孔径分布曲线上，水洗筛分后样品在 5～20nm 之间存在明显的孔径分布峰，而且微孔（孔径不大于 2nm）含量丰富。多次 BET 法测试及进一步量化分析表明，样品的比表面积约为 6～15m^2/g，平均孔径 8～12nm 范围。

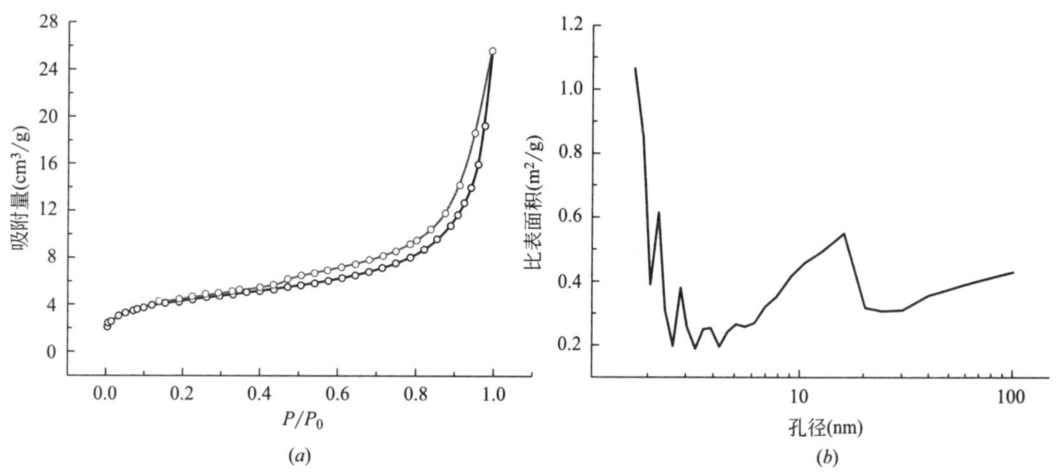

图 6-5　水洗筛分后硅藻土的氮吸附法孔结构表征

（*a*）等温吸/脱附曲线；（*b*）孔径分布

6.4　水热法合成硅藻基水化硅酸钙的工艺优化

水热法是实验室常用的合成方法之一，具有反应速度快、产物形貌易于调控、工艺成本较低等优点。本实验中硅藻土作为硅质材料和矿物模板，高纯度氢氧化钙为钙质原料，在反应釜内于 120℃条件下水热反应生成具有一定孔结构的水化硅酸钙；为尽量保留硅藻模板本征的有序多孔结构，以一定的无机盐饱和溶液替代纯水，目的调整控制反应环境的相对湿度，使水热反应控制在硅藻模板附近进行，通过反应产物的生成与沉积完成硅藻模板的“遗态”转化。研究过程主要考察了环境湿度、原料钙硅比（C/S）及反应时间对反应产物的影响，具体采用 X 射线衍射（XRD）对反应混合物进行细致的物相分析。

6.4.1 环境湿度的影响

一定的无机盐饱和溶液表面上水分子的蒸发-凝结平衡，会对溶液上方的相对湿度产生明显影响，因此可以利用不同种类无机盐的饱和溶液调整控制周边环境的相对湿度。本研究中，主要对比了氯化镁饱和溶液、氯化钠饱和溶液和纯水条件下硅藻基水化硅酸钙 CSH（B）的形成过程，对应的相对湿度分别为 33%、75%和 100%，120℃、12h 水热反应后混合物的 XRD 图谱见图 6-6，原材料的 C/S 比为 0.83。从图 6-6 可以看到，随环境湿度的下降，相同反应历程（时间＋温度）所得水热产物在物相上存在明显差异：相对湿度 100%条件下，反应混合物中氢氧化钙（$Ca(OH)_2$，CH）的特征衍射峰几乎消失，代表硅藻土（蛋白石）的 24°左右的丘状峰低平，而目标产物 CSH(B) 的特征衍射峰高而尖锐；随相对湿度的下降，氢氧化钙的衍射峰明显增高，表明反应不完全、氢氧化钙有明显残留，同时硅藻土的衍射峰也相对更高更宽，而 CSH(B) 的衍射峰则有所减弱。

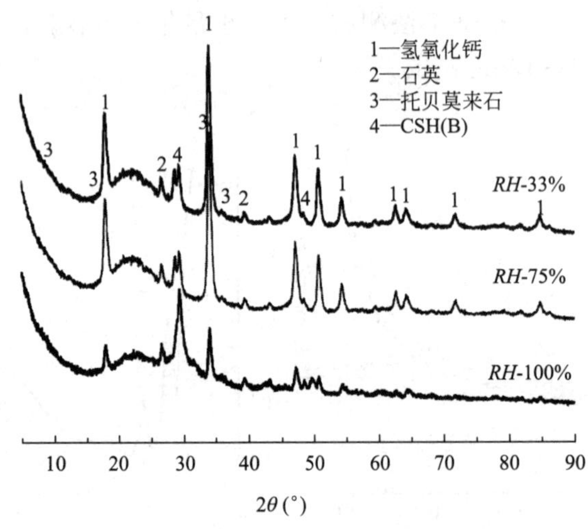

图 6-6　相对湿度对硅藻基水化硅酸钙 XRD 特征的影响

分析认为，本实验中硅藻土与氢氧化钙之间水热反应所需的水分由环境中的水蒸气提供，而相对湿度下降会导致水分供给不足，反应速度减缓；更为重要的是，由于相对湿度的降低，硅藻土模板所吸附的水分只能存在于毛细孔甚至更小的孔隙中，限制了参与水热反应的硅藻土的量[1,2]，反应速度随之减慢。本实验也正是利用这一点将反应产物的生成与沉积控制在硅藻模板周边，通过硅藻土的遗态转化获得具有明显中孔特征的水化硅酸钙 CSH(B)。为控制反应产物形貌并提高反应产物的纯度，后续工作中调整控制反应环境的相对湿度为 75%，并适当降低 C/S 比、延长反应时间。

6.4.2 原料钙硅比的影响

图 6-7 所示为相对湿度 75%、反应制度相同（120℃、24h）条件下，原料钙硅比（C/S）

对反应混合物物相结构的影响规律，可以看到，随反应原料的钙硅比从 1.00 逐步降低至 0.45，反应完毕后产物混合物中氢氧化钙的衍射峰越低，即残留量越少，而目标产物 CSH(B) 特征衍射峰的强度则基本保持不变。由于环境湿度的作用，水热反应的进行只是发生在吸附水膜存在的毛细孔或更小孔隙范围内，反应速度及完成度都受到明显限制，即使在 C/S=0.45、钙硅比明显低于 CSH(B) 理论摩尔比的情况下，仍会出现氢氧化钙过剩的现象。

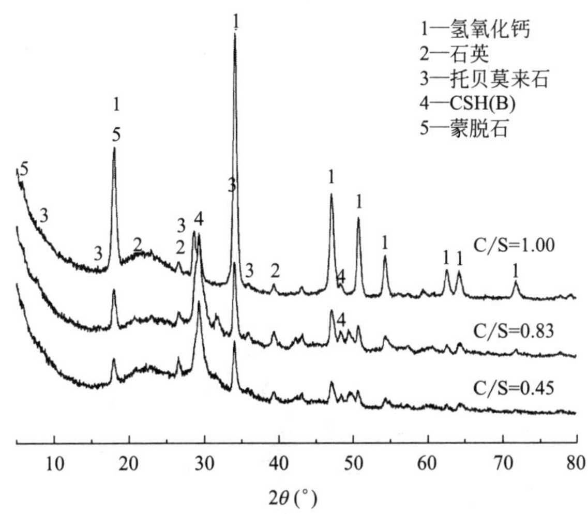

图 6-7　原料钙硅比对硅藻基水化硅酸钙 XRD 特征的影响

适当降低反应环境的相对湿度，可使得 CSH(B) 型水化硅酸钙的合成过程局限于硅藻模板的固体轮廓周边进行，通过硅藻模板的原位转化得到具有明显硅藻本征有序孔结构特征的水化硅酸钙粉体。另一方面，有限的水分供给延缓了水化反应速度，一定反应时间内的完成度随之降低，导致产物混合物中的原料特别是氢氧化钙过剩。为此，实验过程中除了适当延长反应时间外，还根据氢氧化钙微溶于水的特点对反应产物进行了水洗处理，目的是提高 CSH (B) 纯度。研究对最终产物的晶相结构、微观形貌和孔结构特征进行了分析表征，目的是为后续的染料吸附实验提供技术支持。

6.4.3　反应时间的影响

图 6-8 所示为相对湿度 75%、C/S=0.45、反应温度 120℃条件下，水热时间对反应混合物物相结构的影响规律，可以看到，随反应过程的延续，产物混合物中氢氧化钙的衍射峰略有降低，而目标产物 CSH(B) 特征衍射峰基本保持不变。总体而言，水热时间对反应产物的 XRD 特征影响不显著。

进一步在扫描电子显微镜 SEM 下观察发现，不同反应时间所得硅藻基水化硅酸钙的形貌存在明显差异，反应时间 8h 时硅藻壳的几何形貌基本保持不变（图 6-9*a*）；在 24h 条件下，硅藻壳表面明显受到化学作用影响，表面结构发生部分刻蚀，但仍明显保留有硅藻壳有序多孔结构特征，见图 6-9*b*；反应时间进一步延长，在 48h 和 72h 条件下，硅藻壳的特征结构已经消失，只留下局部残迹以及圆盘状外形轮廓特征，如图 6-9*c*、图 6-9*d* 所示，相应条件下得到的水化硅酸钙开始出现明显的板片状形状特征，应为刚生成的托贝莫来石晶体。

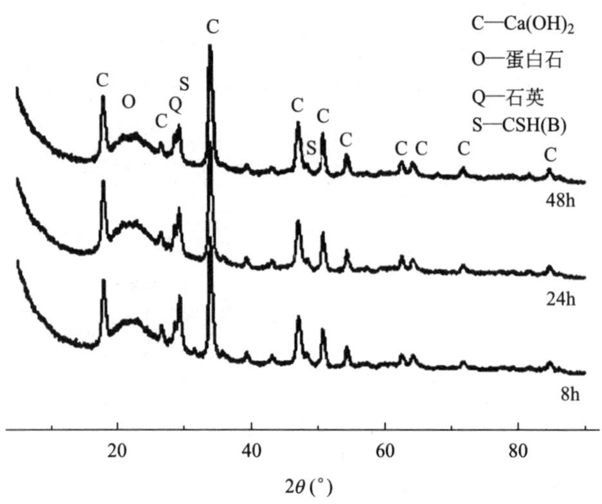

图 6-8 反应时间对硅藻基水化硅酸钙 XRD 特征的影响

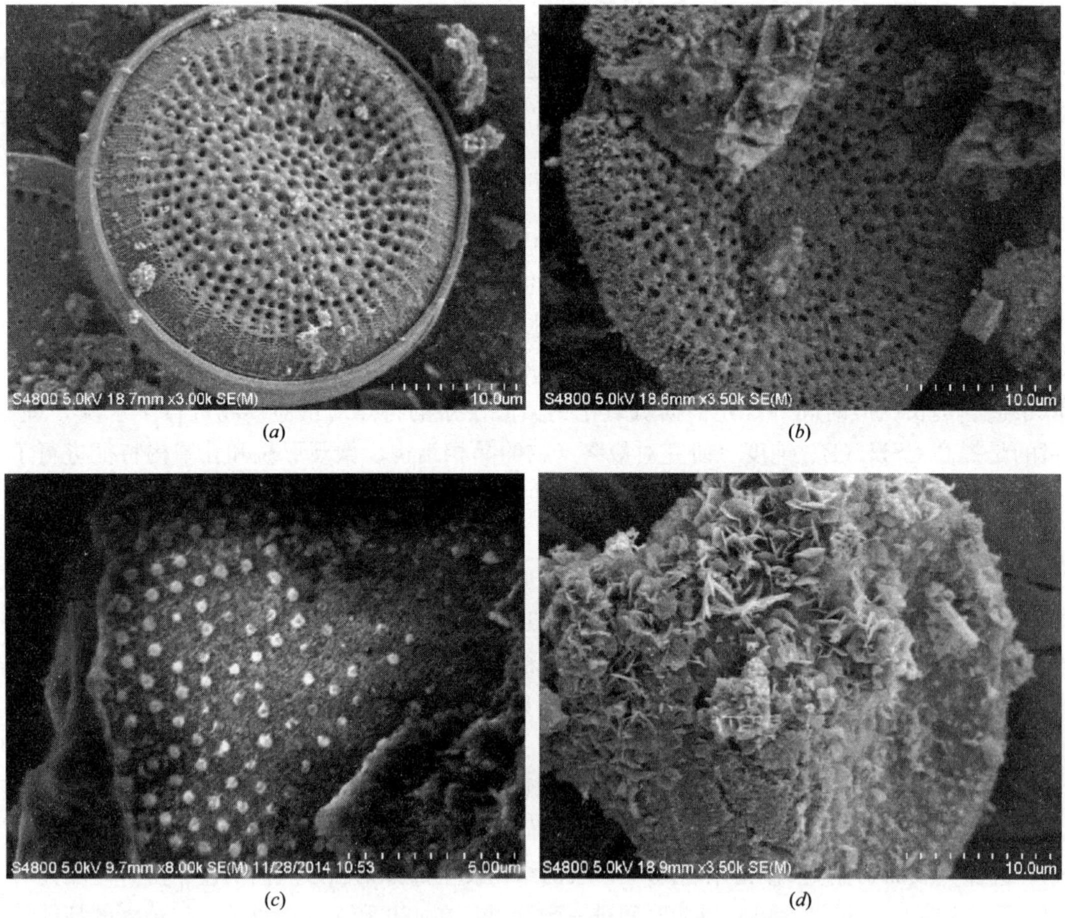

(*a*) (*b*)

(*c*) (*d*)

图 6-9 不同反应时间所得硅藻基水化硅酸钙的 SEM 照片

(*a*) 8h；(*b*) 24h；(*c*) 48h；(*d*) 72h

6.4.4 全孔结构分析

氮等温吸附法测试分析得到硅藻基 CSH(B) 的孔结构特征，结果如图 6-10*a*、图 6-10*b* 所示，可以看到，与硅藻土原料相比，水热反应过程并未明显改变样品吸/脱附曲线形状，但相应曲线向左上方偏移，见图 6-10*a*，表明样品的孔隙结构更为发达。进一步的量化分析发现，硅藻基 CSH(B) 的微孔含量显著增大，应是源自 CSH(B) 的本征层状结构，而 10nm 左右的孔分布峰发生宽化并向大孔方向移动，则与 CSH(B) 晶体堆聚结构有关，见图 6-10*b*。

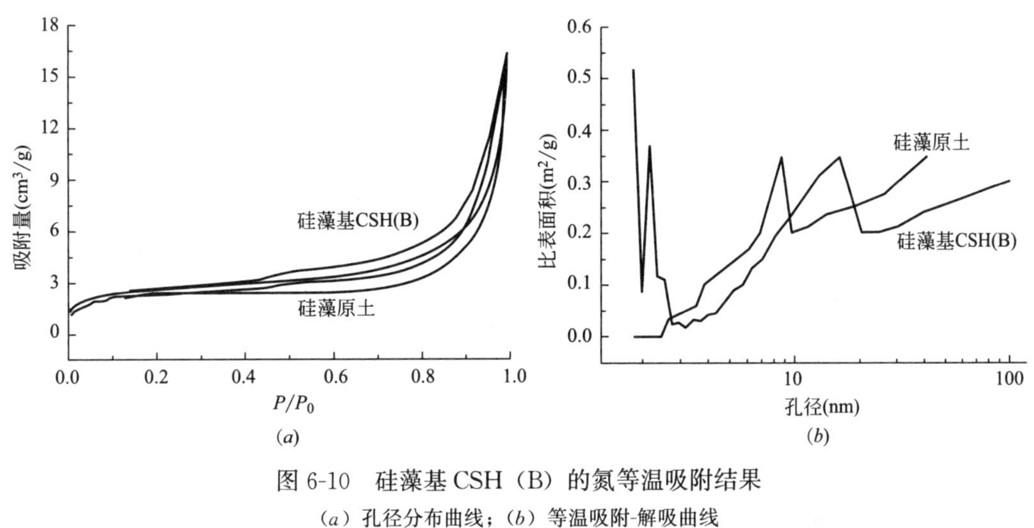

图 6-10　硅藻基 CSH (B) 的氮等温吸附结果

(*a*) 孔径分布曲线；(*b*) 等温吸附-解吸曲线

6.5 硅藻基 CSH (B) 的染料吸附性能

为显示硅藻基 CSH(B) 对水溶液中次甲基蓝染料分子的吸附作用效果，调整控制染料溶液浓度及水浴环境温度以便于后续的吸附过程动力学、热力学分析。

6.5.1 次甲基蓝溶液初始浓度的影响

图 6-11 所示为环境温度 30℃条件下，硅藻基 CSH(B) 对水溶液中不同浓度次甲基蓝分子的吸附效果。图 6-11*a* 所示为 30℃水浴条件下硅藻基 CSH(B) 的脱色效果，可以发现，随着吸附过程的进行，硅藻基 CSH(B) 的脱色过程也是先快后慢，主要吸附过程在实验开始的 20～40min 内进行；在 120min 测试过程结束时，对 5～25mg/L 浓度次甲基蓝溶液的脱色率均在 60%以上，总体趋势上对低浓度次甲基蓝染料分子的脱色程度更显著，脱色率 R_t 更高。

根据相应时间内的溶液吸光度，可以从次甲基蓝水溶液工作曲线通过插值计算得到相应溶液的浓度 C_t，进而推算出硅藻基 CSH(B) 在相应时刻 t 的染料分子吸附量 q_t。图 6-11*b* 给出了 30℃水浴条件下硅藻基 CSH(B) 的染料吸附过程中 q_t 随时间的变化规律，其总体趋势与脱色率 R_t 极为相近。分析认为，吸附过程在实验前期的作用速率较高，因为在吸附的初始阶段有较多的吸附活性位；随着吸附过程的进行，可用的活性吸附位逐

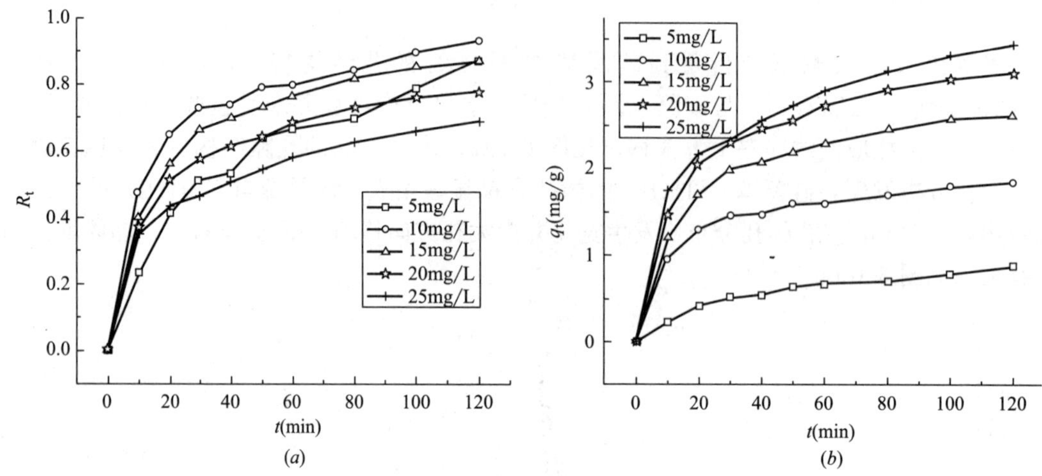

图 6-11　30℃水浴条件下硅藻基 CSH（B）的染料脱除性能

（*a*）脱色率-时间关系；（*b*）吸附量-时间关系

渐减少，加上已吸附在固体表面的分子间所产生的静电排斥作用，进一步阻碍了吸附进程的进行。两种趋势共同作用，导致吸附速率的降低[3]。

对比次甲基蓝溶液初始浓度不同情况下，硅藻基 CSH(B) 的染料吸附性能，可以发现，随着染料溶液初始浓度的逐渐提高（5mg/L～25mg/L），样品在各时刻的吸附量也随之增大，其原因在于固体表面与溶液内次甲基蓝染料分子之间存在吸附-脱附平衡，溶液初始浓度的提高，使得固体表面可吸附的染料分子增多，吸附速度也有所增大，这一作用效应随染料浓度的提高会变得更加明显。但从图 6-11*b* 可以看到，尽管次甲基蓝溶液浓度从 5mg/L 到 25mg/L 等梯度增大，但硅藻基 CSH(B) 对次甲基蓝吸附量的提高并非等量上涨，而是随着染料初始浓度的等量提高，吸附量增幅逐渐减小，暗示硅藻基 CSH(B) 对该染料分子的吸附存在一个能力上限。受其影响，硅藻基 CSH(B) 吸附剂对次甲基蓝溶液的脱色效果也随染料浓度的提高而呈现一定下降趋势，具体表现为长时间吸附，如 120min 条件下脱色率 R_t 随染料初始浓度的升高而明显地下降。

6.5.2　温度对吸附效果的影响研究

为展示环境温度对硅藻基 CSH(B) 染料吸附能力的影响，将吸附实验的水浴温度提高至 50℃，在同等条件下测试了硅藻基 CSH(B) 吸附次甲基蓝的作用效果，实验结果如图 6-12 所示，可以发现，实验温度自 30℃提高至 50℃，吸附过程中溶液脱色率 R_t 与吸附量 q_t 随时间 t 的变化规律与 30℃下的测试分析结果（图 6-11）在趋势上基本相同。进一步量化对比发现，随着测试温度的升高，硅藻基 CSH(B) 的次甲基蓝染料吸附量明显上升、脱色率提高，同时刻情况下，溶液中残留染料分子浓度随之降低，吸光度快速降低并趋于平衡。分析认为，随着测试环境温度的升高，染料分子的热振动频率加快、振幅增大，导致单位时间内与固体表面吸附活性位发生碰撞并相互作用的染料分子数量也随之增多，吸附过程加速进行；另一方面，温度的提高也会引起溶液黏度的降低，有利于染料分子的扩散过程[4]。二者共同作用，使得吸附量因温度的升高而增大，吸附速度也有所加快。这一结果同时也说明硅藻基 CSH(B) 自水溶液中吸取次甲基蓝染料分子是一个吸热过程。

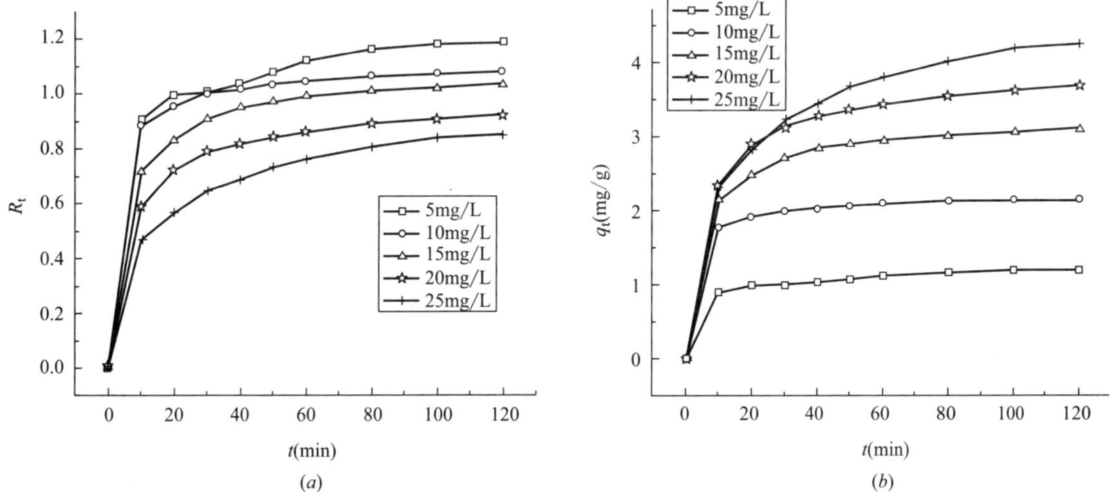

图 6-12　50℃水浴条件下硅藻基 CSH（B）的染料脱除性能

（a）脱色率-时间关系；（b）吸附量-时间关系

6.6　硅藻基 CSH（B）对染料吸附过程的动力学分析

为进一步了解硅藻基水化硅酸钙 CSH（B）对次甲基蓝分子的吸附机理以及各主要影响因素的作用机制，本文对水化硅酸钙的染料吸附过程进行了吸附动力学分析，得到了吸附剂对水溶液中次甲基蓝染料吸附过程的特征参数及其变化规律，包括饱和吸附量、吸附速率和主要控制因素等。为全面评价硅藻土的吸附动力学，分别采用伪动力学一次模型（Pseudo-first-order model），伪动力学二次模型（Pseudo-second-order model）和粒子间扩散模型（Intra-particle diffusion model）三种模型来分析、讨论吸附实验的相关数据。

6.6.1　伪动力学一次模型拟合

伪动力学一次模型的数学表达式为[5]：

$$\ln(q_e - q_t) = \ln q_e - k_1 t \tag{6-2}$$

式中　q_e——平衡吸附量（mg/g）；

t——吸附时刻（min）；

q_t——不同吸附时刻 t 时的吸附量（mg/g）；

k_1——pseudo-first-order 模型的吸附速率常数（min）。

k_1 和 q_e 值可以通过 ln（$q_e - q_t$）对 t 作图、线性拟合得到。图 6-13*a*、图 6-13*b* 所示分别为 30℃和 50℃条件下，硅藻基 CSH(B) 对次甲基蓝吸附过程中 ln（$q_e - q_t$）与时间 t 之间的关系规律及相应的线性拟合情况，其中，相关系数 R^2 在 0.84～0.98 之间波动，属可接受的范围，但是拟合、计算出的平衡吸附量（$q_{e,cal}$）却明显低于实测的 120min 吸附量，见表 6-3，表明伪动力学一次模型（Pseudo-first-order 模型）不能很好地描述硅藻基 CSH(B) 对次甲基蓝染料分子的吸附过程。

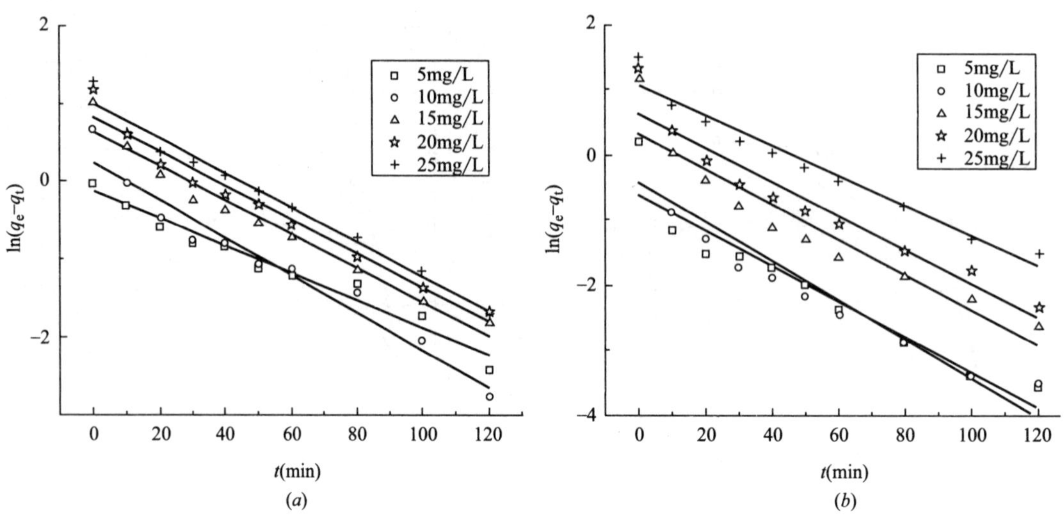

图 6-13 硅藻基 CSH（B）染料吸附过程的吸附动力学拟合：伪动力学一次模型
（a）30℃；（b）50℃

6.6.2 伪动力学二次模型拟合

伪动力学二次模型方程如下[6]：

$$\frac{t}{q_t}=\frac{1}{k_2 q_e^2}+\frac{t}{q_e} \tag{6-3}$$

式中 q_e——平衡吸附量（mg/g）；

t——吸附时刻（min）；

q_t——吸附时刻 t（min）时的吸附量（mg/g）；

k_2——该模型的常数，与模型的吸附速率密切相关［g/(mg・min)］。

k_2 和 q_e 的值可通过 t/q_t 对 t 作图得出。图 6-14*a*、图 6-14*b* 给出了硅藻基 CSH(B)

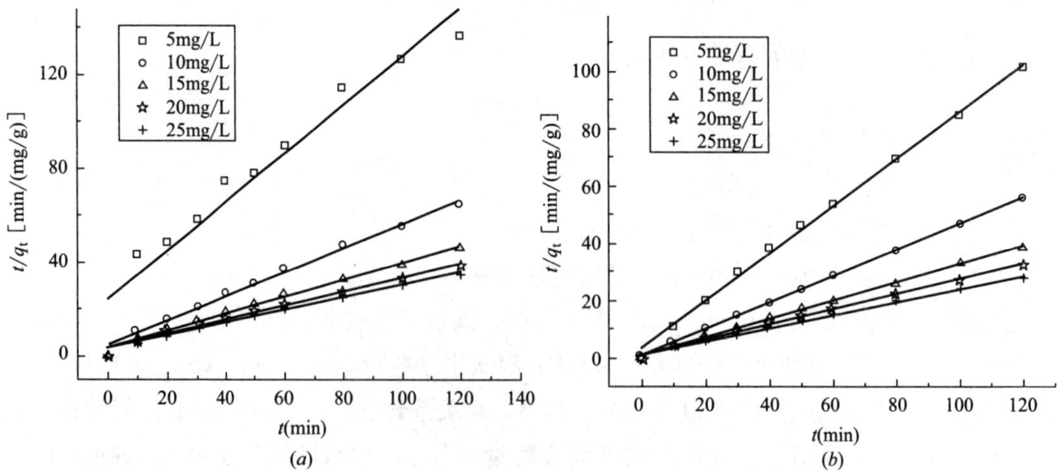

图 6-14 硅藻基 CSH(B) 染料吸附过程的吸附动力学拟合：伪动力学二次模型
（a）30℃；（b）50℃

对次甲基蓝染料吸附过程的伪动力学二次模型拟合情况，可明显看出，t/q_t 与 t 之间存在良好的线性关系，同时拟合结果的线性回归相关系数 R^2 在 0.93～0.99 之间，根据斜率和截距计算出的染料平衡吸附量也与实验值较为接近，如表 6-3 所示。通过与伪动力学一次模型和粒子间扩散模型的线性回归相关系数 R^2 相比较，发现伪动力学二次模型拟合的线性回归相关系数 R^2 值最高，说明伪动力学二次模型（Pseudo-second-order model）可以更好地描述硅藻基 CSH(B) 对次甲基蓝染料分子的吸附过程。

据此模型，分别计算了不同反应温度和初始染料浓度条件下硅藻基 CSH(B) 对次甲基蓝分子的平衡吸附量 q_e 和速度常数 k_2 值，并绘制成图，如图 6-15、图 6-16 所示，可以看到，随着染料溶液初始浓度的提高，平衡吸附量 q_e 值越大，见图 6-15*a*、图 6-16*a*，表明样品的染料吸附能力随浓度提高而增大；另一方面，拟合得到的速度常数 k_2 值则呈降

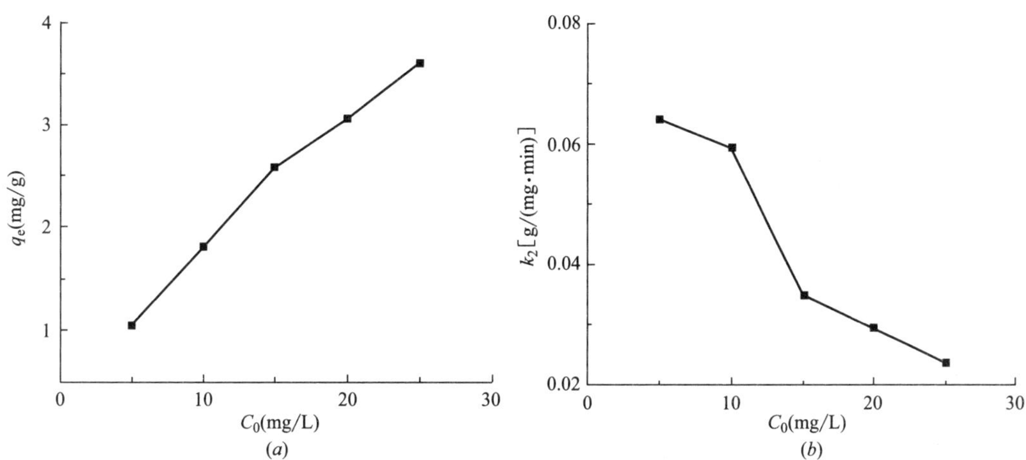

图 6-15　染料初始浓度对硅藻基 CSH(B) 伪动力学二次模型吸附参数 q_e 和 k_2 的影响（实验条件：30℃）
（*a*）C_0-q_e 关系；（*b*）C_0-k_2 关系

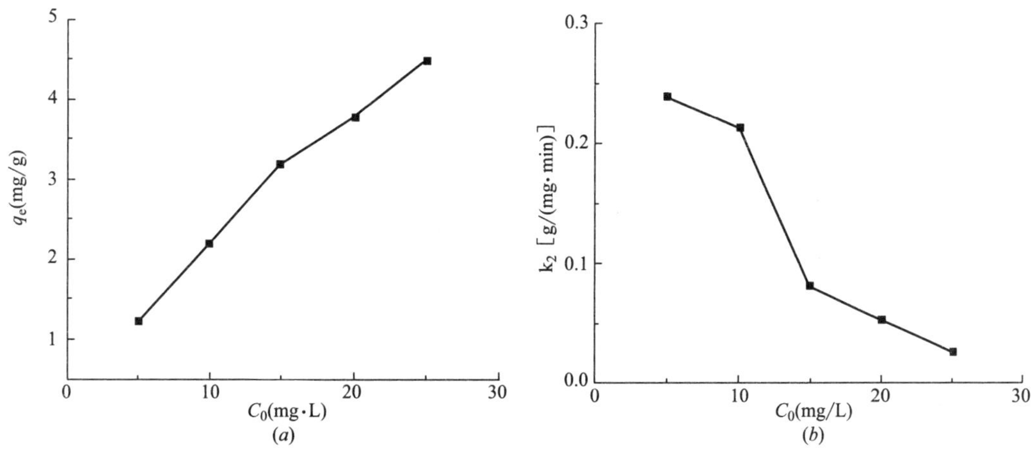

图 6-16　染料初始浓度对硅藻基 CSH(B) 伪动力学二次模型吸附参数 q_e 和 k_2 的影响（实验条件：50℃）
（*a*）C_0-q_e 关系；（*b*）C_0-k_2 关系

低趋势，说明染料初始浓度的提高对于硅藻基 CSH(B) 吸附速率的改善也是有利的，见图 6-15*b*、图 6-16*b*。对比不同温度吸附过程的伪动力学二次模型参数，可以发现，随着测试温度由 30℃提高至 50℃，硅藻基 CSH(B) 的染料吸附平衡容量 q_e 明显增大。

6.6.3 粒子间扩散模型

粒子间扩散模型的分析也是解释吸附过程中的动力学性质的重要手段之一，该模型主要侧重于评估被吸附物质的扩散机制及其对吸附性能的影响。粒子间扩散模型的表达方程如下[7]：

$$q_t = k_p\sqrt{t} + C \tag{6-4}$$

式中 t——吸附时刻（min）；

q_t——不同吸附时刻 t 时的吸附量（mg/g）；

C、k_p——该模型的常数，单位分别为 mg/g 和 mg/(g·$\sqrt{\text{min}}$)，其中 k_p 反映了被吸附分子在吸附过程中的扩散速率。

C 和 k_p 的值可通过 q_t 与$\sqrt{t}$作图（图 6-17*a*、图 6-17*b*）得出，结果见表 6-3。

通常来说，扩散也是限制吸附过程中吸附量的一大重要因素。根据 Weber - Morris 的理论，用 q_t 对 $t^{1/2}$ 作图，如果是直线，说明吸附过程中吸附质的扩散会限制吸附量。更具体地来说，若直线通过原点，说明吸附质的扩散是吸附过程中限制吸附量的唯一因素，若直线不通过原点，说明吸附质的扩散并非限制吸附量的唯一因素，而是存在着其他限制因素。如图 6-17*a*、图 6-17*b* 所示，q_t 对$\sqrt{t}$作图在低初始浓度下可得到不通过原点的直线，说明次甲基蓝的扩散并不是唯一限制吸附量的因素；但在高浓度情况下，吸附实验数据与直线关系存在很大的偏差，相关系数 R^2 仅在 0.85 左右；如吸附环境温度提高至 50℃，相关系数进一步降低[8]。环境温度高、初始浓度大的情况下，该模型的适用性存疑。

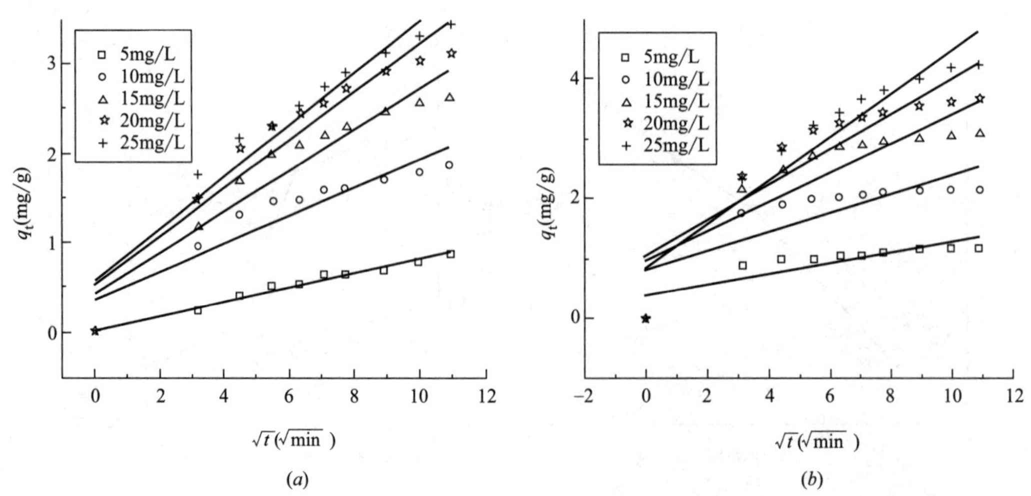

图 6-17 硅藻基 CSH（B）染料吸附过程的吸附动力学拟合：粒子间扩散模型

（*a*）30℃；（*b*）50℃

硅藻基 CSH（B）吸附次甲基蓝过程的动力学拟合相关数据，实验条件：30℃　　表 6-3

染料初始浓度(mg/L)	$q_{e,exp}$ (mg/g)	伪动力学一次模型			伪动力学二次模型			粒子间扩散模型		
		k_1 (min^{-1})	$q_{e,cal}$ (mg/g)	R^2	k_2 [g/(mg·min)]	$q_{e,cal}$ (mg/g)	R^2	k_p[mg/(g $\sqrt{min}$)]	C (mg/g)	R^2
5	0.8752	0.0174	0.8583	0.96	0.04405	0.9637	0.93	0.0790	0.0278	0.97
10	1.8604	0.0241	1.2829	0.95	0.05924	1.9231	0.99	0.1543	0.3780	0.85
15	2.6088	0.0218	1.8823	0.96	0.03486	2.7738	0.99	0.2284	0.4411	0.89
20	3.1039	0.0221	2.2599	0.96	0.0293	3.2904	0.99	0.2691	0.5347	0.89
25	3.4344	0.0221	2.6751	0.98	0.02361	3.6155	0.98	0.2913	0.5583	0.91

硅藻基 CSH（B）吸附次甲基蓝过程的动力学拟合数据，实验条件：50℃　　表 6-4

染料初始浓度(mg/L)	$q_{e,exp}$ (mg/g)	伪动力学一次模型			伪动力学二次模型			粒子间扩散模型		
		k_1 (min^{-1})	$q_{e,cal}$ (mg/g)	R^2	k_2 [g/(mg·min)]	$q_{e,cal}$ (mg/g)	R^2	k_p[mg/(g $\sqrt{min}$)]	C (mg/g)	R^2
5	1.1859	0.0273	0.5444	0.90	0.2373	1.2136	0.99	0.0896	0.3910	0.68
10	2.1526	0.0301	0.6682	0.84	0.2126	2.1826	0.99	0.1572	0.8219	0.59
15	3.1026	0.0270	1.3663	0.88	0.0801	3.1755	0.99	0.2429	0.9684	0.71
20	3.6921	0.0261	1.8772	0.91	0.0527	3.7890	0.99	0.2949	1.0415	0.75
25	4.2538	0.023	2.8908	0.96	0.0252	4.4793	0.99	0.3612	0.8604	0.87

6.7　吸附等温线分析

吸附等温线通常用于分析被吸附粒子在吸附剂表面上的分布情况。常用的吸附模型为 Langmuir 模型和 Freundlich 模型，其中 Langmuir 模型的数学表达式为[9]：

$$\frac{C_e}{q_e}=\frac{1}{q_m K_L}+\frac{C_e}{q_m} \tag{6-5}$$

源于

$$q_e=\frac{q_m K_L C_e}{(1+K_L C_e)} \tag{6-6}$$

通过 C_e/q_e 与 C_e 关系曲线的斜率和截距可得到 q_m 和 K_L 的值。

Freundlich 模型的数学表达式为[10]：

$$\log q_e=\log K_F+\frac{1}{n}\log C_e \tag{6-7}$$

源于

$$q_e=K_F C_e^{1/n} \tag{6-8}$$

通过 $\log q_e$ 和 $\log C_e$ 作图可以得到 K_F 及 n 的值。

式中　C_e——吸附达到平衡时，溶液中的染料的平衡浓度（mg/L）；

q_e——吸附达到平衡时，吸附在吸附剂上的平衡吸附量（mg/g）；

q_m——Langmuir 模型的常数，代表着单层最大吸附量（mg/g）；

K_L——Langmuir 模型的参数，代表与吸附能量有关的、表征吸附质与吸附剂间亲和力的常数（L/mg）；

K_F——Freundlich 模型的参数，代表其吸附容量（L/g）；

$1/n$——Freundlich 模型的参数，代表其吸附强度，$1/n<1$（$1/n>1$）表征有利于（不利于）吸附，提高（或降低）吸附量。

另外，吸附难易程度可用 R_L 来衡量，R_L 定义如下[11]：

$$R_L=\frac{1}{1+K_LC_0} \tag{6-9}$$

式中 C_0——吸附初始浓度（本研究中为相对湿度）。

次甲基蓝染料的平衡吸附量与染料平衡浓度之间的关系曲线及采用 Langmuir 和 Freundlich 模型拟合的结果如图 6-18 和图 6-19 所示。不同温度下 Langmuir 和 Freundlich 的相

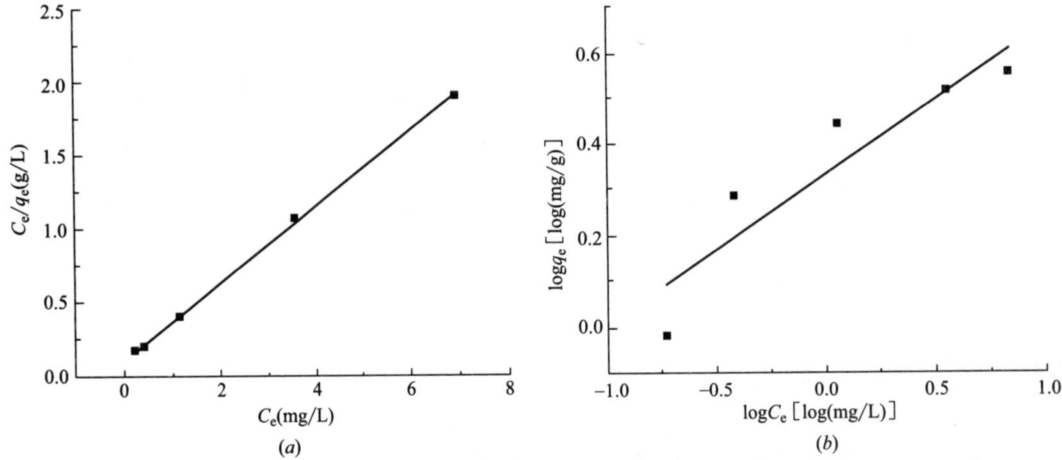

图 6-18　硅藻基 CSH（B）对次甲基蓝的吸附等温线分析（实验条件：30℃）

（*a*）Langmuir；（*b*）Freundlich

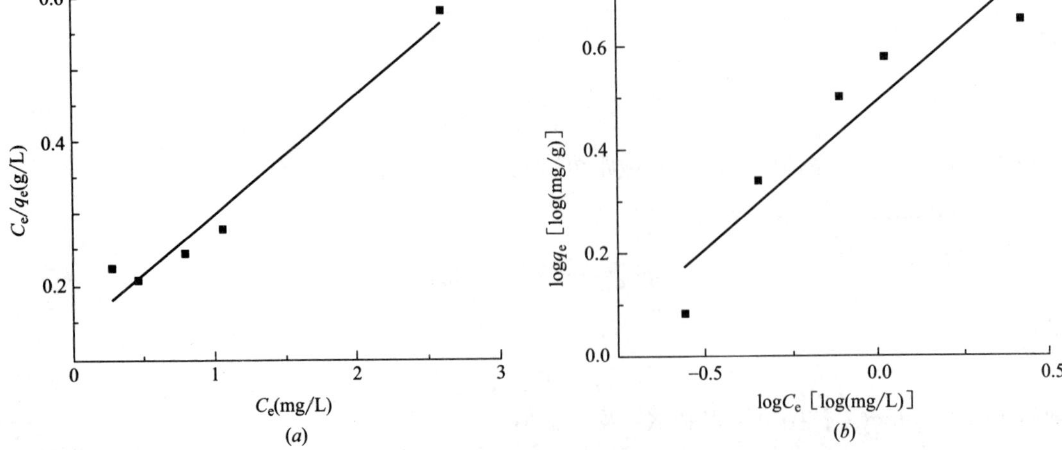

图 6-19　硅藻基 CSH（B）对次甲基蓝的吸附等温线分析（实验条件：50℃）

（*a*）Langmuir；（*b*）Freundlich

关系数见表 6-5，可以看出，Langmuir 模型的相关系数均在 0.90 以上，而 Freundlich 模型的相关系数高低不等，存在低于 0.90 的值，说明吸附等温曲线很好地服从 Langmuir 模型，同时也表明吸附剂与染料分子间的相互作用主要为同相间的相互作用，如分子间作用力或静电作用，因而被吸附的次甲基蓝染料分子主要存在于吸附剂的表面，当有一个分子占据吸附位后，其他分子便不能再被吸附，即属于单层吸附[11]。

吸附等温线分析的相关系数　　表 6-5

T(℃)	Langmuir 公式				Freundlich 公式		
	K_L(L/mg)	q_m(mg/g)	R^2	R_L	K_F	n	R^2
30	2.1063	3.8377	0.999	0.0867～0.0186	2.1789	3.0194	0.818
50	1.1726	6.1155	0.949	0.1457～0.0330	3.1285	1.7542	0.832

R_L 的值反映了吸附剂吸附效果：当 $R_L>1$，表示吸附过程难进行，吸附效果差；$R_L=1$，表示吸附过程难易程度一般；$0<R_L<1$，表示吸附过程容易进行，吸附效果好；$R_L=0$，表示吸附过程不可逆。表 6-5 表明，R_L 的值均在 0 到 1 之间，说明本研究中的水热合成硅藻土对次甲基蓝的吸附过程较容易进行且吸附效果较佳。

6.8　吸附热力学分析

热力学参数可深入反映吸附过程的内在活力变化，因此，对热力学参数的评估也是很重要的。在本研究中，分别计算了自由能 ΔG、焓变 ΔH、熵变 ΔS 的值，并以其进一步描述硅藻基 CSH(B) 对次甲基蓝染料的吸附过程。根据 Langmuir 等温线参数的大小，利用式（6-11）和式（6-12）求得热力学参数，其中，K_L 为 Langmuir 参数，R 为理想气体常数［8.3145J/(mol・k)］，ΔS 为熵变，ΔH 为焓变，ΔG 为吉布斯自由能，T 为温度。ΔG 根据 K_L 的值直接求得；对 $\ln K_L$ 和 1/T 做线性图，可获得 $\Delta S/R$ 和 $\Delta H/R$ 的值，分别为该线性图的截距和斜率，就可计算出熵变 ΔS 和焓变 ΔH 的值。用 Langmuir 等温线来计算热力学参数，方程如下：

$$\Delta G=-RT\ln K_L \tag{6-10}$$

$$\ln K_L=\frac{\Delta S}{R}-\frac{\Delta H}{RT} \tag{6-11}$$

表 6-6 同时也表明了温度对自由能 ΔG 的影响，从表中可得出，ΔG 的值为负值，结合前边的讨论分析可总结出，次甲基蓝在硅藻土表面的吸附是一个自发的吸热过程；另

硅藻基 CSH(B) 对次甲基蓝吸附过程的热力学参数　　表 6-6

热力学参数	温度(K)	
	303.15	323.15
ΔG(kJ/mol)	−33.825	−34.483
ΔH(kJ/mol)	−23.85	
ΔS[J/mol・K)]	32.90	

外，随着温度的提高，ΔG 的值越来越小，说明在这个吸附过程中存在着一个更加强大的驱动力，而正是这个驱动力使得硅藻基 CSH(B) 的吸附能力越来越大，从而更加有力地解释了在更高温度情况下硅藻基 CSH(B) 会获得对染料更大的吸附量的原因。

6.9 本章小结

为提高水化硅酸钙的染料脱除性能，本书首先将水洗筛分工艺自硅藻土原料中提取出高纯度的硅藻壳，探讨了酸洗处理参数对硅藻壳孔结构的影响规律，在此基础上采用水热合成工艺，在非饱和水蒸气环境中使硅藻壳与氢氧化钙反应得到水化硅酸钙，进而对水化产物自水溶液中吸取次甲基蓝染料分子的能力进行了系统测试和动力学、热力学分析。研究的主要结论如下：

（1）结合水洗与筛分的结合，可有效去除硅藻土原料中的硅藻壳碎片及杂质碎屑，提取出高含量的完整硅藻壳，同时不明显改变样品的孔结构。

（2）通过水热反应环境湿度、原料配比以及水热制度的调整控制，使硅藻土与氢氧化钙的水热反应限制于固体孔隙及表面附近进行，通过硅藻模板的原位转化获得硅藻基水化硅酸钙 CSH(B)。微观结构分析表明，硅藻基 CSH(B) 明显保留了硅藻壳规则、有序的孔结构，介孔含量丰富，同时表现出 CSH(B) 固有的微孔结构特征。

（3）硅藻基 CSH(B) 在水溶液中表现出对次甲基蓝分子的显著吸附/分离能力，这一能力随染料溶液初始浓度的提高或环境温度的提高有所增大。

（4）吸附过程动力学分析表明，硅藻基 CSH(B) 对次甲基蓝的吸附过程应采用伪动力学二次模型加以描述，拟合相关系数在 0.93～0.99，推算得到样品对初始浓度 5～25mg/L 的次甲基蓝平衡吸附量可达 0.96～3.62mg/g。

（5）吸附等温线分析表明硅藻基 CSH(B) 对次甲基蓝染料的吸附等温线符合 Langmiur 模型；吸附热力学分析发现，硅藻基 CSH(B) 吸附此甲基蓝是一种自发进行的吸热过程，吸附自由能随温度提高而减小，即温度提高有利于吸附过程的进行。

本章参考文献

[1] 孔伟. 硅藻土基调湿材料的制备与性能研究 [D]. 北京工业大学，2011：1-5.

[2] 佟钰，张君男，王琳，等. 硅藻土的水热固化及其湿度调节性能研究 [J]. 新型建筑材料，2015，(4)：14-16.

[3] S. Najar-ouissi，A. Ouederni，A. Ratel. Adsorption of dyes onto activated carbon prepared from olive stones [J]. J. Environ. Sci.，2005，17 (6)：998-1003.

[4] B. H. Hameed，F. B. M. Daud. Adsorption studies of basic dye on activated carbon derived from agricultural waste：Hevea brasiliensis seed coat [J]. Chemicel Engineering Journal，2008，139 (1)：48-55.

[5] S. Lagergren. Zur theorie der sogenannten adsorption geloester stoffe [J]. Kungliga Svenska Vetenskapsakad. Handl.，1898，24 (4)：1-39.

[6] Y. S. Ho，G. Mckay. Pseudo-second order model for sorption processes [J]. Process of Biochem-

istry, 1999, 34 (5): 451-465.

[7] W. J. Weber, J. C. Morris. Kinetics of adsorption on carbon from solution [J]. Journal of Sanitary Engineer and Division American Society Chemical Engineering, 1963, 89 (1): 31-59.

[8] G. McKay, M. S. Otterburn, J. A. Aga. Fuller's earth and fired clay as adsorbents for dyestuffs Equilibrium and rate studies [J]. Water Air Soil Pollution, 1985, 24 (3): 307-322.

[9] I. Langmuir. The adsorption of gases on plane surfaces of glass, mica and platinum [J]. Journal of American Chemical Society, 1918, 40 (9): 2221-2295.

[10] G. C. Chen, X. Q. Shan, Y. Q. Zhou, et al. Adsorption kinetics, isotherms and thermodynamics of Atrazine on surface oxidized multiwalled carbon nanotubes [J]. Journal of Hazards Materials, 2009, 169 (1-3): 912-918.

[11] S. Chakravarty, S. Pimple, S. Hema, et al. Removal of copper from aqueous solution on using pulp as adsorbent [J]. Journal of Hazards Materials, 159 (2-3): 396-403.

第7章　硅藻土水热固化体的建材利用

前面研究内容证明了硅藻原土、焙烧样及水热转化粉体均具有显著的力学强度、湿度调节能力、保温隔热性能和甲醛吸附效果等，但粉末状态不利于硅藻土功能材料的应用与维护。因此考虑将硅藻基粉末转化成块状制品，作为内墙装饰砖或天花板应用于建筑室内，既有一定的外形和强度，又保持可观的吸/放湿和甲醛吸附等性能。

7.1　概述

7.1.1　建筑装饰板材

装饰材料按使用位置分为室外装饰材料和室内装饰材料两大类别，也可以根据形状差异分成石材、板材、片材、线材、型材五大品种。装饰板材是所有板材的统称，主要有木质的细工木板、胶合板、刨花板、密度板、装饰面板、集成材，石膏板，硅酸钙板，聚氯乙烯（PVC）板，金属铝质或铝质复合的铝扣板、铝塑板等。

（1）木质装饰板材

细工木板，俗称大芯板、夹芯板，是以实木为板芯的胶合板，具有握钉力好、强度高的特点，但受芯材材质及加工工艺的影响较大，一般用于家具、门窗、隔断、暖气罩、窗帘盒等。

胶合板，是由两层以上1mm左右的实木单板或薄板胶粘热压而成，根据板层数目分为三夹板、五夹板、九夹板和十二夹板，也就是常说的三合板、五厘板、九厘板和十二厘板，其中五厘板和九厘板较常用。胶合板的结构强度大，稳定性好，常用作家具的底板、背板，也可作为装饰面板的底板。胶合板的缺点是含胶量大，可能散发甲醛、苯等有毒有害物质，施工时应做好封边处理，尽量延缓污染。

密度板，是以植物木纤维为主要原料，经热磨、铺装、热压成型而成，根据密度不同分为中密度纤维板（密度450～800kg/m^3）和高密度板（硬质纤维板，密度800kg/m^{3}以上）。密度板的材质细密、表面光滑平整、边缘牢固、性能稳定、装饰性好，但也存在耐潮能力差、握钉力不足、甲醛释放量大等缺陷，主要用于强化木地板、门板、隔墙、家具等。

装饰面板，是将实木精密刨切成厚度0.2mm或略厚的薄木皮，再以胶合板或密度板为基材胶粘而成的具有装饰作用的板材。装饰面板的表层薄面通常采用名贵木种，纹理天然、华美，是时下家居装修常用的装饰材料。

刨花板，是粉碎成颗粒状的天然木材经粘合压制而成，结构上含大量孔隙，因此密度不高，抗拉抗弯能力较差，但具有一定的绝热、吸声能力，主要用于制作吊顶、中低档家具、橱柜等。

集成材，俗称指接拼板或指拼板，采用大径原木经深加工而成，因其像手指一样交错拼接的结构得名，强度高、不易变形，但价格较高，主要用于木质门窗、高档家具等。

(2) 石膏板

石膏板是以熟石膏（建筑石膏或高强石膏）为主要原料掺入纤维和添加剂制成，分为纸面石膏板、纤维石膏板、装饰石膏板、空心石膏板条等，具有轻质（密度 800～1000kg/m^3）、高强（3～5MPa）、吸音、隔热、阻燃、装饰性强、加工性能好等特点，最主要缺点是耐水防潮性能较差，因此不宜用于厨房、浴室、洗手间等部位。

(3) 硅酸钙板

也称防火板，是由钙质材料如石灰、水泥与硅质材料（石英砂、粉煤灰、矿渣、硅藻土等）为主要胶结材料经压蒸工艺制成。为改善板材性能，可引入一定比例的纤维增强材料（纸浆纤维、玻纤、石棉等）、轻质骨料、粘合剂、强度促进剂等，经制浆、成坯、蒸养、表面砂光等工序制成，厚度一般 6～12mm。原料配比和蒸养控制是硅酸钙板生产的技术关键。由于硅质、钙质材料在高温高压的条件下，反应生成托贝莫来石（Tobermorite）晶体，其性能极为稳定，故以这种晶体为主要成分的硅酸钙板具有防火、防潮、耐久、变形率低、隔热等特点，尤其适合用作建筑内部的墙板、背景墙和吊顶板等，也可用于橱柜、展柜的制作。

(4) 聚氯乙烯板

以聚氯乙烯（PVC）为原料制成的截面呈蜂窝状网眼结构的板材，具有防水、防潮、防蛀的特点，且价格便宜，可用于卫生间和厨房。

(5) 金属制品

铝扣板，由金属铝压制而成，厚度一般 0.4～0.8mm，有条形、方形、菱形等，安装时卡扣于金属龙骨之上，主要用于厨房和卫生间的装饰装修。

铝塑板，由薄铝面层与塑料层叠合而成，分单面铝塑板和双面铝塑板，厚度一般 3～5mm。铝塑板的装饰性好，适合用于形象墙、展柜、吊顶灯，也可用于制作家具。

7.1.2　建筑装饰板材主要产品标准

本章研究尝试将硅藻土的水热固化工艺用于建筑板材的制备，根据硅藻基建筑板材的结构特征与性能特点，参比产品选择为常用装饰板材中的装饰石膏板和硅酸钙板。现将两种板材的主要性能指标介绍如下：

(1) 石膏板材

《装饰石膏板》JC/T 799—2016 将室内吊顶和墙面用装饰石膏板分为普通板和防潮板（代号 F），按形式进一步分为平板（代号 P）、孔板（代号 K）和浮雕板（代号 D），相应的物理力学性能要求如表 7-1 所示。

JC/T 799 规定，装饰石膏板的宽度常用规格为 300mm、600mm，长度 600mm、1200mm，厚度均为 15mm。断裂荷载的测试方法是将石膏板切制成 600mm×600mm 或 600mm×300mm 的试件，三块为一组，分别安放在板材抗折实验机上，正面向下，中间加载，加荷速率为 4.9±1.0N/s，直至试件断裂，记录数据[1]。

装饰石膏板的力学强度较低，尤其是在受潮或遇水的情况下。生产过程中在石膏板表面粘覆适当的纸膜，有助于改善石膏板的力学强度和耐水防潮等性能，即装修常用的纸面石膏板。根据纸张性能部分，纸面石膏板分为普通纸面石膏板、耐水纸面石膏板、耐火纸面石膏板和耐水耐火纸面石膏板，《纸面石膏板》GB/T 9775 对相关产品的性能指标及其测试方法做出了具体规定，其中断裂荷载要求如表 7-2 所示，试件尺寸 400mm×300mm[2]。由于成型方法（常用抄取法或流浆法）特点以及增强纤维的排列方式等原因，纸面石膏板的力学性能表现出一定的方向性，其纵向力学强度往往大于横向力学强度。JC/T 997—2006 中规定，吊顶用纸面石膏板的横向断裂荷载不小于 110N，隔墙用纸面石膏板的横向断裂荷载不小于 140N；其他指标包括：含水率不大于 1.0％、防潮板受潮挠度不大于 3.0mm 等[3]。

装饰石膏板的物理力学性能[1] **表 7-1**

项目			指标					
			P,*K*,*FP*,*FK*			*D*,*FD*		
			平均值	最大值	最小值	平均值	最大值	最小值
含水率(％)		≤	2.5	3.0	—	2.5	3.0	—
单位面积质量(kg/m)		≤	11.0	12.0	—	13.0	14.0	—
断裂荷载(N)		≥	147	—	132	167	—	150
防潮性能[a]	吸水率(％)	≤	8.0	9.0	—	8.0	9.0	—
	受潮挠度(mm)	≤	5	6	—	5	6	—
燃烧性能			应符合 A1 级要求					

[a] *P*、*K*、*D* 不检验该项目

纸面石膏板断裂荷载[2] **表 7-2**

板材厚度(mm)	断裂荷载(N),不小于			
	纵向		横向	
	平均值	最小值	平均值	最小值
9.5	400	360	160	140
12.0	520	460	200	180
15.0	650	580	250	220
18.0	770	700	300	270
21.0	900	810	350	320
25.0	1100	970	420	380

类似工艺也可用于生产形状特殊、可用于镶嵌施工的石膏板材。《嵌装式装饰石膏板》JC/T 800 指出，嵌装施工的装饰石膏板的建议尺寸：边长 500mm，厚度不小于 25mm；边长 600mm，厚度不小于 28mm。单位面积质量，平均值不大于 16.0kg/m^2，最大值不大于 18.0kg/m^2；含水率，平均值不大于 3.0％，最大值不大于 4.0％；断裂荷载，平均值不小于 157N，最小值不小于 127N[4]。

(2) 硅酸钙板

硅酸钙板是一种以性能稳定著称的新型建筑板材，具有轻质、高强、多功能等符合现

代化建筑要求的特点，又能节省能源和资源，是一种能够满足 21 世纪建筑业要求的墙体材料，在发达国家被争相研制和推广。硅酸钙板代替黏土砖作为建筑壁材，可节约土地资源；轻质高强，有利于减少建筑物的负重；制造和回收的环境危害性小，安装施工和表面装饰便利。硅酸钙板的最大特点是耐久性能、强度、使用寿命、防火、耐潮性能均明显优于传统的石膏板，适合成为重要建筑的理想板材。

硅酸钙板根据用途可分为三类：A 类适用于室外使用，可能承受直接日照、雨淋、雪或霜冻；B 类适用于长期可能承受热、潮湿和非经常性霜冻等环境，例如地下设施、湿热交替或室外非直接日照、雨淋、雪、霜冻等环境；C 类适用于室内使用，可能受到热或潮湿，但不会受到霜冻，例如内墙、地板、面砖衬板或底板等。《纤维增强硅酸钙板 第一部分：无石棉硅酸钙板》JC/T 564.1 规定，硅酸钙板根据抗折强度分为 R1～R5 五个等级，根据抗冲击强度则分为 C1～C5 五个等级，其力学性能应符合表 7-3、表 7-4 的规定，同时硅酸钙板的导热系数、吸水率等物理性能指标应满足表 7-5 要求。

无石棉硅酸钙板的抗折强度指标[5]　　**表 7-3**

强度等级	抗折强度(MPa)		单块最低强度
	A 类、B 类	C 类	
	饱水强度	干燥强度	
R1	4	4	不得低于指标的 70%
R2	7	7	
R3	12	10	
R4	16	14	
R5	20	18	

无石棉硅酸钙板的其他力学性能指标[5]　　**表 7-4**

强度等级	抗冲击强度(kJ/m^2)	抗冲击性	饱和胶层剪切强度
	厚度≤14mm	厚度＞14mm	
D1	≥1.0	落球法试验冲击 1 次，板面无贯通裂纹	≥345kPa
D2	≥1.4		
D3	≥1.8		
D4	≥2.2		
D5	≥2.6		

无石棉硅酸钙板的物理性能指标[5]　　**表 7-5**

项目	A 类	B 类	C 类
表观密度(g/cm^3)	不小于制造商文件中标明的规定值		
导热系数[W/(m·K)]	≤0.35	≤0.30	≤0.25
吸水率(%)	≤30	≤45	—
湿涨率(%)	≤0.35		

续表

项目		A类	B类	C类
不燃性		GB 8624 不燃性 A 级		
不透水性		24h 检验后板的底面允许出现潮湿的痕迹，但不应出现水滴		—
抗冻性试验	抗冻性能	A 类经 100 次，B 类经 25 次冻融循环，不得出现破裂、分层		—
	抗折强度比	≥70%		—
热雨性能		A 类经 50 次，B 类经 25 次循环试验，不得有开裂、分层等影响产品正常使用的缺陷		—
热水性能		抗折强度比≥60%		—
浸泡-干燥性能		A 类经 50 次，B 类经 25 次循环试验，抗折强度比≥65%		—

7.2 硅藻板材的模压成型与水热法制备[6-8]

此部分实验目的是将硅藻土水热固化体组装成实用性更强的建筑板材，考察硅藻建筑板材的使用性能特别是力学强度、调湿作用、甲醛吸附、导热系数等并进行相应的工艺优化。考虑到硅藻土在硅藻板材强度和吸/放湿能力方面的决定性作用，在板材合成过程中，在满足基本强度要求的前提下，尽量提高硅藻土的用量，同时使水化后的板材中有尽量多的硅藻形貌遗存。在对样品进行强度和吸/放湿能力检测时，选择外形规整且表面光滑的板材，确保检测出的数据无其他干扰因素。

7.2.1 板材制备过程

(1) 原材料

硅藻土，由辽宁东奥非金属材料开发有限公司提供，属Ⅳ级土，其主要化学成分及物理性能见表 7-6；氢氧化钙，沈阳力程试剂厂，分析纯；水，自来水。

硅藻土的主要理化性能 **表 7-6**

化学组成(%)							物理性能		
SiO_2	Al_2O_3	Fe_2O_3	CaO	MgO	烧失量	其他	比表面积(m^2/g)	孔容(cm^3/g)	平均孔径(nm)
61.38	14.18	8.54	1.05	1.81	9.67	3.37	85.9	0.118	5.5

(2) 硅藻土焙烧处理

为改善硅藻土的反应活性，随机选取部分硅藻土置于马弗炉中焙烧活化，焙烧制度设定为 800℃、0.5h。对比样品中，硅藻土未经焙烧活化，但始终置于 100±5℃通风干燥箱中烘干至恒重。

(3) 成型与固化

原料配比按质量百分比形式，即相应原料（硅藻土或水）的质量与固体原料（硅藻土+氢氧化钙）总质量之比。将硅藻土、氢氧化钙和水按比例准确称量、配料、搅拌至均匀。将适量的均匀混合物在压片机下模压成板状坯体，控制横梁下降速度为 1mm/min，加载至预定成型压力并保持压力 3min，再次加载至预定压力后卸压、脱模。实验中调整成型压力使样品受压表面承载分别为 0.5MPa、1.0MPa 和 1.5MPa，目的考察成型压力对硅藻土水热固化体吸放湿性能的影响。脱模样品置于压蒸釜中进行水热固化，反应条件设定为 185℃、6h，饱和水蒸气环境，所获制品在 80℃下烘干、备用。实验中固定用水量为 25%，考察硅藻土掺量（70%，80%，90%）对水热固化体吸放湿性能的影响规律。未焙烧的硅藻土采用相同配比进行水热固化反应。未特殊注明情况下，配料时硅藻土掺量为 70%（质量比），用水量为 25%（质量比）。

（4）结构-性能表征

微观结构表征：扫描电子显微镜（SEM），日立 S-4800，表面喷金处理；X 射线衍射（XRD），岛津 XRD-700 粉末衍射分析，波长 $\lambda=0.15406$nm，扫描速度 0.04°/s。

抗折强度测试，采用三点弯折法，板状样品尺寸 200mm×100mm×9mm，支点间距 160mm，采用深圳瑞格尔万能试验机（RG-100A）施加载荷，固定横梁下降速度为 1mm/min，每组三个样品，取其平均值作为有效强度计算依据。

保温性能测试，采用瑞典 Hot Disk 公司 TPS 2500 型导热系数测试仪。

吸/放湿实验，采用静态吸附法，在线实时监测样品质量变化；吸/放湿过程均持续 24h。板材样品切割成 50mm×50mm×10mm 试块，置于 105℃电热鼓风烘箱中干燥 6h 后，转入置有特定饱和溶液的人工气候箱中，相对湿度条件：吸湿 75%（NaCl 饱和水溶液）、放湿 33%（$MgCl_2$ 饱和水溶液）。按《调湿功能室内建筑装饰材料》JC/T 2082 规定指标[9] 进行对比，将样品的质量变化折合为单位表面积（$1m^2$）所吸附/释放的水分（g），分别记为吸湿量和放湿量，以 g/m^2（即 $10^{-3}kg/m^2$）表示。

甲醛吸附实验，采用乙酰丙酮分光光度法。样品切割成 50mm×50mm×10mm 试块，除待测表面外，其他表面采用不吸水胶带包裹封装，105℃烘箱中干燥 6h，称重后置于聚丙烯质密闭盒中，同时放入装有 10ml 甲醛（40%水溶液）的敞口培养皿，环境温度保持在 20±3℃。吸附时间 24h，测定块体样品和甲醛在测试前后的质量变化，然后迅速将样品浸入 500g 去离子水中，使样品破碎、混合后静置 24h，取上层清液 2ml 稀释至 25ml，再加入 2ml 乙酰丙酮作为显色剂，沸煮 5min 后冷却至室温，采用分光光度计测试溶液的吸光度，根据标准工作曲线可得到样品的甲醛吸附数据。

7.2.2　模压成型硅藻板材的几何形貌

为消除硅藻土原料中的有机组分、提高黏土等杂质矿物的反应活性，本研究首先将部分硅藻土进行了焙烧处理，根据前期工作结果[8]，将焙烧条件设定为 800℃、0.5h。扫描电镜下观察发现，原土中硅藻壳粒子属中心纲直链藻目，在完整情况下呈典型筛筒状结构，由上下两段嵌合而成；筛筒直径在 5～15μm，长度上则多在 15～50 μm 范围内波动；颗粒表面上分布着规则有序、孔径约 0.5μm 的孔隙（图 7-1*a*）；经过 800℃、0.5h 焙烧处理，在所观察尺度上，硅藻土焙烧样的孔隙排列结构并未出现显著变化，而且颗粒表面的杂质有所减少，棱角更加清晰，孔径尺寸也略有增大，如图 7-1*b* 所示。

图 7-2 所示为硅藻原土及焙烧硅藻土经水热固化后所得板材的光学照片，可以看出，水热固化体表面平整，质地均匀。比较而言，硅藻原土所制备的板材呈黄褐色，而焙烧硅藻土所制备的轻质板材则接近红棕色。分析认为，研究所采用的硅藻原土中含有一定量的

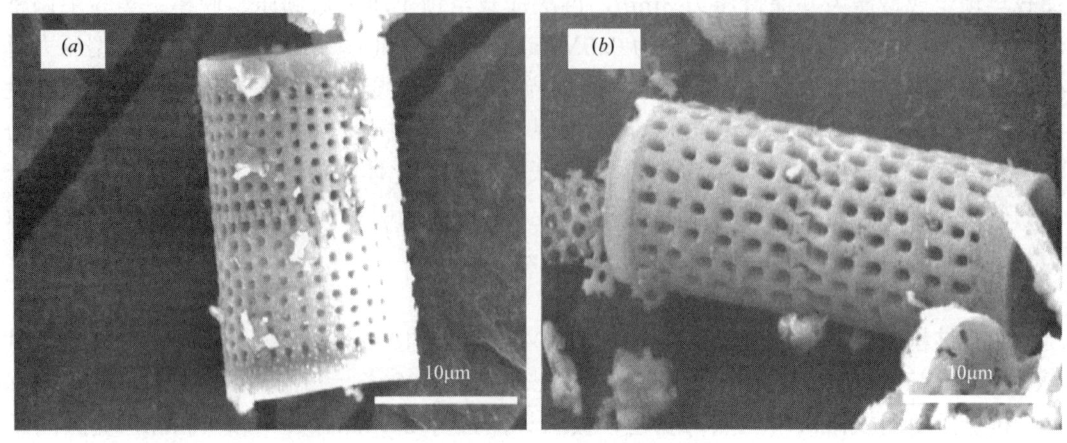

图 7-1　焙烧前后硅藻土颗粒的典型 SEM 照片

(*a*) 硅藻原土；(*b*) 焙烧硅藻土 (800℃，0.5h)

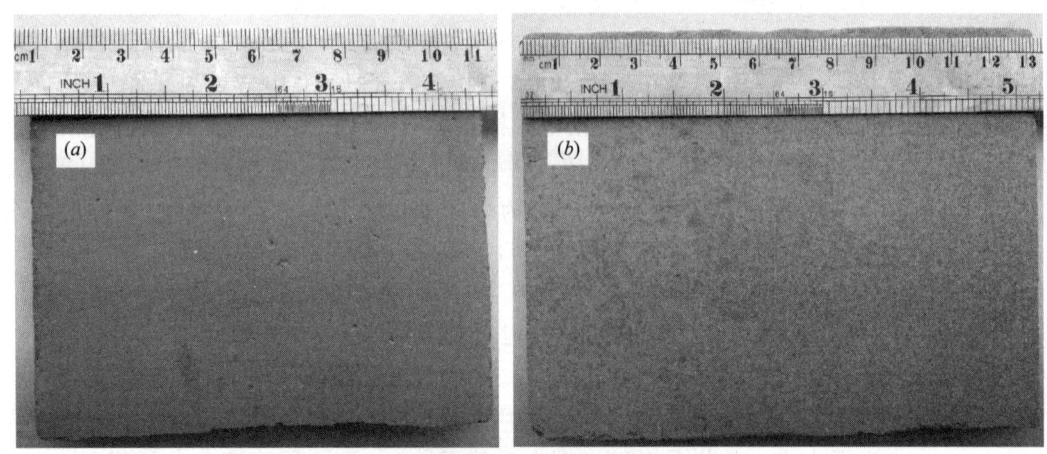

图 7-2　硅藻土水热固化板材的光学照片

(*a*) 硅藻原土水热固化体；(*b*) 焙烧硅藻土水热固化体

铁质化合物，经高温焙烧后会结合周围环境中的氧分子而转化为颜色更鲜艳的三氧化二铁 (Fe_2O_3)，影响了硅质原料及随后生成水热固化体的外观色泽。

图 7-3 为硅藻土制备的水热固化体的扫描电镜照片，从图 7-3*a* 中可以看出硅藻土与氢氧化钙水热合成的产物 [水化硅酸钙 CSH(B)] 在硅藻颗粒表面呈细丝状且互相之间结合紧密；图 7-3*b* 为局部钙硅比较大、反应更完全情况下所生成的片状结晶性水化硅酸钙 (托贝莫来石相)。值得指出的是，水热固化过程会在一定程度上保留硅藻壳的规则外形，如图 7-3*c* 所示，即硅藻结构的活性 SiO_2 在高温碱性环境中发生反应，原位转化为水化硅酸钙类产物，因此可保持一定的硅藻结构特征，而在高倍观察下可以发现，这一硅藻“遗态”结构是由片状水化产物堆聚而成，见图 7-3*d*。

7.2.3　模压成型硅藻板材的力学强度

对于建筑板材的生产过程来说，模压成型是调整板材表观密度和力学强度等使用性能

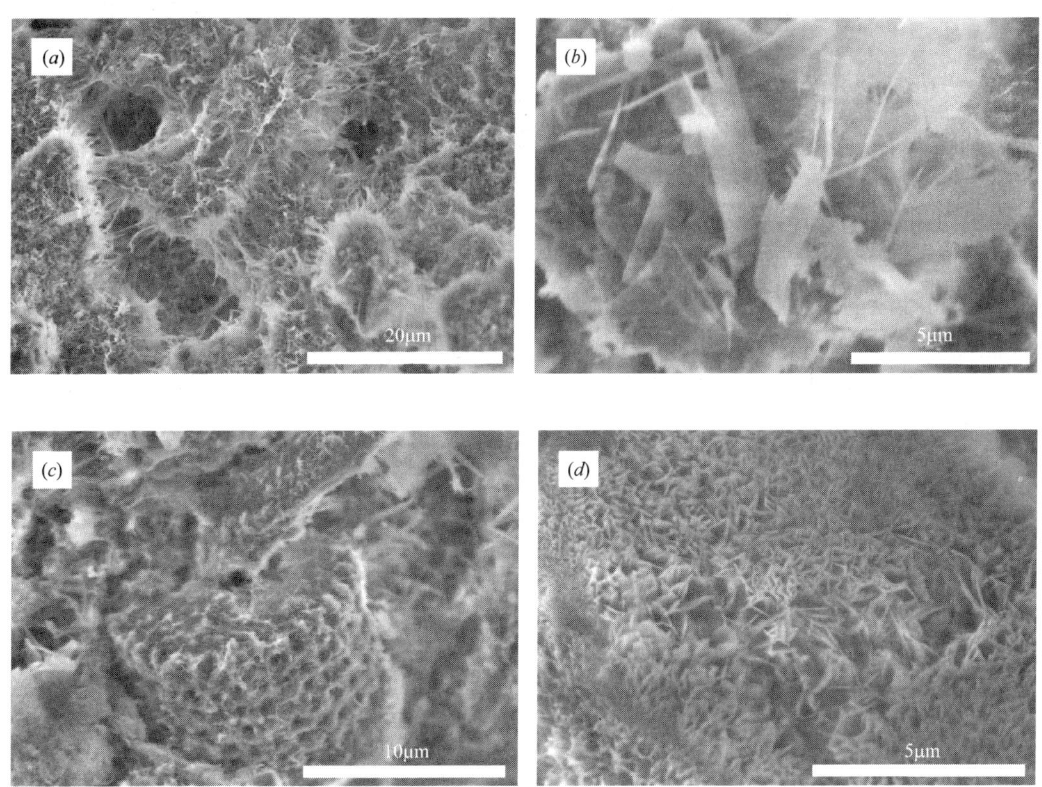

图 7-3　硅藻土水热固化体 SEM 照片

(a) 2500×；(b) 9000×；

(c) 5000×；(d) 11000×

的最为简便、有效的技术手段之一。图 7-4 给出了成型压力对硅藻基多功能板材表观密度的影响规律，可以看到，随成型压力的提高，样品的表面密度呈非线性增长趋势，其中低压力区（1kN 以下）的指标增长更为显著，在相对高压部分则测试指标与成型压力之间大致呈线性关系；成型压力 9kN 时，样品表观密度达到 0.85g/cm^3，表明成型压力的

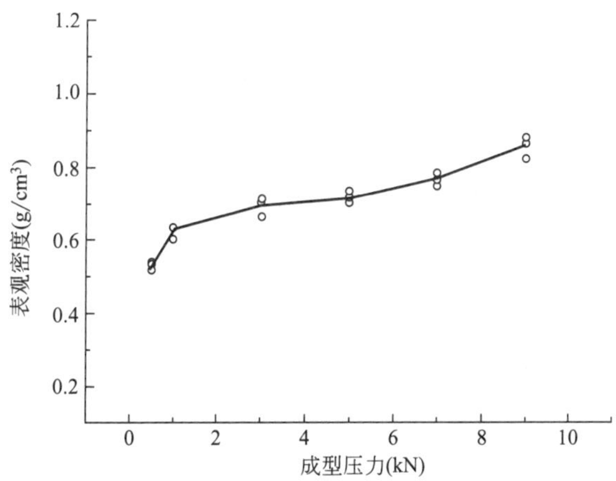

图 7-4　成型压力对硅藻基多功能板材表观密度影响

提高可显著缩短固体颗粒间的距离、降低孔隙率，因此表现出更高的密实度和表观密度。

图 7-5 给出了成型压力对硅藻基多功能板材力学强度的影响规律，可以看到，随成型压力的提高，样品的抗折强度先快后慢迅速增长，在高压部分的抗折强度与成型压力之间大致呈线性关系；成型压力 9kN 时，相应抗折强度为 1.62MPa。分析认为，除了表观密度上的增长之外，水热反应产物的充填和胶结双重作用也发挥了重要的效果，因此可实现更高的密实度和力学强度。图 7-4、图 7-5 所示结果表明，增减成型压力是调整硅藻板材性能的有效技术手段，因此可根据使用要求对其进行优化。参考装饰石膏板的性能标准（折合抗折强度约 0.5MPa，表观密度约 1.0g/cm^3），模压成型硅藻板材可满足强度要求，且水化产物是更加稳定的水化硅酸钙类结晶物，相应耐水防潮性能可得到一定保证。

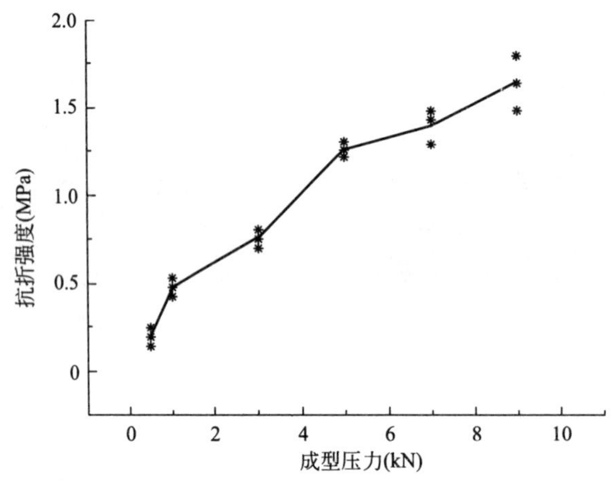

图 7-5　成型压力对硅藻基多功能板材抗折强度的影响

需要指出的是，在水热反应条件（温度、时间）相同的情况下，硅藻土的反应活性对水热固化体的力学强度的影响显著。举例来说，成型压力 5kN 条件下，焙烧硅藻土（800℃、0.5h）水热固化后的抗折强度达到 1.27MPa，明显高于硅藻原土水热固化体板材的抗折强度（约 0.73MPa）。另一方面，硅藻土掺量的增加会导致其水热固化体抗折强度迅速降低，硅藻土掺量为 70%时，抗折强度为 1.27MPa，当掺量提高至 90%，抗折强度仅为 0.62MPa。

图 7-6 为硅藻原土及焙烧硅藻土水热固化后样品的 XRD 特征图谱，从图可知，$2\theta=26.65°$附近有一个尖锐的结晶物衍射峰，为石英相杂质的贡献；2θ 在 35°左右以及 18～28°范围各有一个丘状的特征衍射峰，表明所用硅藻土为蛋白石质无定形 SiO_2 结构。焙烧后硅藻土的水热固化样品的 XRD 图谱变化显著，可以看出蛋白石的丘状衍射峰强度降低，暗示了水热固化工艺后样品中无定形 SiO_2 的活性得到充分发挥，可与氢氧化钙反应形成水化硅酸钙如托贝莫来石、CSH(B) 等；与焙烧样水热固化体对比，原土水热固化体所形成的水化硅酸钙相对较少，而且残留有明显的蛋白石衍射峰，即反应并不完全，这一结果与实验力学强度数据相一致。

需要注意的是，由于反应原料中使用大量硅藻土，且成型用水量仅为 15%～25%，因

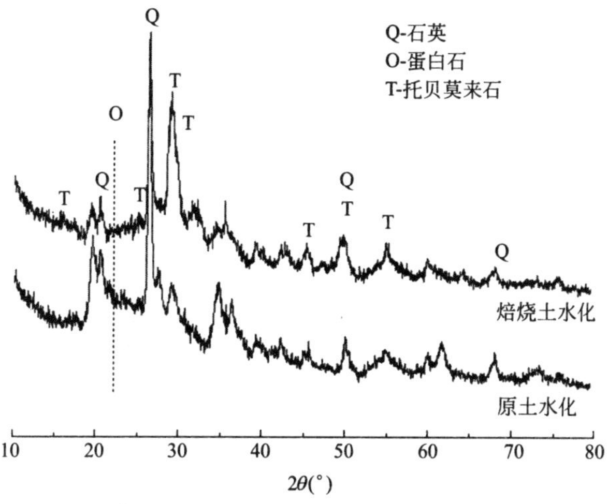

图 7-6　硅藻水热固化体的 XRD 图谱

此水热反应过程主要控制在硅藻颗粒周边进行，区域受限作用下水化硅酸钙产物的生成与长大仍在很大程度上保留了硅藻壳的特殊孔结构特征，如图 7-7 所示：中心纲直链藻目的硅藻壳体在水热反应过程中转化为针片状托贝莫来石晶体，数量众多的细小晶体彼此交叉连生，进一步堆聚成不同形态的形貌，其中局部区域残留了硅藻壳特有的孔隙结构。

(*a*)　(*b*)

图 7-7　水化后硅藻壳的 SEM 微观形貌

7.2.4　硅藻板材的耐水性能

通常来说，水分子在亲水性表面上的吸附可以使表面张力降低，根据格里菲斯强度理论，水饱和固体的力学强度将低于干燥状态下的对比样品，而且水分渗透过程中的楔入力作用也不可忽略。硅藻板材的软化系数（水饱和试样的抗压强度与烘干后试样的比值）与表观密度之间的关系规律见图 7-8，可以看出，样品软化系数随表观密度的提高而急剧增加，但最终的软化系数值仍不超过 0.8，即相应样品中仍存在水膜覆盖的大量表面。试样软化系数对表观密度的强烈依赖也意味着硅藻板材的耐水性及相关使用性能如抗冻融循环能力等方面的性能仍有待进一步改善。

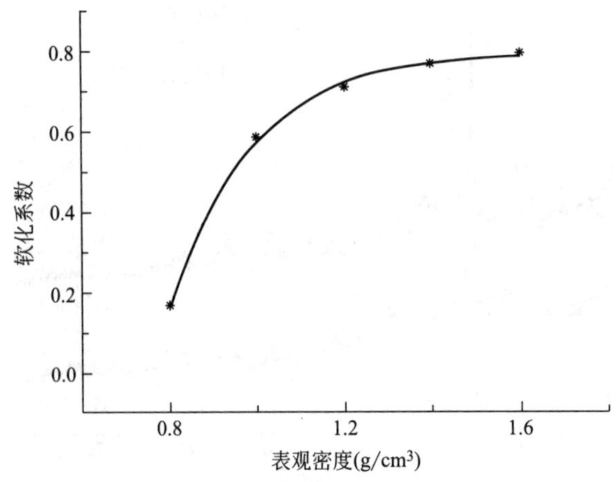

图 7-8　模压成型硅藻基多功能板材软化系数与表观密度之间的关系规律

7.2.5　模压成型硅藻板材的吸/放湿性能

从 7.2.3 节可以看到，模压成型工艺得到的硅藻板材即使在较低密度下仍表现出可观的力学强度，大大优于同等条件下的石膏装饰板材，在耐水防潮方面的优势则更为明显。但必须指出的是，由于资源储量、地域分布等原因，硅藻板材在生产成本上比石膏装饰板材高出许多，因此必须突出硅藻板材在功能性方面的独特之处，从最大性价比的角度优化自身的市场竞争力。在硅藻板材的多种应用性能中，调温调湿特性的相关讨论最为深入，应用也最为广泛。室内居住环境状况会直接影响人体的舒适度，最适宜人体的相对湿度在40%～60%之间。此外，湿度条件对室内空气质量、空调负荷以及物品保存等也具有非常重要的影响。利用硅藻土特殊的孔隙结构，通过水分子的吸附/脱附过程，可将环境湿度调整、控制在体感舒适范围。对于模压成型硅藻板材而言，其调湿性能的优劣是由板材的吸/放湿能力所决定的，除硅藻土本身质量外，还要受到焙烧方式、硅藻土掺量、成型压力等因素的显著影响。

(1) 焙烧处理的影响

图 7-9 所示为硅藻原土与焙烧硅藻土经水热固化后样品的吸/放湿过程曲线，时间点从 0～24h 为吸湿过程，24～48h 为放湿过程。由图可以发现，硅藻土的吸/放湿过程大致符合指数函数关系，开始阶段质量变化较迅速，80%以上的吸放湿效应在湿度调换之后的12h 内完成，表明硅藻土水热固化体可以较为快速地实现湿度调节功能，而后样品的吸/放湿速率明显降低，曲线趋于平缓。数据定量分析表明，硅藻原土水热固化后板材的单位面积吸湿量可达到 $581g/m^2$，单位面积放湿量则明显低于吸湿量，仅为 $182g/m^2$；相对而言，硅藻土经 800℃焙烧处理后，再水热固化所得样品的吸湿量有所降低，为 $527g/m^2$，但放湿量相对较大，达到 $193g/m^2$。这些技术指标均大大高于我国调湿建筑材料相关标准所提出的质量要求，如 JC/T 2082 中针对建筑室内使用的、厚度大于 3mm 的Ⅲ类建筑装饰材料或制品，规定其 24h 吸湿率不得低于 $60g/m^2$，而放湿率不得低于吸湿率的 70%，即 $42g/m^2$。

日本学者渡村信治认为，根据水分子吸附与传输理论，孔径尺寸在 3.0～7.4nm 的孔

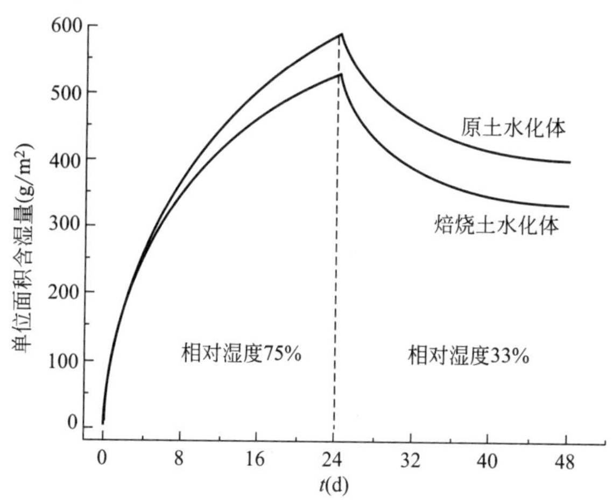

图 7-9　焙烧处理对硅藻土水热固化体吸/放湿性能的影响

隙在相对湿度 40%～70%范围具有最佳的吸放湿性能[10]；冀志江等进一步采用 Kelvin 公式计算出孔径-温湿度之间的关系，并以此验证了多种矿物材料孔结构与吸/放湿量之间的关系[11]。根据相同原理加以推算，本研究中在静态吸附、相对湿度 75%条件下吸收于样品内部的水分子总量与孔径 16nm 以下所有孔隙的累计含量有关，而放湿数据则仅仅决定于 3.0～16nm 范围的孔隙含量。由此可对图 7-9 所示实验结果进行分析：①无论硅藻土焙烧与否，水热固化后样品的吸湿量均明显高于放湿量，表明两种样品中仍含有较大量孔径小于 3.0nm 的微小孔隙；②焙烧处理明显改变了微小孔隙（孔径小于 3.0nm）及其含量，但对更大尺寸的孔隙影响较小，间接证据就是焙烧后水化样品的吸湿量明显降低，而放湿量则基本保持不变。我课题组将同一方法应用于焙烧硅藻土吸/放湿能力的数据分析，验证了硅藻土吸/放湿容量对介孔含量的强烈依存关系[12]。在类似研究中，王佼、郑水林等研究表明，煅烧过程会导致硅藻土比表面积和孔容积都明显减小[13]。杨宇翔等则认为，焙烧过程可导致硅藻土的孔结构发生改变，原因在于脱水、硅羟基分解以及黏土等杂质的高温熔融有关，更高温度下甚至导致无定形二氧化硅向 α-石英结晶的转变[14]。

焙烧处理不仅有利于硅藻土中调湿有效孔隙比例的提高，同时也有助于去除原土中的挥发性物质、改善黏土矿物杂质的水化反应活性，从而有效提高水热固化体的力学强度。因此，无论从提高强度还是改善硅藻土制品吸放湿能力的角度，焙烧处理都是有必要的，后续内容中硅藻土原料均经过焙烧活化（800℃、0.5h）处理。

（2）硅藻土掺量的影响

图 7-10 为硅藻土掺量对水热固化体吸/放湿性能的影响规律，可以看到，随硅藻土掺量的提高，样品的吸/放湿曲线向上扩展，表明吸/放湿能力随硅藻土掺量提高而明显改善。数据分析表明，硅藻土掺量 70%时，单位面积吸湿量为 527g/m^2，放湿量为 193g/m^2；掺量 80%时，吸湿量提高到 569g/m^2，放湿量则增长为 208g/m^2；掺量 90%时，吸湿量进一步提升到 631g/m^2，放湿量则达到 231g/m^2。作为制品中的调湿功能组分，硅藻土含量的提高对于板材制品吸/放湿能力的改善有明显促进作用。但硅藻土也同时承担着参与水热反应、与氢氧化钙化合生成托贝莫来石微晶、促进结构强度发展的重任；力学强度测试表明，模压成型硅藻板材的抗折强度随硅藻土掺量的增大而降低，原因在于当硅藻土掺量超

过 70%时，则原料配比中 SiO_2 含量超过托贝莫来石（理论钙硅摩尔比为 0.83）生成所需，因此部分硅藻土不参与水化反应，而是以轻质填料的形式存在，对样品的力学性能有不利影响。

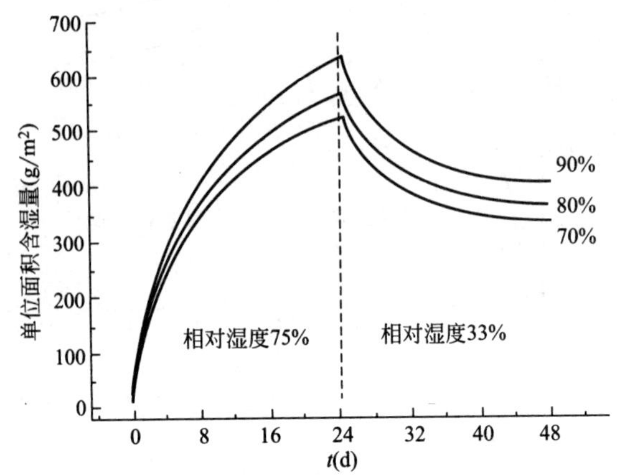

图 7-10　硅藻土掺量对水热固化体吸/放湿性能的影响

(3) 成型压力的影响

图 7-11 为不同成型压力所获硅藻土水热制品的吸放湿曲线，比较而言，成型压力 0.5MPa 时，吸湿量为 527g/m²，放湿量 193g/m²；成型压力 1.0MPa 时，吸湿量基本相同，为 530g/m²，放湿量则明显下降为 181g/m²；而成型压力在 1.5MPa 时，吸湿量为减小 469g/m²，放湿量进一步降低为 172g/m²，明显低于 0.5MPa 成型压力的情况。

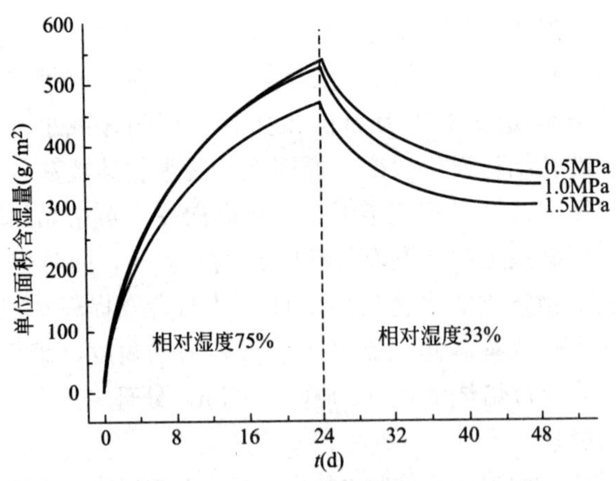

图 7-11　成型压力对硅藻土水热固化体吸/放湿性能的影响

前期研究中发现，硅藻土水热制品中毛细孔（50～1000nm）含量随成型压力提高而显著减小[15]。此一类型的孔隙对吸放湿容量并无显著贡献，但可提供水分子出入的高速通道，其含量减少会导致样品吸放湿速率的降低，进而对测试结果产生如图 7-11 所示影响。

(4) 吸/放湿循环性能

图 7-12 所示为模压成型硅藻板材在湿度循环条件下的吸/放湿过程曲线，可以看到，

在环境湿度变化时测试样品可做出较为快速的反应，预烘干板材在 75%*RH*（相对湿度）环境中 24h 吸湿量约为 $470g/m^2$；当相对湿度降低至 33%时，又会将所吸附的部分水分释放到周边空气中，释放量可达到 $210g/m^2$ 以上。在循环测试过程中，尽管样品的吸湿量明显减少，但放湿量所受影响较小，仍可达到 $170g/m^2$ 左右，评估后仍明显高于现行调湿建材优等品的性能指标要求（《调湿功能室内建筑装饰材料》JC/T 2082 测试相对湿度范围 30%～55%或 55%～70%，也即是相对湿度 *RH* 变化幅度 25%情况下，放湿量不低于 $42g/m^2$）[9]。

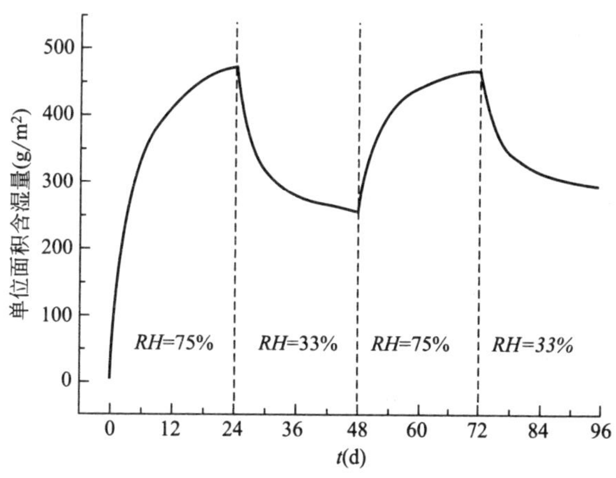

图 7-12　模压成型硅藻板材的湿度调节循环性能

(5) 硅藻板材吸放湿容量的理论预测

本节所述硅藻板材吸放湿性能测试均采用了在线实时监测的方法，实验周期长，数据量大、处理繁复。为简化测试过程，可采用吸放湿过程动力学分析的方法从有限数据推算硅藻板材在任意测试时间点的样品质量及所对应的吸附/解吸数据。为此，有必要深入了解硅藻板材的吸附过程及其吸附动力学模型，所采用理论模型包括伪动力学一次模型，伪动力学二次模型和粒子间扩散模型。

伪动力学一次模型的数学表达式见式（7-1）[16]：

$$\ln(q_e - q_t) = \ln q_e - k_1 t \tag{7-1}$$

式中　q_e——平衡吸附量（mg/g）；

t——吸附时刻（min）；

q_t——不同吸附时刻 t 时的吸附量（mg/g）；

k_1——pseudo-first-order 模型的吸附速率常数（min）。

k_1 和 q_e 值可以通过 $\ln(q_e - q_t)$ 对 t 作图、拟合（图 7-13）得到，结果列于表 7-7 中。根据拟合结果，发现相关系数 R^2 在 0.90 以上，属可接受的范围，但硅藻原样和焙烧硅藻土所得两种板材拟合、计算出的吸附量（$q_{e,cal}$）均稍高于吸附 24h 实测吸附量，再加上拟合过程中平衡吸附量 q_e 确定难度较大，需结合实验并经多次尝试才可得到较好结果。

伪动力学二次模型方程见式（7-2）[17]：

$$\frac{t}{q_t} = \frac{1}{k_2 q_e^2} + \frac{t}{q_e} \tag{7-2}$$

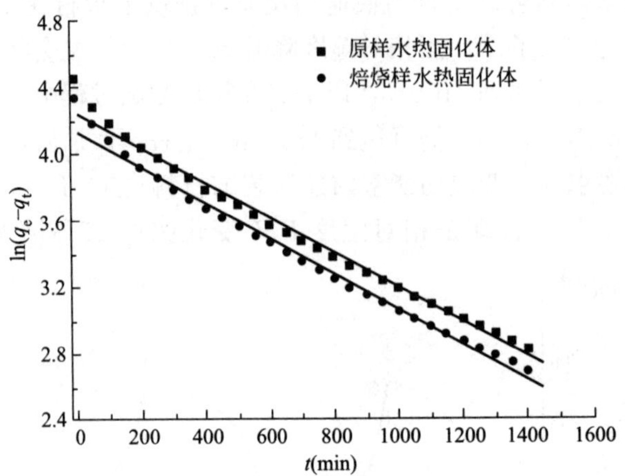

图 7-13　硅藻板材吸湿过程的吸附动力学拟合曲线：伪动力学一次模型

式中　q_e——平衡吸附量（mg/g）；

t——吸附时刻（min）；

q_t——不同吸附时刻 t 时的吸附量（mg/g）；

k_2——该模型的常数，与模型的吸附速率息息相关［g/(mg · min)］。

k_2 和 q_e 的值可通过 t/q_t 对 t 作图得出。图 7-14 给出了硅藻土水热固化体吸附过程的伪动力学二次模型拟合情况，可明显看出，t/q_t 与 t 之间存在良好的线性关系，拟合结果的线性回归相关系数 R^2 均高于 0.99，同时计算出的硅藻土吸附量也与实验值较为接近，如表 7-7 所示。通过与伪动力学一次模型和粒子间扩散模型的线性回归相关系数 R^2 相比较，发现伪动力学二次模型拟合的线性回归相关系数 R^2 值最高，说明该模型可以很好地描述硅藻土水热固化体的吸湿过程。

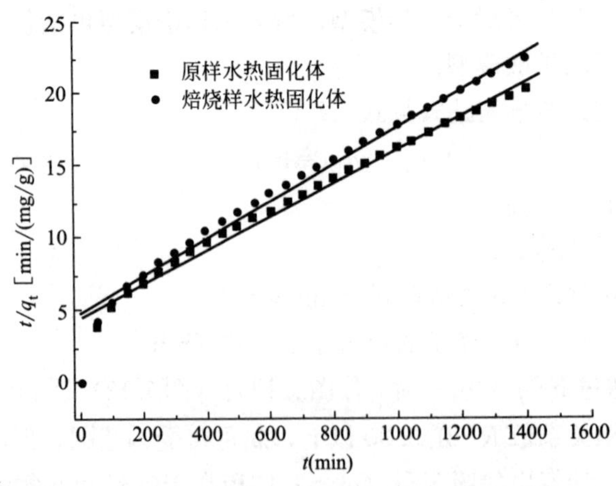

图 7-14　硅藻板材吸湿过程的吸附动力学拟合曲线：伪动力学二次模型

需要指出的是，伪动力学二次模型主要适用于化学吸附过程。硅藻原土及焙烧土的吸/放湿过程与伪动力学二次模型的吻合度高，也暗示着硅藻土及其衍生产品的吸附水分过程为化学吸附或混合吸附。

对粒子间扩散模型的分析也是解释吸附过程中的动力学性质的重要手段之一，该模型主要侧重于评估被吸附物质的扩散机制及其对吸附性能的影响。粒子间扩散模型的方程如下[18]：

$$q_t = k_p\sqrt{t} + C \tag{7-3}$$

式中　t——吸附时刻（min）；

q_t——不同吸附时刻 t 时的吸附量（mg/g）；

C、k_p——该模型的常数，单位分别为 mg/g，mg/(g·$\sqrt{\text{min}}$)，其中 k_p 反映了被吸附分子在吸附过程中的扩散速率。

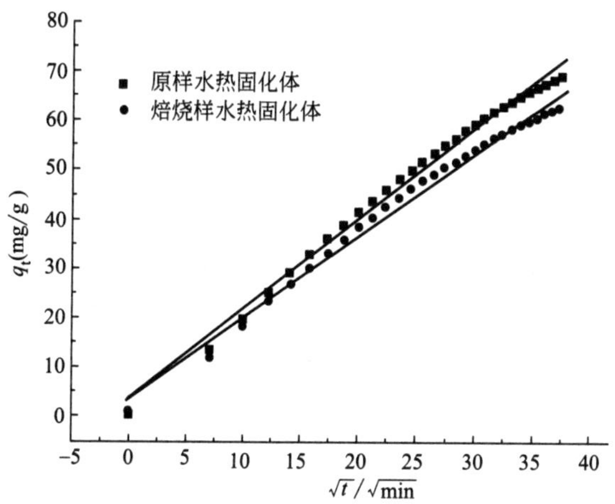

图 7-15　硅藻板材吸湿过程的吸附动力学拟合曲线：粒子间扩散模型

C 和 k_p 的值可通过 q_t 与$\sqrt{t}$作图得出，结果在表 7-7 中给出。图 7-15 中，q_t 对$\sqrt{t}$作图可得到不通过原点的直线，说明水分子的扩散并不是唯一限制吸附量的因素；在硅藻原样水热固化体和焙烧样水热固化体吸湿过程中，吸附实验数据 q_t 对$\sqrt{t}$数据点与直线拟合关系较好，相关系数 R^2 在 0.98 左右，即在水热固化体的吸湿过程中，该模型的适用性较好。与粉末态硅藻土样品吸湿过程的粒子间扩散模型公式拟合结果（图 3-31）相比，硅藻土水热固化体的吸湿过程与粒子间扩散模型的符合度明显提高：考虑到粉末状样品经压实成型，且经过长时间的高温水化反应，因此密实度显著提高，而孔隙率大幅降低，因此水分子在块体结构内的扩散作用会成为影响吸湿过程的重要因素，特别是早期吸湿阶段，见图 7-9。

不同硅藻土所得板材吸附水蒸气过程的动力学分析拟合结果　　表 7-7

试样	$q_{e,exp}$/(mg/g)	伪动力学一次模型			伪动力学二次模型			粒子间扩散模型		
		k_1 (min)	$q_{e,cal}$ (mg/g)	R^2	k_2[g/(mg·min)]	$q_{e,cal}$ (mg/g)	R^2	k_p[mg/(g·$\sqrt{\text{min}}$)]	C (mg/g)	R^2
原土	69.59	0.00105	69.41	0.992	6.19×10^{-4}	85.61	0.987	1.83	3.17	0.990
焙烧土	63.10	0.00107	62.18	0.990	8.07×10^{-4}	77.22	0.988	1.65	3.56	0.987

7.2.6 模压成型硅藻板材的保温性能

图 7-16 给出了硅藻基多功能建筑板材表观密度与保温隔热性能的关系规律，可以看到，两者之间存在较明显的依赖关系：样品的表观密度越小，则相应的导热系数越低，其变化规律大致符合幂函数关系，在低密度（0.52g/cm^3）情况下，硅藻基多功能板材的导热系数可低至 0.0671W/(m·K)。研究表明，采用压力成型工艺得到的硅藻建材产品中，随着表观密度的降低，样品的孔隙率提高，特别是微米级孔隙（0.1～10 μm）的含量显著增大[15]；这种封闭或半封闭状态的孔隙结构中无法形成有效的对流效应，再加上空气的热传导性也大大低于固体，因此降低样品密度可作为改善硅藻基多功能板材保温隔热性能的最有效技术手段之一。

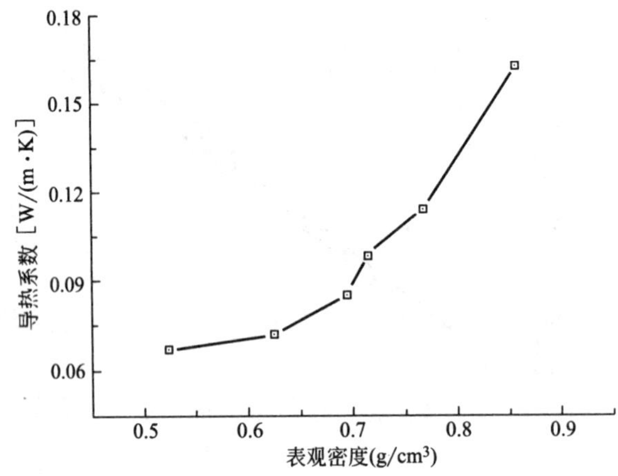

图 7-16 硅藻基建筑板材表观密度-导热系数关系规律

7.2.7 模压成型硅藻板材的甲醛吸附性能

为探讨硅藻基多功能建筑板材的甲醛吸附能力，实验中将 105℃烘干 6h 的硅藻基板材（硅藻土掺量 70%）置于甲醛蒸气的饱和环境中，经 24h 吸附过程，板材的质量提高了 1.67%，进一步测试分析表明，相应样品中所吸附的纯甲醛质量折合为板材单位面积的甲醛吸附容量可达到 755mg/m^2。参考《居室空气中甲醛的卫生标准》GB/T 16127 中规定，居室空气中甲醛的最高容许浓度为 0.08mg/m^3[19]，因此硅藻基多功能板材可望在室内环境甲醛等毒害物质的脱除应用中发挥重要作用。

7.3 自流平法制备硅藻板材及其性能[20,21]

目前，建筑装饰板材如石膏板、硅酸钙板等工业化生产的技术流程，主要包括配料、混匀、成型（流浆或抄取）、脱水（挤压或真空）、压蒸等工序，所得板材大多具有较高的表观密度和力学强度。即使在生产原料中引入一定比例的硅藻土，也主要是利用其化学活性高的特点促进制品的强度发展，改善制品的力学强度。为获得具有显著调湿效能的建筑装饰材料，有必要在大量实验基础上制备以硅藻土为主要原料的新型建筑板材，具体是将硅藻土、消石灰、纤维、水等按一定比例均匀混合成潮湿粉料（含水 10%～50%），经模压成型后，采用压蒸反应工艺获得具有规整外形的硅藻壁材，特点是密度小、比强度高、防火保温，还具有其他材料所不具备的特殊孔结构，对环境湿度的调节和周边空气的净化有显著的作用（专利号：ZL201410591673.9）[22]。需要指出的是，该制备工艺仍需要大型模压成型机等特定设备，设备投资高、占地大，影响了整条生产线的投资回报周期。如能研发更为简便、设备投资少的硅藻调湿板材生产工艺，对于新型建筑调湿材料的应用推广以及低品位硅藻土的资源化利用均具有十分重要的意义。

7.3.1　实验原料

（1）硅藻土

实验所采用硅藻土来自吉林某矿区，由辽宁东奥无机非金属材料开发有限公司提供。原矿首先进行了选矿分析，其基本化学成分及主要理化性能见表 7-8。硅藻土原料细度为 200 目方孔筛（孔径 73μm）通过。

硅藻土的化学组成及主要理化性能　　表 7-8

化学组成(%)							物理性能		
SiO_2	Al_2O_3	Fe_2O_3	CaO	MgO	烧失量	其他	比表面积 (m^2/g)	孔容 (cm^3/g)	平均孔径 (nm)
61.38	14.18	8.54	1.05	1.81	9.67	3.37	85.9	0.118	5.5

（2）膨胀珍珠岩

目前，国内外的功能材料研究经常采用多孔填料降低材料的表观密度，节约原料成本，同时还可以增加材料与空气的接触表面，提高其应用效果。作为最常用的轻质填料之一，膨胀珍珠岩是由珍珠岩、黑耀岩、松脂岩等火山玻璃质岩石经破碎、筛分、高温煅烧等工序制得的一种多孔性颗粒或粉状材料，具有质轻、色白、隔热、吸音、无味、无毒等性能特点，再加上耐火、耐腐蚀、化学性质稳定、成本低廉等优势，符合绿色、环保、节能的建材发展趋势，应用越来越广泛。我国的珍珠岩矿藏资源极为丰富，膨胀珍珠岩年产量超过 400 万 m^3，占我国保温材料年产量的 50%左右。

本文选用的膨胀珍珠岩由大连中德珍珠岩厂生产，粒径在 3mm 左右，具体性能如表 7-9 所示。

膨胀珍珠岩的基本性能　　表 7-9

表观密度(kg/m^3)	导热系数[W/(m·K)]	蓄热系数[W/(m^2·K)]	比热[W·h/(kg·K)]
400	0.16	2.35	1.17

（3）水泥

本实验选用沈阳冀东水泥有限公司生产的 42.5 强度等级普通硅酸盐水泥（P.O 42.5），具有水化速度快、力学强度高的特点，其基本性能见表 7-10。本研究中的主要作用是改善硅藻板材的力学强度，防止养护前板材坯体的开裂。

冀东 P.O 42.5 水泥的物理性能和力学性能　　表 7-10

标准稠度用水量(%)	凝结时间(min)		28d 强度(MPa)	密度(g/cm^3)
	初凝	终凝		
28.6	55	240	46.8	3.12

(4) 其他原料与试剂

见表 7-11。

实验原料与试剂　　表 7-11

名称	生产厂家	试剂级别
盐酸	沈阳经济技术开发区试剂厂	化学纯,纯度 36%～38%
氢氧化钙	天津市科密欧化学试剂有限公司	分析纯,纯度≥95%
水	自来水	可饮用水
纸浆纤维	自制	

7.3.2 实验仪器

(1) 压蒸釜

YZF-2S 型，无锡市麦拓建材检测仪器有限公司生产，釜体内径 ϕ149mm，釜体容积 8L。最高工作压力 2.0MPa，安全温度 220℃，额定电压功率 220V、1200+600W。

(2) 万能试验机

RG-100A 型，深圳瑞格尔建材检测设备有限公司生产，最大测量 100kN，横梁下降速度 1mm/min。

(3) 扫描电子显微镜（SEM）

S-4800 型，日本日立高新技术公司生产，放大倍率：30～800000；X 射线能谱仪的元素分析范围：Be（4）～U（92）。样品表面喷金。

(4) X 射线粉末衍射仪（XRD）

XRD-700，日本岛津，波长 λ=0.15406nm。

7.3.3 板材制备

目前，建筑板材的制备方法主要包括抄取法、流浆法和模压法，但这些方法都需要大型的成型装置，设备投资大，成本回报周期长，再加上当前建板市场并不景气，因此本文提出了自流平法用于硅藻土建筑调湿板材的成型，其特点是工艺简单、易于操作、投资小、回报率高。

(1) 原料准备

结合以上实验的实验结论和生产的经济性考虑，本实验采用的硅藻土原料为未经过任何处理过的原土，其内部功能单元—硅藻壳的微观形貌见图 7-17。将硅藻土、消石灰粉磨到要求细度（200 目方孔筛通过），与其他原料一起放入烘干箱中烘干 6h（烘干温度 60℃）。按计划配比准确称取硅藻土、消石灰、水泥、纸纤维和膨胀珍珠岩。

(a)

(b)

图 7-17　实验用硅藻土微观形貌

(2) 板材制备

自流平法制备硅藻轻质板材的工艺路线如图 7-18 所示：按照设计好的配比将准确称量的固体物料置于搅拌机内混合均匀，再加入水，在容器内搅拌均匀，形成具有显著流动性的塑性浆体；将充分湿润的无纺布平整地铺在模具底部，将浆体倒入模具内，放至震动台上震平直至表面平整无气泡；用湿润的布覆盖模具，防止前期表面蒸发过快导致板材开裂变形。在 25℃温度下自然静置 48h，待其充分硬化成型后脱模。将板材坯体放入压蒸釜内，设置水热反应条件为：平衡压力 1.0MPa（温度约 185℃）、蒸压时间 4h；压蒸后样品放入烘干箱内，100℃烘干 6h，进行表面打磨抛光，获得成品如图 7-19 所示。

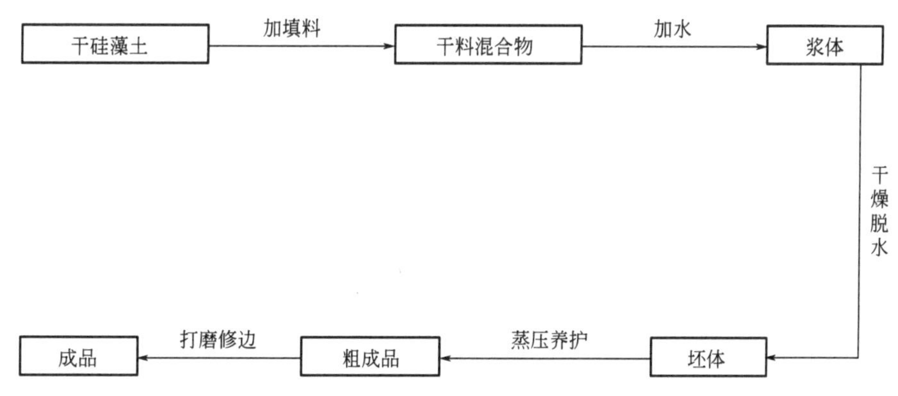

图 7-18　硅藻调湿板材制备工艺流程图

7.3.4　板材的结构-性能表征

(1) 力学性能测试

成型板材根据其形式特点，主要测试其抗弯折强度作为力学性能的主要考察指标，测试方法如图 7-20 所示，将长方体形状的板材放在万能力学试验机上，测试出其所能承载的最大破坏应力（N），根据式（7-4）换算成抗折强度（MPa）。

抗折强度计算公式：

图 7-19　自流平法制备硅藻调湿板材样品

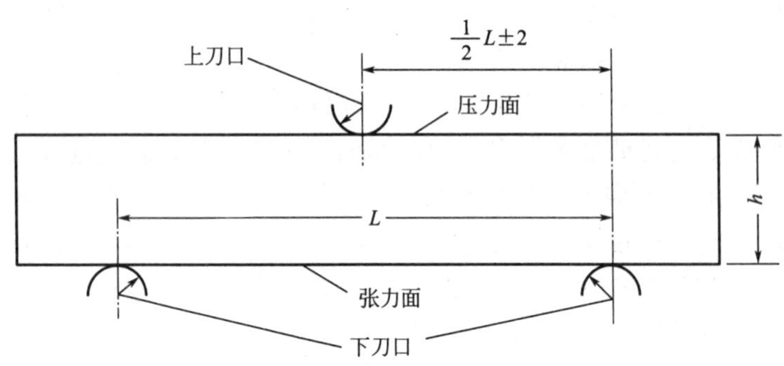

图 7-20　抗折强度测试示意图

$$R_f=\frac{3PL}{2bh^2} \tag{7-4}$$

式中　R_f——抗折强度（MPa）；

P——最大破坏应力（N）；

L——支承圆柱的中心距离（mm）；

b——试样宽度（mm）；

h——试样高度（mm）。

（2）吸/放湿性能测试

吸/放湿能力特别是放湿容量的大小是评价材料调湿性能的重要指标。本研究采用静态吸附法即饱和盐溶液法测试样品的吸/放湿性能，具体是将一定质量的样品充分干燥后按顺序置于温度 20℃、相对湿度（RH）分别为 75％和 33％的干燥器中进行吸/放湿性能测试。这一温湿条件基本符合正常人群的生活/工作环境舒适性要求，因此所得到的性能指标具有实际应用意义。实验所用饱和盐溶液及其平衡相对湿度如表 7-12 所示。

由于硅藻土的吸放湿率在 24h 内随时间延长而显著增加，24h 后随时间延长增加不明显，到达一定时间后基本不发生变化，故此部分研究中样品的吸/放湿实验可采用 24h 吸放湿率来评价样品的吸放湿性能。

饱和盐溶液相对湿度表　　　　表 7-12

温度(℃)	饱和盐溶液	相对湿度(%)
20	氯化钠	75.47±0.14
	氯化镁	33.07±0.18

7.3.5　自流平法制备硅藻板材的使用性能

根据当前硅藻建材市场需求特点及可预见未来的发展态势，中小规模工业化生产仍将是较长时间内硅藻建筑功能板材供应商的主要模式。为此，本研究提出了自流平工艺用于硅藻板材的成型过程，可大幅度降低板材生产的设备、基建等投入，缩短经济回报周期，有利于硅藻建筑板材的市场化推广。根据自流平工艺的技术特点，对硅藻板材的原料、配比等进行了调整优化，在初始硅藻土/消石灰＝8：1（硅藻土含量～90*wt*%）的基础上，引入了水泥、纸浆纤维、膨胀珍珠岩等辅助原料，其中水泥用于提高制品的早期强度、改善板材的成型性能，纸浆纤维有助于防止板材开裂、提高抗折强度，膨胀珍珠岩则可用于调整板材表观密度、降低原料成本。

（1）水泥用量的影响

本实验所采用普通硅酸盐水泥 P. O 42.5 在常温常压下就可较为迅速地发生水化反应，所生成的水化产物尺寸细小、比表面积大，会吸附大量水分，同时固体颗粒之间在范德华力、化学键力等作用下黏聚在一起、形成絮凝结构，因此水泥组分的引入不仅有利于制品早期力学性能的提高、改善其尺寸稳定性和成型性能，同时还可锁住水分、避免混合体系出现组分分离等不良现象。

图 7-21 给出了水泥掺量对硅藻板材抗折强度的影响规律，可以看出，在其他物料用量保持不变的情况下，板材的抗折强度随水泥掺量的增加而显著提高，当水泥掺量从 42%逐步提高至 74%，制品的抗折强度也从 1.71MPa 增大至 2.42MPa，增长幅度达 41.52%。详细数据分析可以看到，水泥用量同时影响到制品的力学强度和表观密度，但两者的增长幅度不同，抗折强度的增长明显更加显著，因此硅藻板材的比强度（强度/密度之比）随水泥用量的提高而增大，如表 7-13 所示。

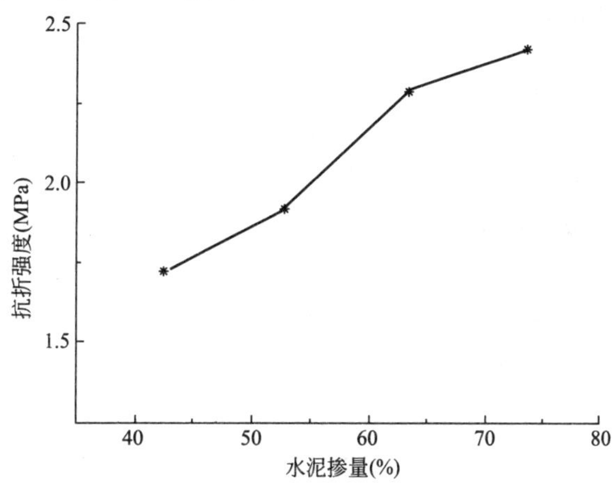

图 7-21　水泥掺量对硅藻板材抗折强度的影响

水泥用量对硅藻板材性能指标的影响　　表 7-13

水泥(%)	干密度(g/cm^3)	抗折强度(MPa)	比强度($MPa\cdot cm^3/g$)
42	0.61	1.71	2.80
53	0.66	1.92	2.91
63	0.72	2.29	3.18
74	0.75	2.42	3.23

但在另一方面，水泥掺量的增大不可避免地降低了硅藻土的相对比例，进而对制品的吸/放湿性能产生影响。图 7-22 给出了水泥掺量与板材吸/放湿性能的关系，可以发现，制品的吸/放湿能力随水泥含量的增加而有所减弱，当水泥掺量从 42%逐步提高至 74%，硅藻板材制品的吸湿量从 $385g/m^2$ 降低至 $312g/m^2$，对应的放湿量也从 $92g/m^2$ 降低至 $48g/m^2$，但所有样品的性能指标均达到甚至超过相关标准对 C 类建筑调湿功能材料的质量要求。为实现硅藻调湿板材的功能最大化，必须在制品调湿性能和力学强度之间取得适当平衡，并由此确定水泥的单位用量。本实验中，则是在满足成型性能的基础上，尽量降低水泥的用量，因此取水泥用量为 40%左右；更低的水泥用量，则可能导致成型后坯体在静停脱水过程中出现明显的收缩变形、翘曲甚至开裂。

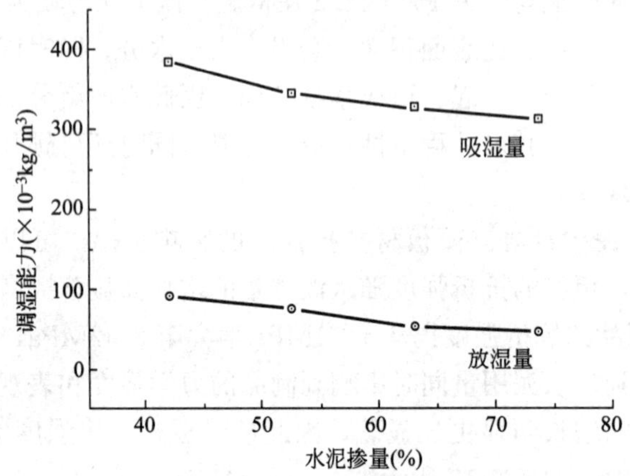

图 7-22　水泥掺量对硅藻板材吸放湿性能的影响

(2) 膨胀珍珠岩的影响

作为一种常用轻质填料，膨胀珍珠岩的引入可以有效减小建材制品的表观密度、降低生产成本。本研究在其他原料配比不变的情况下，引入膨胀珍珠岩并逐步提高珍珠岩的掺量，考察膨胀珍珠岩掺量对硅藻调湿板材表观密度、抗折强度和吸/放湿性能的影响规律，实验结果如表 7-14 所示，可以发现，随膨胀珍珠岩掺量的提高，硅藻调湿板材的表观密度明显呈现下降趋势，其中掺入 22%珍珠岩时的板材表观密度达到 $0.54g/cm^3$，较空白样品（珍珠岩掺量为 0）降低了约 12%，尽管相应制品的抗折强度和比强度也出现了更为明显下降，其中抗折强度由 1.71MPa 降低至 1.06MPa，下降幅度达 38%，同时比强度也降低了 30%；总体而言，力学强度随膨胀珍珠岩掺量的降低速度呈先快后慢的趋势，如图 7-23 所示。

膨胀珍珠岩用量对硅藻板材性能指标的影响　　**表 7-14**

珍珠岩(%)	干密度(g/cm^3)	抗折强度(MPa)	比强度($MPa \cdot cm^3/g$)
0	0.61	1.71	2.80
7.5	0.59	1.29	2.19
15	0.57	1.19	2.09
22	0.54	1.06	1.96

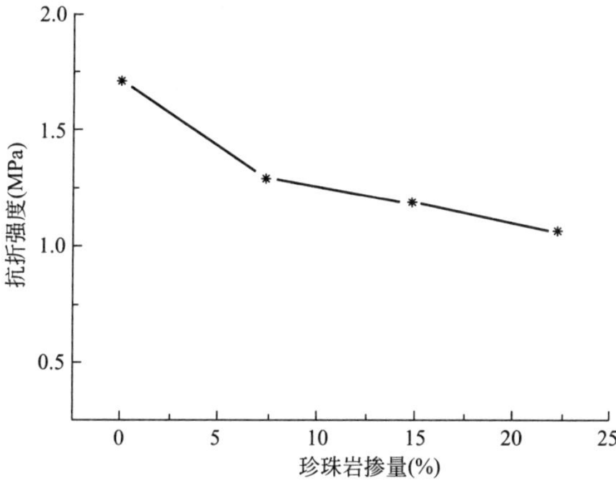

图 7-23　珍珠岩掺量对硅藻板材抗折强度的影响

另一方面，膨胀珍珠岩的轻质多孔结构可以作为气体分子的出入通道，加速制品的吸/放湿过程，从而对硅藻调湿板材的使用性能产生正面影响。由图 7-24 可以发现，掺加膨胀珍珠岩轻骨料情况下，样品的 24h 吸湿良呈先增后降的规律，尽管变化幅度不是很明显；24h 放湿量则有明显降低，特别是在珍珠岩掺量较大的情况下，表明膨胀珍珠岩的掺用比例不宜太高。

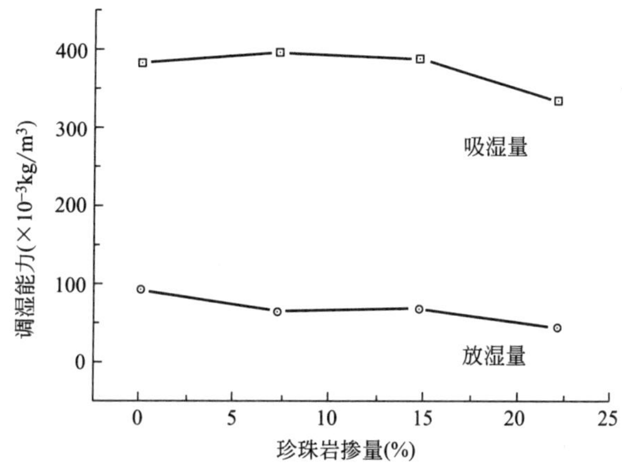

图 7-24　珍珠岩掺量对硅藻板材吸放湿性能的影响

(3) 原料焙烧的影响

为了考察孔结构对硅藻土调湿性能的影响，在静态吸附条件下测试了不同焙烧温度所得硅藻土的吸/放湿能力，结果如图 7-25 所示，在保温时间相同时，随着焙烧温度的提高，硅藻土的吸/放湿率均有显著降低，但放湿率的下降幅度要明显小于吸湿率，特别是在 500～700℃温度区间，而且相应焙烧土的放湿率也比硅藻原土高，表明焙烧处理对放湿率有明显的改善作用。3.3.4 节孔结构分析提出，焙烧处理改变了硅藻土的孔结构，特别是提高了介孔的相对比例，同时去除了硅藻体上的杂质，相对增加了比表面积，改善了硅藻土的放湿能力；但高温长时间焙烧（800℃）也导致了硅藻壳的结构破坏，硅藻土的孔容和比表面积显著下降，其吸/放湿率也随之大幅度降低。

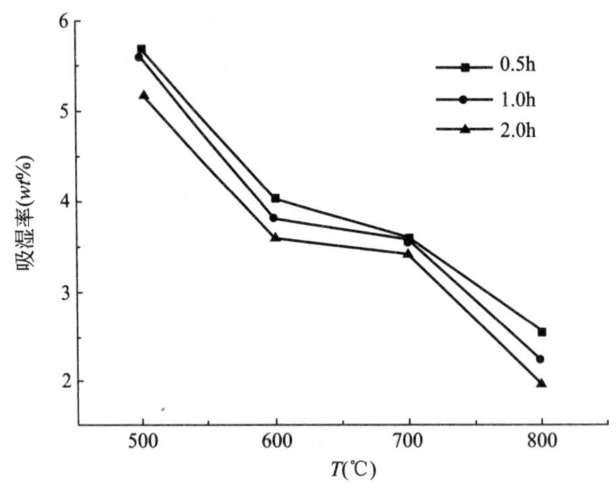

图 7-25　焙烧处理对自流平法制备硅藻板材吸湿性能的影响

值得注意的是，高温焙烧（700～800℃）处理后，样品吸/放湿率之间的差异明显减小，甚至可以忽略。考虑到静态吸附测试条件下微孔（d<2nm）对水分子的作用是可吸不可放，只有介孔（2～50nm，特别是 3～16nm）才是材料放湿的关键。焙烧样品的孔结构分析结果表明，高温焙烧使硅藻土微孔烧合，而介孔部分尽管有一定损失，但仍大部分保存下来，使得焙烧硅藻土的吸/放湿成为可逆过程。

图 7-26 所示为相同焙烧温度下保温时间对硅藻土吸/放湿性能的影响规律，可以看

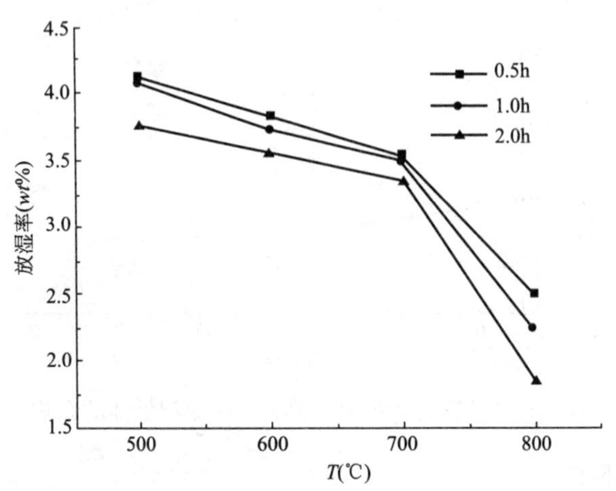

图 7-26　焙烧处理对自流平法制备硅藻板材放湿性能的影响

到，在焙烧温度相同时，随着保温时间的增加，样品的吸/放湿率均有所下降，其中高温800℃焙烧时吸/放湿率的下降幅度最快最明显，原因在于保温时间过长所导致的硅藻壳破坏，由图7-26可以看到，在800℃、保温时间分别为0.5h和1h时，样品比表面积分别为27.31m^2/g和27.25m^2/g，吸/放湿率的变化较小，但保温时间2h时，比表面降低至15.31m^2/g，吸/放湿率也随之降低。在常温条件下，硅藻原土表面的单个Si-OH键可与单分子水键合，以氢键作用键合形成网状结构；随着焙烧温度的增大和保温时间的延长，束缚水与Si-OH所形成的网状结构首先破坏，随之表面硅羟基也发生缩合并以水分子形势蒸发到空气中，导致硅藻土的吸/放湿能力减弱。

7.4　本章小结

（1）结合模压成型工艺与水热反应方法得到以硅藻土为功能性组分的多功能建筑板材，其表观密度、抗折强度和比强度等性能指标与石膏天花板等相比具有明显优势。比较而言，焙烧硅藻土水热固化后的抗折强度高于硅藻原土水热固化体的抗折强度；硅藻土掺量的增加也会导致其水热固化体抗折强度迅速降低；成型压力的增加，硅藻土的水热固化体抗折强度随之增大。

（2）利用硅藻土的独特孔隙结构，多功能板材可在相对湿度超过舒适范围时进行水蒸气的吸附或释放，性能指标优于建材行业标准对建筑调湿材料的要求，可实现环境湿度的调整和平衡。

（3）焙烧处理、硅藻土掺量、成型压力等因素对硅藻土水热固化体的吸放湿都有一定影响，其中焙烧硅藻土制备出的水热固化板材其吸湿量略小于原土水化样品，但放湿量相对较大；硅藻土掺量的提高，对其水热固化体的吸/放湿能力有明显改善作用，但相应样品的力学强度略有降低；适当减小成型压力，引入适量毛细孔和大孔，在保证一定力学强度的基础上，有利于硅藻土水热固化体吸/放湿能力的提高。

（4）硅藻基建筑板材同时具有优良的保温隔热性能和可观的甲醛吸附能力，可为环境舒适度和安全性的改善提供显著贡献。

本章参考文献

[1]　装饰石膏板JC/T 799—2016［S］.北京：中国建材工业出版社，2016.

[2]　纸面石膏板GB/T 9775— 2008［S］.北京：中国标准出版社，2008.

[3]　装饰纸面石膏板JC/T 997—2006［S］.北京：中国建材工业出版社，2006.

[4]　嵌装式装饰石膏板JC/T 800—2007［S］.北京：中国建材工业出版社，2007.

[5]　纤维增强硅酸钙板 第一部分：无石棉硅酸钙板JC/T 564.1—2018.［S］.北京：中国建材工业出版社，2018.

[6]　佟钰，张君男，王琳，等.硅藻土的水热固化及其湿度调节性能研究［J］.新型建筑材料，2015，42（4）：14-16.

[7]　白涛，宋岩，佟钰.一种硅藻基多功能建筑板材［J］.硅酸盐通报，2015，34（10）：2743-2747.

[8]　佟钰，朱长军，刘俊秀，等.低品位硅藻土的水热固化过程及其力学性能研究［J］.硅酸盐通

报，2013，32（3）：380-383.
［9］ 调湿功能室内建筑装饰材料 JC/T 2082—2011 ［S］. 北京：中国建材工业出版社，2011.
［10］ 渡村信治，前天雅喜. 多孔質ヤラミフャスによる调湿材料の开發 ［J］. 機能材料，1997，17（2）：22-25.
［11］ 冀志江，侯国艳，王静，等. 多孔结构无机材料比表面积和孔径对调湿性的影响 ［J］. 岩石矿物学杂志，2009，28（6）：653-660.
［12］ 佟钰，马秀梅，张君男，等. 焙烧处理对硅藻土吸/放湿性能的影响 ［J］. 硅酸盐通报，2016，35（7）：2204-2209.
［13］ 王佼，郑水林. 酸浸和焙烧对硅藻土吸附甲醛性能的影响研究 ［J］. 非金属矿，2011，34（6）：72-74.
［14］ 杨宇翔，陈荣三，戴安邦. 国产硅藻土结构的研究 ［J］. 化学学报，1996，54，57-64.
［15］ 佟钰，夏枫，高见，等. 孔径分布特征对水热固化硅藻土使用性能的影响 ［J］. 硅酸盐通报，2014，33（6）：1310-1313.
［16］ S. Lagergren. Zur theorie der sogenannten adsorption geloester stoffe ［J］. Kungliga Svenska Vetenskapsakad. Handl.，1898，24（4）：1-39.
［17］ Y. S. Ho，G. Mckay. Pseudo-second order model for sorption processes ［J］. Process of Biochemistry，1999，34（5）：451-465.
［18］ W. J. Weber，J. C. Morris. Kinetics of adsorption on carbon from solution ［J］. Journal of Sanitary Engineer and Division American Society Chemical Engineering，1963，89（1）：31-59.
［19］ 居室空气中甲醛的卫生标准 GB/T 16127—1995 ［S］. 北京：中国标准出版社，1995.
［20］ 佟钰，王琳，张君男，等. 一种硅藻调湿板材及其制备方法 ［P］. ZL 201510102027. 6.
［21］ 王琳. 硅藻遗态层次孔结构的可控制备与调湿性能研究 ［D］. 沈阳建筑大学硕士毕业论文，2015.
［22］ 一种具有显著湿度调节能力的硅藻天花板及其制备方法 ［P］. ZL201410591673. 9.